Romakloster
Gotland
LETTLAND
Riga
RUSSLAND
Ostsee
LITAUEN
Bitėnai
[Bittehnen]
RUSSLAND
Vilnius
Jasnaja Poljana
[Trakehnen]
Minsk
Sejny
WEISSRUSSLAND
Weichsel
Warschau
POLEN
UKRAINE
Oder
Smržovka
[Morchenstern]
Dnjestr
SCHECHISCHE
REPUBLIK
SLOWAKEI
MOLDAWIEN
Chişinău
Vien
Bratislava
Budapest
UNGARN
RUMÄNIEN
Ljubljana
Zagreb
KROATIEN
Bukarest
BOSNIEN-
HERZEGOWINA
Belgrad
Donau
SERBIEN
Sarajevo
BULGARIEN
Sofia
MONTENEGRO
Priština
Podgorica
KOSOVO
Adria
Skopje
MAZEDONIEN
Tirana
ALBANIEN
GRIECHENLAND

Ulla Lachauer

Von Bienen und Menschen

Eine Reise durch Europa

Rowohlt

1. Auflage August 2018
Copyright © 2018 by Rowohlt Verlag GmbH,
Reinbek bei Hamburg
Lektorat Uwe Naumann
Buchinnengestaltung Joachim Düster
Karte auf Vor- und Nachsatz Peter Palm, Berlin
Abb. Seite 2 akg-images/Pictures From History
Graphiken im Innenteil Poganka06/iStock
Satz aus der Adobe Garamond bei Dörlemann Satz, Lemförde
Druck und Bindung CPI books GmbH, Leck, Germany
ISBN 978 3 498 03926 4

Inhalt

Der Tag mit Galina

Wie alles begann

Eines Tages, kurz vor Winterbeginn, wurde ein Paket ins Haus gebracht. Ungewöhnlich groß und schwer, es kam völlig überraschend und irgendwie auch nicht. In diesen Jahren nach 1989 geschahen viele Wunder. Europa war im Rausch einer neuen, hoffnungsvollen Epoche. Ich erinnere mich an die klebrigen Hände des Paketboten und an sein vorwurfsvolles Gesicht. Und an den Duft, der aus dem ramponierten Karton strömte: Honig, jemand hatte mir Honig geschickt! Die blaue geschwungene Tintenschrift auf dem Adressaufkleber, ein Standardetikett der Deutschen Post, war durchtränkt davon. Absender war eine im Rheinland lebende Gräfin, dem Namen nach aus Ostpreußen stammend, aus einem der bekannten, von dort vertriebenen Adelsgeschlechter.

Schichten von Wellpappe, dann ein grob gewebter, verschossener Rosenstoff, da ahnte ich schon etwas. Holzwolle, wieder Wellpappe, Lage für Lage kämpfte ich mich durch. Zerknüllte Zeitungsseiten, mit kyrillischen Lettern bedruckt, offenbar aus der «Kaliningradskaja Prawda». Schließlich stand ein weißer Plastikeimer vor mir, aus dem durch einen Riss auf der Vorderseite zähflüssig dunkelgelber Honig quoll. Auf dem Deckel die Reste eines Aufklebers *курúный корм*, demnach enthielt das Behältnis früher Hühnerfutter. Nicht vom Rhein also kam der süße Gruß, die Gräfin hatte nur den Kurier gespielt. Vermutlich war sie in der alten Heimat gewesen, reimte ich mir zusammen, und jemand hatte ihr das Paket übergeben, mit der

Bitte, es mitzunehmen und an mich weiterzuleiten. Dieser Jemand wollte auf Nummer sicher gehen, der Postweg von der westlichen Exklave der UdSSR über Polen war damals äußerst unsicher. In dem handgeschriebenen Brief, der beilag, konnte ich zunächst nur die Unterschrift entziffern. Галина, es war Galina!

Galina, die schöne Imkerin von Jasnaja Poljana. Während ich den Honig kostete, sah ich sie wieder vor mir: Eine Frau von Mitte dreißig mit grünbraun gesprenkelten Augen. Im Mai 1991 waren wir einander begegnet, in der Endzeit der Sowjetunion. Seitdem hatte ich immer wieder an Galina gedacht und das Foto mit Imkerhut betrachtet, das ich seinerzeit von ihr gemacht hatte. Ein Gesicht, das mich an die stilisierten Frauenbilder von Modigliani erinnerte – blasser Teint und schwarze Haare, ein sehr schmaler Nasenrücken, Lippen wie ein Strich. Sie lacht etwas verschämt, die glitzernden Goldzähne sind unter dem Schleier nur zu erahnen.

Der Tag mit Galina war ein Lichtblick gewesen. In jenem Mai war ich wochenlang durchs Kaliningrader Gebiet gestreift, durch die verwilderte Kulturlandschaft, armselige, verfallene Dörfer. Verzweiflung, Lethargie überall. Ob Traktoristen oder Sowchos-Vorsitzende, Lehrer, die Veteranen des Großen Vaterländischen Krieges, niemand, der nicht schwarzsah. Und ich war krank von ihren Geschichten. Vom Wind der Freiheit, der das benachbarte Polen und Litauen durchwehte, war hier nichts zu spüren. Von allen Orten war Jasnaja Poljana, das frühere Trakehnen, der traurigste. Das Preußische Hauptgestüt mit seinen herrschaftlichen Bauten lag weitgehend in Ruinen, das Landstallmeisterhaus und die Pferdeställe waren im Dreck versunken. In den Wipfeln der alten Eichen Hunderte von Krähen, ein ohrenbetäubendes Geschrei, das mir Angst machte und auch in den Nächten nicht aufhörte.

Mit Galina hatte ich nicht gerechnet. Bis heute hat dieser Tag auf der blühenden Wiese, mit Galina und ihren hundertfünfzig Bienenvölkern, für mich etwas Unwirkliches. Zum ersten Mal in meinem Leben beobachtete ich das Ritual: wie ein Mensch sich in einen Imker verwandelt. Es fängt an mit den Händen, die gründlich gewaschen werden müssen. Galina tat es mit beinahe religiösem Ernst, als müsse sie in der nächsten Stunde vor ihren Herrgott treten. Dann streifte sie ihr Arbeitskostüm über, einen weißen, geräumigen Overall, der vermutlich mal einem Mann gehört hatte. Und die Spuren vieler Arbeitsjahre trug, jeder Riss, jede dünne Stelle war sorgfältig ausgebessert. Als Nächstes holte sie etwas aus dem Schuppen, «Dimar», erklärte sie, zu Deutsch «der den Rauch macht», eine zylindrische Kammer mit Tülle und einem Blasebalg. Sie füllte das verbeulte, rostige Ding mit Hobelspänen, stopfte noch eine Handvoll Gras dazu. Kaum angezündet, verlosch das Feuer wieder, noch ein Streichholz und noch eines, es dauerte, bis Qualm aufstieg. Weitere Minuten vergingen, bis er mit Hilfe des Blasebalgs stetig und dicht wurde. Mit jeder Handlung wurden ihre Bewegungen konzentrierter. Zuletzt die Kopfbedeckung, kurze Prüfung, ist der Tüll noch dicht, das Gummiband am Rande fest genug. Bevor sie hinter dem Schleier verschwand, suchte Galina noch einmal meinen Blick, als wollte sie auf Wiedersehen sagen. Vielleicht genoss sie auch nur mein Interesse?

Von jetzt an war sie woanders, auf einem anderen Planeten, so schien es, weit weg von Jasnaja Poljana. Sie stapfte von einem Bienenkasten zum nächsten, zog Wabenrähmchen heraus und überprüfte etwas. Worum genau es ging, verstand ich damals noch nicht. Ich hielt Abstand, schaute durch mein Teleobjektiv, aus sicherer Entfernung. Richtete die Kamera auf den Dimar, der im Gras leise vor sich hin rauchte, mal auf Galinas Hände, die überhängendes Wachs wegbrachen. Oder mit einem Gänseflügel hantierten, anscheinend eines der wichtigsten Werkzeuge, und damit gelborangefarbene Kügelchen, die sich vor den Einfluglöchern türmten, in eine Schüssel kehrten.

«Oi, oi, oi», hörte ich sie rufen, immer wieder «oi, oi, oi,» kleine, singende Laute der Zufriedenheit, manchmal ein freudiges «O Gospodi!», «Mein Gott!».

Die Tätigkeiten wiederholten sich, trotzdem langweilte ich mich nicht. Ich saß auf der Bank vor dem hölzernen Büdchen, in dem die Imkerin ihre Gerätschaften aufbewahrte, und sog die Düfte in mich ein, eine betörende Mischung aus Honig, Wachs und Rauch, von Holunderblüten und jungem Gras, und lauschte dem Gesumm der ein- und ausfliegenden Bienen. Ganz allmählich vergaß auch ich, nach Wochen äußerster Anspannung, die Welt jenseits der Wiese.

«Ein exterritorialer Ort», notierte ich seinerzeit in meinem Reisetagebuch. «Sauber! Jedes Ding an seinem Platz! Galina achtet die Bienen.» Obwohl diese nicht ihr gehörten, fühlte sie sich persönlich für sie verantwortlich. Während die Milchwirtschaft dagegen, der Haupterwerbszweig der Kollektivwirtschaft, in einem jammervollen Zustand war. In den ehemals preußischen Pferdeställen standen abgemagerte, frierende Kühe, bis über die Knöchel in ihrer Scheiße. Auf den Misthaufen davor halbverweste Kälber, Totgeburten wurden einfach rausgeworfen, den Krähen und Hunden überlassen. «Soll doch Gorbatschow kommen und sauber machen!», hieß es, als ich eine der Melkerinnen danach fragte.

Wie war dieser Unterschied zu erklären? Galina hatte ähnliche Sorgen wie die meisten hier. Das Geld reichte nur fürs Allernötigste, wenn es denn überhaupt etwas zu kaufen gab. Sie war Mutter von zwei halbwüchsigen Kindern, alleinerziehend, den trunksüchtigen Ehemann hatte sie schon vor langer Zeit vor die Tür gesetzt. Wodka war die große Plage in den Familien und in diesem Gemeinwesen, das sich ganz offenbar aufgegeben hatte. Vielleicht war es auch nie eines gewesen? Es wird Krieg geben, sagten die Alten von Jasnaja Poljana, dem Untergang des Imperiums sahen sie mit Bangen entgegen – im August 1991 war es so weit.

Trotz dieser dramatischen Lage war Galinas Reich intakt. Sie regierte es souverän und mit einem gewissen königlichen Stolz, den sie jedoch nicht nach außen hin zeigte. Schwer zu sagen, ob es vor allem ihr Charakter war, der sie dazu befähigte. Galina heißt «Ruhe», der aus dem Griechischen stammende Name passte zu ihr. Womöglich hatte es eher mit ihrer Aufgabe zu tun, ihrer Rolle als Imkerin. Ihr Arbeitsplatz lag abseits, war von der Straße nicht einsehbar. Sie war eine Einzelgängerin, hatte niemand über oder neben sich, nur zu «Erntezeiten», erzählte sie, habe sie einige Helfer, kräftige Männer, die die honigschweren Kästen schleppen und beim Schleudern assistieren. Außerdem war ihr Tun vielseitig und hochkomplex, im Vergleich zu den anderen Abteilungen des Sowchos, die arbeitsteilig organisiert waren. Die einen molken die Kühe, andere fütterten sie, wieder andere machten Feldarbeit oder fuhren Traktor, jeder zuständig für ein spezielles Fragment. Galina hingegen musste immer das Ganze im Auge haben, versuchen zu verstehen, was in einem Bienenstock zu den verschiedenen Jahreszeiten vorgeht. Es beschäftigte sie darüber hinaus, sie philosophierte darüber, träumte. Ein guter Sowchos, sagte sie an diesem Tag im Mai, muss wie ein Bienenstaat sein. Damals kam mir der Gedanke, dass Imker besondere Leute sind.

Dass Galina auch mich nicht vergessen hatte und mir aus Jasnaja Poljana Honig schickte, freute mich. Wie mochte es ihr gehen? «Bitte, Ulla, besorge mir einen Mann in Deutschland», stand da, kurz und knapp. Es dauerte einige Tage, bis ich verstand: Ihr Gruß war ein Hilferuf, der Honig kein Geschenk, sondern eine Anzahlung für meine Dienste. Fünf oder sechs Kilo waren es, ziemlich viel. «Wenn es klappt, bekommst du mehr.» Anscheinend imkerte sie nach Auflösung des Sowchos privat weiter. Wie auch immer, sie wollte Russland verlassen, und das machte mich traurig. Was war geschehen? Nach einigem Überlegen antwortete ich ihr wahrheitsgemäß und sachlich, ich verstünde nichts von Heiratsvermittlung.

So hat es begonnen. Seit der Geschichte mit Galina waren die Imker in meinem Blickfeld. Zunächst bei meinen immer ausgedehnteren Entdeckungsreisen durch das östliche Europa, das nach dem Fall des Eisernen Vorhangs zugänglich war. Dort erlebte ich mit, wie mühselig es für die Länder, Städte und für jeden Einzelnen war, nach Jahrzehnten der Diktatur neu anzufangen. Auch nur zu überleben – Wirtschaftskrise, Inflation, die 1990er waren arme Jahre. Unterwegs auf polnischen Landstraßen, bemerkte ich die Tischchen mit aufgetürmten Honiggläsern, daneben oft Behältnisse mit Blaubeeren oder Pfifferlingen, was eben der Wald gerade hergab. Die Bienenkästen vor den Häusern, sei es auf der litauischen Seite der Memel, in Schlesien oder Galizien. Nicht selten traf ich Imker in Aktion: Sie waren in den Dörfern wie in der Landschaft präsent, fielen auf in ihren seltsamen Kostümen. Schwärme fangen war das Größte! Sobald ich eine verschleierte Gestalt auf einer Leiter entdeckte, die eine Bienentraube vom Baum holte, hielt ich an und verfolgte das Schauspiel bis zum Ende. Auch um ein

Gespräch anzuknüpfen, sofern meine Sprachkenntnisse dazu reichten. In der Nähe von Wrocław zum Beispiel erzählte mir ein Pole, seine Eltern hätten schon Bienen gehalten, in der Gegend von Lemberg, und nach der Vertreibung von dort das «ungeheure Glück» gehabt, im Obstgarten der schlesischen Familie, deren Haus sie im Frühjahr 1946 bezogen, einen Bienenschwarm zu finden. «Und so ging es weiter», lachte er, «mit fleißigen deutschen Bienen. Die stechen tüchtig!»

Viele Geschichten, die ich hörte, gingen weit zurück in die Vergangenheit, über mehrere Generationen. Bienenhalten schien etwas zu sein, das man nicht so schnell aufgibt, auf lange Zeiträume hin angelegt ist. Und die imkernden Zeitgenossen schienen mit ihrer Arbeit sehr zufrieden. Honig war in diesen Jahren, neben Wodka, eine solide Währung, eine Kostbarkeit, die manche Tür öffnete. So abwegig, dachte ich, war Galinas Strategie, ihr Leben zu verbessern, vielleicht gar nicht.

Honigkuchen aus Wilno – nach Urgroßmutter Janka

Mein erster Honig war Rapshonig. Er sah aus wie Bohnerwachs und war für mich als Kind keine Versuchung. Honigkuchen kannte ich nur in der Billigversion aus Holland.

Wie vielfältig und wie bedeutsam Honig sein kann, habe ich erst in den großen Wäldern und Wildnissen Ostpolens erfahren. Freunde haben dort, an der Grenze zu Litauen, im Städtchen Sejny, ein kleines Utopia geschaffen: die «Borderland-Foundation». Seit 1989 ist sie Treffpunkt für Grenzgänger aus aller Welt und für die Bewohner der multikulturellen Region. In den Gesprächen und Projekten geht es um die Frage: Wie können wir nach all den Tragödien – Krieg, Mord, Vertreibung, Diktatur – wieder Heimat finden? Dabei spielen auch Bienen eine Rolle. Zum Beispiel haben junge Leute die Tradition der Waldimkerei wiederentdeckt. Man ließ den früheren Grenzstreifen verwildern und erklärte ihn zur Bienenweide, er wird von polnischen und litauischen Imkern gemeinsam genutzt. Ihr «Grenzlandhonig» ist inzwischen eine von der EU zertifizierte Marke.

In Sejny habe ich richtigen Honigkuchen kennengelernt. Meine Wirtin Hanna stellte ihn auf den Frühstückstisch, zu Wurst und Käse. «Der Rest von Weihnachten», sagte sie lachend. Es war Mai, und er war saftig und roch himmlisch.

Das Rezept stammt aus dem Kochbuch von Hannas Urgroßmutter Janka. Damals lebte die Familie noch in Wilno, der polnisch-jüdischen Stadt, die heute litauisch ist und Vilnius heißt.

Ich zitiere Hannas Übersetzung:

Zutaten: 2 Gläser Honig, 2 Gläser Zucker, 15 Dag Butter, 4 Eier, 1 Kilo Mehl, 2 Päckchen Gewürzmischung für Pfefferkuchen, 1 Teelöffel Soda, 2 Esslöffel Kakao.

Man nehme vorerst den Zucker und den Honig, tue es in einen hohen Topf und bräune sie langsam, bis es schön riecht. In die kochende Flüssigkeit vorsichtig 2 Glas kalte Milch eingießen und von der Kochplatte wegtun. Dazu die Butter geben und stehen lassen, bis es kalt wird. Dann alle anderen Zutaten hinzufügen. Zum Schluss 1 Esslöffel Olivenöl und Backobst, Rosinen, Nüsse, Mandeln, klein geschnitten. Eine Stunde bei 180 Grad backen.

Zusatz von Hanna: In Backpapier einwickeln und darum eine Frischhaltefolie. Im Kühlschrank reifen lassen.

Ergänzung von mir: 1 Glas = 250 Milliliter. 1 Dag = 1 Dekagramm = 10 Gramm. Bräunen, «bis es schön riecht» = ein Erfahrungswert. Man braucht kein Candy-Thermometer, nur Nase und Augen und etwas Übung. Dabei hilft die alte siebenteilige Skala der Erhitzungsgrade. «Schwarzen Bruch» nennen Profi-Zuckerbäcker den Aggregatzustand, den Janka meinte, der entspricht etwa 140 Grad Celsius.

Bald tauchten die Überlebenskünstler aus dem Osten auch in deutschen Städten auf, in den Grenzregionen, in Berlin, sogar im äußersten Westen, bei uns in Baden-Württemberg. Ältere Männer zumeist oder Paare, ihre Koffer und Rucksäcke waren voll mit Honig in den seltsamsten Behältnissen. Nach der letzten Ernte, spätestens sobald die Bienen eingewintert waren, gaben sie ihre Sesshaftigkeit auf und boten ihre Ware in unseren Fußgängerzonen feil, bis kurz vor Heiligabend. Andere tippelten von Tür zu Tür, «Honig. Guter Honig!», riefen sie in die Gegensprechanlage unseres Mietshauses, mit fremdem, brockigem Akzent, singend wie die Lumpensammler meiner Kindheit. Der Erste, von dem ich kaufte, war ein Tscheche, «Honig von schöne, böhmische Land, Madame».

Ich kaufte fast immer, teils aus Mitleid, teils aus Neugier. Mit der Zeit entdeckte ich die Verschiedenheit der Honige, versuchte, die Frühlingswiesen des Isergebirges herauszuschmecken, die Wälder des Suwalki, mecklenburgische Rapsfelder. Aus den fünf neuen Bundesländern wurde viel angeboten, ein schnauzbärtiger Mann, der bei Stendal zu Hause war, klärte mich darüber auf: In der DDR hätte der Staat den Großteil des Honigs aufgekauft, zu einem «anständigen Preis, darauf war Verlass», jetzt müsse er selbst für Kundschaft sorgen. Ein Jungunternehmer also, ein Nomade auf Zeit, wie es damals in Europa viele gab.

Irgendwie verrückt! In den Nischen der modernen Ökonomie florierte ein uraltes Gewerbe. Auf den Bauernmärkten entdeckte ich plötzlich russlanddeutsche Imker. Vor gerade mal drei, vier Jahren aus Sibirien oder Kasachstan ausgereist, schon waren sie im Besitz einiger Völker. Victor Gilfer hieß einer, den ich etwas näher kennenlernte, ein ehemaliger Stahlarbeiter aus dem Ural.

Wie die hiesigen Imker wohl auf die Neulinge reagieren mögen, fragte ich mich. Diese Sonderlinge, die einmal im Monat im Gasthaus «Löwen» oder «Goldener Schwan» zusammen kommen, über Königinnen und Bienenkrankheiten fachsimpeln, seit Kaiser Wilhelms Zeiten in Ortsvereinen organisiert – Vorstand, Kassierer, Schriftführer, alles sehr deutsch. Multikulti in Imkervereinen? Undenkbar, dachte ich, sie werden die Letzten sein, die sich für Zuwanderer öffnen.

Inzwischen lebten eine halbe Million Kriegsflüchtlinge aus dem zerbrochenen Jugoslawien in Deutschland. Und ich fragte mich, was aus den Bienenvölkern geworden war, die sie zurückgelassen hatten. In den fürchterlichen Geschichten aus Mostar oder Srebrenica, Sarajevo oder Novi Sad kamen sie nicht vor. Einmal nur sah ich spätnachts im Fernsehen in gebirgiger Landschaft einen bosnischen Bauern, der um seine Bienen weinte. Serbische Soldateska hatte die Strohkörbe und honiggefüllten Waben zerstört. Eine Szene, die mich an Isaac Babels Chronik des russischen Bürgerkriegs erinnerte. Der junge Dichter, als Rotarmist selbst am Töten beteiligt und zugleich voller Mitgefühl für die leidende Zivilbevölkerung, berichtete auch über die Tiere, Pferde, Hunde und Vögel. Und immer wieder über das Schicksal der Bienen. «Ich trauere um die Bienen. Sie wurden von den kämpfenden Armeen vernichtet», schrieb er damals, 1920. «Wir haben die Bienenstöcke geschändet. Wir haben sie mit Schwefel ausgeräuchert und mit Pulver gesprengt. In Wolhynien gibt es keine Bienen mehr.»

Manchmal steht ein Thema an der Straßenecke und wartet. Dieses wartete ungewöhnlich lange auf mich, bis weit ins neue Jahrtausend. Es wartete, während es mich immer weiter gen Osten zog, in die Steppen Kasachstans. Eigentlich wollte ich ein Buch über Hirten schreiben, die Nachkommen des biblischen Abel erforschen, wie sie leben und auf unsere moderne, globalisierte Welt schauen. Doch weil diese Welt immer schneller rotierte, nach dem Terroranschlag am 9. September 2001 mein Optimismus von 1989 dahinschwand, zögerte ich das Abenteuer hinaus.

Es ging mir wie vielen: Ich brauchte Schutz, schlief gern

zu Hause, im eigenen Bett. Auf einmal gewannen die kleinen Dinge, nahebei, an Bedeutung.

In meiner Stadt breitete sich zum Beispiel der Löwenzahn mächtig aus. Vielleicht achtete ich auch nur mehr darauf? Von Jahr zu Jahr schossen mehr von diesen frechen gelben Gesellen aus den Ritzen zwischen Straße und Trottoir, besetzten Baumscheiben und kleine Parks, vom Grünflächenamt unbehelligt, von Hundepisse und Kot zu enormem Wachstum getrieben. Am Rande der Dauerbaustellen etablierte sich der Sommerflieder, sein Violett überzog die Abraumhügel und zog die Pfauenaugen an. So zahlreich hatte ich sie nie zuvor gesehen.

Wir zogen von Mannheim nach Stuttgart um, in eine Wohnung mit Gärtle – ein handtuchschmales Plateau am Bopserberg, mit einem alten Mirabellenbaum und Rosenbüschen. Gleich in der ersten Woche begrüßte uns eine Füchsin. Sie stand da, im verharschten Schnee, und schaute uns lange an. Und wich nicht von der Stelle, als wir uns näherten, als wollte sie sagen: Was macht ihr denn hier? In den Nächten hörten wir das langgezogene Hu-Huhuhu-Huuuh eines Waldkauzes. Bald bemerkten wir die Wanderfalken und Bussarde über dem dicht besiedelten Talkessel. Es war etwas im Gange, das wir bislang nicht wahrgenommen hatten.

Kurz darauf diskutierte ganz Stuttgart das Thema Stadtnatur. Es ging um Fledermäuse, Feldhasen, Wildbienen und um den unter Artenschutz stehenden Juchtenkäfer, von dem die meisten von uns noch nie zuvor gehört hatten. Ihre Habitate würden durch den geplanten Tiefbahnhof «Stuttgart 21» erheblich leiden, argumentierten die Gegner des Milliardenprojekts. Viele nahmen diese Lebensräume zum ersten Mal zur Kenntnis, sahen den Schlosspark, der weichen sollte, mit neuen Augen, entdeckten das Gleisvorfeld, die artenreiche Wildnis am Rande des Schotterbetts. Während die Proteste eskalierten und die Schwabenmetropole in ihren Grundfesten erschütterten, entstand in den Köpfen vieler Bürger so etwas wie ein neuer Stadtplan. In dem nicht Autostraßen und Häuserzeilen die Hauptsache waren, sondern die Räume dazwischen, das Grün, teils kultivierte Natur, zum größeren Teil ohne Regie des Menschen vor sich hin wachsend – Zwickel und Säume, ausgedehnte Brachen.

Eines Abends im Mai sah ich den ersten Bienenschwarm. Ich trudelte die Reichelenberg-Staffel hinunter, einen der Stuttgarter Treppenwege, der in dieser Jahreszeit dschungelartig zugewachsen ist, und hörte ein lautes, irritierendes Summen. Es kam aus einem verwilderten Birnbaum. An einem der unteren Äste hing eine halbmeterlange Traube von Bienen. Unzählige, Zehntausende vielleicht, zu einer Formation verbunden, die sich leicht bewegte oder zu atmen schien. Wo war der Imker, dem das entflogene Volk gehörte? Ich suchte ihn und fand ihn nicht, aber er konnte nicht weit sein.

In diesen Tagen erreichte mich eine lang erwartete E-Mail aus Kaliningrad. Olga, meine Dolmetscherin von damals, antwortete, sie habe Galina ausfindig gemacht. «Sie lebt noch in Jasnaja Poljana. Ihr Sohn ist im Gefängnis wegen Drogenhandels. Sie hat vierzig Bienenvölker und wartet auf dich.»

Der Stadtbauer

Vom Versuch, in Stuttgart ein sinnvolles Leben zu führen

Meine Reise zu den Imkern Europas beginnt im Stuttgarter Westen. An einem Montag im Frühsommer, dem ein Unwetter vorausging, in dessen Fluten drei Menschen ertrunken sind. Etwas davon liegt noch in der Luft, die Vögel sind ungewöhnlich still. Wir springen über Pfützen und wassergefüllte Schlaglöcher, Tobias Miltenberger in Gummistiefeln voran.

«Die Bienen werden unruhig sein», warnt er, bevor er das Gittertor aufschließt – zu einem Gelände, das von der Straße aus nicht zu sehen ist, hinter Buschwerk und wilden Brombeerranken verborgen.

«Bauerwartungsland. So sagt man heute. Die Stadt hat es mir überlassen für zwei Sommer oder drei.»

Ein Niemandsland auf Zeit. Im hohen Gras acht Bienenkästen, sogenannte «Wirtschaftsvölker». Vor den Einfluglöchern summt und dröhnt es, ein Verkehr wie auf dem Airport.

«Vorsicht! Wir brauchen viel Rauch!» Miltenberger heizt den Smoker an.

«Ich fürchte mich.»

Obwohl ich innerlich vorbereitet bin, am Beginn einer wohlgeplanten Expedition sozusagen, überkommt mich Panik. Wie angewurzelt bleibe ich stehen, den Rücken zum Tor, und sehe den blonden Imker, wie er sich ohne Schleierhut mitten in das Dröhnen hineinbegibt. Den Deckel eines Kastens mit bloßen Händen hochnimmt, zum Smoker greift und sofort von Bienen attackiert wird, noch bevor der Rauch seine Wirkung entfaltet. Trotzdem macht er ungerührt weiter.

«Viel Honig», ruft er, hochzufrieden.

«Ist ja toll.»

Ich tue so, als müsse ich dringend telefonieren, und verdrücke mich auf die Straße. Diese verdammte Angst! Ob es mir je gelingen wird, sie zu überwinden? Wie werden die Imker damit fertig, Tobias Miltenberger und die anderen, die ich demnächst besuchen werde – in Slowenien, auf Gotland oder in Gegenden, wo die schwarze europäische Honigbiene, die stechlustige *Apis mellifera mellifera*, überlebt hat?

Angstschweiß provoziert die Bienen, hatte mir vor Jahren Galina erzählt, die erste Imkerin, der ich bei der Arbeit zusah. Sie sprach von den Signalen, die die Haut aussendet, ich erinnere mich an ihre Worte: Angstschweiß, ebenso Parfum bedeutet Gefahr, während Alkoholdünste die Bienen auf Abstand halten. Ihre besten Assistenten bei der Honigernte waren пья́ници, die Säufer des Ortes.

Tobias Miltenberger verzieht keine Miene, als er zurück kehrt und mich da stehen sieht. Auf seiner Stirnglatze zwei Stachel, um sie herum ist die Haut ein wenig gerötet.

«Zur Seite ziehen, nicht nach oben. Sonst platzt die Giftblase.» Er zeigt mir wie. «So!» Lektion Nummer 1, die ich hoffentlich nicht so bald brauche.

Und weiter geht es mit nassen Füßen, die nächsten Völker stehen in einem Hinterhof in der Rosenbergstraße. Wir befinden uns in dem am dichtesten besiedelten Gebiet der Landeshauptstadt. Ein bunt gemischtes Quartier mit gut erhaltenen alten Bürgerhäusern, kleinen Läden, schwäbische, türkische, russische, in denen es fast alles gibt. Man kann Samoware kaufen, sogar Seife aus Aleppo, selbst jetzt noch, wo in Syrien Krieg herrscht und die meisten Siedereien zerstört sind. Fast jedes alltagswichtige Handwerk ist hier vertreten, vom Friseur bis zum Installateur. Und seit zwei Jahren, in der Johannesstraße, ein Imker namens Miltenberger. Bis dahin kannte man in Stuttgart-West Bienenhaltung, wenn überhaupt, nur aus der Ferne, als ländlichen Beruf. Entsprechend groß sei das Erstaunen gewesen.

«Aufsehen haben vor allem die Schwärme erregt.» Miltenberger zeigt auf eine Robinie. «Da hing gestern noch einer, ziemlich hoch oben.»

Etwa zwanzig habe er in diesem Mai im Viertel eingefangen. Oft unter großem Hallo, umringt von neugierigen Passanten, von Kindern und Halbwüchsigen, die mit ihren Smartphones das Spektakel festhalten: Slapstick. Gehampel auf der langen Leiter. Wie er die Traube mit Wasser besprüht und die Fangkiste darunter platziert. Und dann der große Schlag, der den Schwarm vom Ast löst, «einschlagen» nennen es die Imker.

«Die Kids stellen das auf Youtube.»

Der Stadtimker ist auf dem Präsentierteller. «Fünfzig Prozent meiner Arbeit ist Kommunikation.» Damit hat Miltenberger Erfahrung, in einem früheren Leben ist er mal Bundesvorsitzender der deutschen Pfadfinder gewesen.

Es ist ganz anders als auf dem Land, wo der Imker so vor sich hin wirtschaftet, am Waldrand, auf der Wiese, irgendwo hinten im Garten, und niemanden stört oder gestört wird. Keine Rushhour, keine Balkone mit frühstückenden Nachbarn oder offene Schlafzimmerfenster.

«Anfangs hatte ich in West nur zwei Kästen im Hinterhof.»

Von seiner Wohnung im ersten Stock kann Tobias Miltenberger sie sehen. Und nicht nur er. Sechzig, siebzig Parteien leben in diesem Häusergeviert, mit Blick auf die grüne Oase, die Stadtplaner um 1900 für Bäume und Beete vorgesehen haben.

«Bienen waren hier nie.»

Über Mittag sitzen wir in der Wohnküche, seine Lebensgefährtin und die kleine Tochter sind nicht da, nur Mia, die junge Hündin.

«Kommunikation, wie gesagt, ist das A und O.» Der traditionelle Imker habe das nicht gebraucht, Wortkargheit war früher geradezu Berufsmerkmal, Stumpen oder Pfeife im Mund. Das zweite die Geheimniskrämerei, über Bienenzucht redete er nur mit seinesgleichen.

«So einer wäre in Stuttgart-West verloren, wo ständig jemand fragt: Sind das Killer-Bienen? Oder sterben die bald? Darauf zu antworten ist extrem wichtig. Anlässe gibt es mehr als genug.»

Im Juni bevölkern seine Bienen die Linden in der Johannesstraße. Sobald es hell wird, brummt es in der Allee. Die Frühaufsteher haben anfangs die Köpfe eingezogen, erst ab sieben Uhr dreißig übertönt der Verkehrslärm das ungewohnte Naturgeräusch. Jetzt im Mai die Schwärme, alle Tage irgendwo im Viertel, sei es als Traube an Bäumen oder Balkonen, sei es im Flug, als Bienenwolke.

«Ein richtiges Event, damit krieg ich die Leute!»

Dieser Augenblick von Faszination und Angst ist offenbar die beste Gelegenheit, den Städtern das Fremde näherzubringen. Was passiert da eigentlich? Tobias Miltenberger, der Mann auf der Leiter, wird ganz zwangsläufig zum Lehrer. Er versucht, das Komplizierte einfach zu machen. Etwa so: Wenn es im Kasten zu eng wird, weil immer mehr junge Bienen schlüpfen und bald auch eine neue Königin, dann zieht die alte Königin mit einem Großteil des Volkes aus. Ein neues Volk entsteht, man kann auch sagen, es wird geboren. Für den Imker ist dann schnelles Handeln angesagt, er muss dem Schwarm, der ihm entflogen ist, hinterhersausen und ihm ein Zuhause geben. Und wenn er Glück hat, fängt er Schwärme von anderen Imkern ein, die nicht gut aufgepasst haben. Miltenberger entlässt sein Publikum meist mit der Bitte, Schwärme zu melden, man möge ihn entweder auf dem Handy anrufen oder die «Schwarmbörse» im Internet anklicken. Geoposition angeben und fertig. Inzwischen hat er ein kleines Netzwerk von Informanten.

Was für ein seltsames Business! Ein Start-up, das vermutlich die Kreditabteilung keiner Bank überzeugt und noch in den Mühen des Anfangs steckt. Berufsimkerei! Die Firma «Summtgart» ist die erste und bislang einzige in der Landesmetropole. Alle anderen sind Freizeitimker, das Übliche hierzulande, Imkern ist im Trend, dreihundert Völker stehen derzeit im Stuttgarter Talkessel, circa tausend im gesamten Stadtgebiet, Tendenz steigend.

Ende dreißig ist Miltenberger, für einen Existenzgründer schon ziemlich alt. Er träumt davon, eines Tages sich und seine Familie davon ernähren zu können. Während draußen wieder ein Regenschauer niedergeht, erzählt er, wie er zum Stadtimker wurde.

Eine lange, verrückte Geschichte: Geboren und aufgewachsen ist er am Stadtrand von Neckarsulm. Ein Naturkind von Anfang an. Einer, der am liebsten Banden gründete und es meist zum Chef derselben brachte, der anders als seine Geschwister, die allesamt Akademiker wurden, keine Lust auf Schule hatte, nur den Hauptschulabschluss schaffte. Jungen wie er gingen damals in die Autoindustrie. Autos, das täglich Brot und die heilige Kuh der Schwaben, was sonst. Nach seiner Ausbildung zum Elektriker hielt er auf dem eingeschlagenen Weg noch einmal inne. Bevor alles in feste Bahnen kam, wollte er noch «irgendwie die Welt erkunden». Über katholische Verbindungen, seine Mutter war Religionslehrerin, gelangte er 1997 nach Argentinien, in einem Berufsbildungsprojekt im Norden brauchten sie Elektriker. Es ging um Jugendliche, die verschiedene Handwerke lernen sollten und so auf dem Land ihr Auskommen finden und nicht in die traurigen Vorstädte von Buenos Aires ziehen. Projektleiter war ein gewisser Josef Majer, ein Priester aus einem schwäbischen Dorf, der sein Amt aufgegeben hatte, weil er mit dem Zölibat und der Kirchenhierarchie in Konflikt geraten war. Miltenberger schwärmt von ihm. Aus dem Reservoir der Erfahrungen schöpft er heute noch. Imkerei war einer der Lehrberufe, sie begeisterte ihn sofort. Verblüfft stellte er fest, dass sie ein wichtiger, hochproduktiver Teil der Landwirtschaft ist, Argentinien ein Imker-Dorado und einer der großen Honigexporteure der Welt.

Und so lernte er von Josef Majer das neue Handwerk, Spanisch natürlich, und noch eine ganze Menge mehr. Vor allem: viele Dinge unter einen Hut zu bringen: Sozialarbeit, kombiniert mit Erfindergeist, unter anderem baute er mit den Jugendlichen Solarkisten für Dörfer in den Anden und Bewässerungsanlagen für Johannisbrotbäume. Nicht zuletzt unorthodoxe Geschäftspraktiken, wie man in einem durch und durch korrupten Land Schleichwege findet. Zum Beispiel exportierte Majer, genannt «José», Schmuck, den eine benachbarte Aussteiger-Kolonie fertigte, via Kirchenkurier nach Deutschland, versteckt in Honiggläsern.

Nach dieser großen Reise, sagt Tobias Miltenberger, habe er sich nicht mehr vorstellen können, Motorblöcke für Acht- oder Zwölfzylinder herzustellen.

«Ich wollte unbedingt etwas Grünes machen. Etwas zur Gesellschaft beitragen.»

Noch einmal Schulbank also, die ganze Ochsentour des zweiten Bildungswegs, mittlere Reife, Fachabitur, dann Studium der Landwirtschaft in Nürtingen. Die wichtigsten Fächer rund um Schwein und Kuh hakte er so schnell wie möglich ab. So und so viel Kilo Proteine ergeben so und so viel Kilo Fleisch, das war nicht sein Ding. Ein Berater von Demeter brachte ihn auf den Weg, ein Vortrag über «wesensgemäße Imkerei». Fortan war die Biene sein Thema, ihre Rolle als Bestäuber für die Kultur- und Wildpflanzen. Sein zweiter Schwerpunkt und Examensthema: «Die Bedeutung des Regenwurms» für die Verbesserung von Mutter Erde. Jeder der beiden von allergrößter Wichtigkeit für den Kreislauf der Natur, und genau das interessierte ihn. Von da aus war es nicht weit zu Rudolf Steiner, den Ideen der Anthroposophie. Es bedurfte noch einiger Umwege, bis er endgültig wusste, nicht die Pfadfinderorganisation, nicht die Solarbranche wird sein Leben sein. Nach der Geburt der Tochter vor sieben Jahren und einem Jahr Elternzeit war er so weit und steuerte auf sein Ziel zu.

Mir war die kleine Bibliothek in der Wohnküche sofort aufgefallen – zwei Regalmeter Bienen- und Naturkunde. Rudolf Steiners «Über das Wesen der Bienen» neben dem Klassiker «Das Leben der Bienen» von Maurice Maeterlinck, Rachel Carsons «Der stumme Frühling», in dem sie, 1962, die Auswirkungen des Giftes DDT auf Vögel und Insekten beschrieb. Fachbücher wie Karl Pfefferles «Imkern mit dem Magazin» in braunem, unverwüstlichem Einband, auf dem Titel Bienenhäuser vor Schwarzwaldkulisse.

«Ach der», habe ich bemerkt und das Buch in die Hand genommen, um nach meiner Blamage am Bienenstand wenigstens als Leserin zu glänzen. «Der ist für viele Imker wie ein Papst», hat Miltenberger kurz kommentiert und auf meine Frage, ob sich eine Pilgerfahrt in Pfefferles Heimat lohne, mit dem Kopf genickt.

«Ich lese viel», sagt er jetzt, bevor wir wieder aufbrechen, «aber nur im Winter.»

Hirtenspeise – Ziegenkäse und Honig

Ein jahrtausendealter Genuss! Noch bevor der Mensch zum Bauern wurde, gab es die Verbindung von frischem, säuerlichem Käse und süß-würzigem Honig.

Ziegen wie Bienen ernährten sich von wilden Kräutern und dornigen Büschen, im mediterranen Raum nennt man es Macchia, und deren Aromen gingen in die tierischen Produkte ein. Ziegenkäse ist der älteste Käse der Welt, schon der Hirte beherrschte meist die Technik, ihn herzustellen. Den Honig musste er den wilden Bienen abjagen, die in hohlen Baumstämmen oder Felshöhlen lebten.

Wer einmal auf Kreta Ferien gemacht hat, der Bieneninsel, die schon in der antiken Mythologie gerühmt wird, hat eine Vorstellung von dieser Köstlichkeit: Man gibt eine Kelle Joghurt (er kann auch vom Schaf sein), auf einen Teller, gräbt in der Mitte eine Kuhle und füllt den flüssigen Honig hinein.

Ähnliches gibt es, in verfeinerter Form, in den Regionalküchen des Mittelmeerraums. Eine Variante lernte ich bei meinen jüdischen Freunden Hans und Tamara in Haifa kennen. Obwohl sie schon ewig auf dem Berg Karmel lebten und Israel als ihre Heimat ansahen (er hatte seine Kindheit in Königsberg verbracht, sie im noch kälteren Moskau), waren sie immer wieder erstaunt über die Gaumenfreuden der orientalischen Welt. In dem Gericht spielen reife Feigen die dritte Hauptrolle:

Ein Kilo Feigen waschen und vierteln, mit reichlich Butter in einem Topf anschwitzen. Wenn sie ein wenig gebräunt sind, herausnehmen und beiseitestellen. In der verbliebenen Butter wird der Honig verflüssigt. Tamara nahm Thymianhonig, etwa fünf große Esslöffel voll. Den braunrötlichen Sirup gab sie auf einen tiefen Teller, legte darauf gewürfelten frischen Ziegenkäse. Zum Schluss drapierte sie die Feigen am Tellerrand und streute frische Minze darüber.

Für die dritte Hauptrolle ist auch der Kürbis geeignet. Den Namen des Gasthauses auf der Schwäbischen Alb, wo wir den Abend verbrachten, habe ich vergessen. Die Kreation jedenfalls sah so malerisch aus, dass ich das Rezept unbedingt haben musste.

Vom Butternut-Kürbis, dem oberen, kernlosen Teil, schneide ich feine Scheiben herunter und lege sie auf ein mit Backpapier ausgekleidetes Blech. Darüber pinsele ich reichlich Marinade aus Honig und Olivenöl, gewürzt mit einer halben ausgekratzten Vanilleschote, Salz und Pfeffer. Die Rundlinge brauchen im Ofen bei 180 Grad etwa 20 Minuten, bis sie gar sind. Zum Schluss kommt auf jeden eine ebenfalls runde, ebenfalls dünne Scheibe Ziegenfrischkäse, ein Löffelchen von der Marinade drüber. Nach weiteren zwei Minuten im Backrohr ist das Ganze fertig. Jedes Exemplar sieht aus wie ein Spiegelei, mit umgekehrter Farbverteilung. Um das schöne Bild nicht einzutrüben, sollte es auf jeden Fall ein heller Honig sein. Zum Beispiel Kirschblütenhonig vom Albtrauf, Akazienhonig passt auch. Die milde Süße, die Säure des Käses und der erdige Kürbis verbinden sich harmonisch.

Vom einfachen, regionalen Hirtenmahl ist dieser Genuss weit entfernt. Kürbis wie Gewürzvanille sind südamerikanischen Ursprungs.

In dem alten Bulli riecht es nach Rauch und Wachs. Hintendrin rumpeln verschiedene Gerätschaften – Imkerautos in Europa, werde ich bald wissen, sind einander ziemlich ähnlich. In der Mittagszeit braucht man von West bis nach Bad Cannstatt eine gute halbe Stunde. Stop and go auf einer der verstopften Hauptachsen, an Versicherungen und Geschäftszentren vorbei, dem von Baggern und Kränen umzingelten Bahnhof. Die Luft in der europäischen Hauptstadt des Feinstaubs ist nach dem Unwetter besser als sonst.

«Haben die Bienen Probleme mit dem Feinstaub?»

«Nicht so sehr. Sie filtern die winzigen Partikel, im Honig sind keine Rückstände. Allerdings haben Wissenschaftler festgestellt, dass die Bienen schlechter zu den Blüten finden, weil die Staubschicht die Farben und Gerüche dämpft, die sie anziehen.»

Über den Neckar geht es, am Wasen vorbei, rechts ab. Der Ort ist genauso unwirtlich wie auf dem Satellitenbild: ein Dreieck zwischen der Festwiese und dem Mercedes-Benz-Motorenwerk, im Zentrum das schon lange verlassene ziegelrote Zollamt. «Betriebsstätte» nennt Miltenberger sein Hauptquartier, und so prosaisch ist es auch. Ein Unterstand, der früher die Laderampe überdachte, mit ein paar Möbeln bestückt. Für Imkerzwecke gut geeignet, Strom ist da, ein Wasseranschluss, Handwerkszeug an Zahl überschaubar. Die Werkstatt ist zugleich Depot, hat genug Platz für Bienenkästen und Rähmchen, Wachs et cetera – und ein gelbes Lastenfahrrad mit Elektroantrieb.

Hochsaison

So ein Stadtbauer braucht offenbar nicht viel. Miltenberger zählt sich zu den Bauern. So möchte er gesehen werden, als ein Bauer besonderer Art, der keinen Hof braucht und nicht einmal eigenes Land, sondern nur eine Art Lufthoheit, also Flug- und Nutzungsrechte auf der Höhe des Blütenhorizonts, im Umkreis von zwei, drei Kilometern.

Etwa dreißig Bienenstöcke, Jungvölker, stehen hier in Reihen. Mit den Augen folge ich ihrem Flug und erkenne die Vorzüge des Ortes: Zwischen geborstenen Betonplatten und Kies ranken mächtig die Brombeeren. Es gibt massenhaft Weißklee und Giersch. Hier und da eine Insel Glockenblumen, allerhand Taubnesseln, etwas weiter entfernt, Richtung Neckar, eine Lindenallee. Eine reiche Bienenweide, auf den zweiten Blick hat der Standort sogar Charme.

Mittlerweile haben sich die letzten Ausläufer des Sturmtiefs verzogen. Der Himmel ist fast blau. Und Tobias Miltenberger in voller Aktion: Er will zwei Schwärme einlogieren. Sein Kompagnon David Gerstmeier, ein zierlicher junger Mann mit Rauschebart, hat zwei nagelneue Buchenholzkästen auf dem

Vorplatz aufgestellt. Auf dem Boden, vor dem Einflugloch, liegt je ein Brett bereit.

«Man kann die Bienen aus der Fangkiste auch einfach in den Kasten kippen», erklären sie mir, «die schnelle Methode. Aber die langsame ist besser. Die Bienen sollen sich ihr neues Zuhause aneignen. Einlaufen, wie es in der Imkersprache heißt.»

Miltenberger nimmt die erste Fangkiste, wiegt sie, etwa ein Kilo hat der Schwarm. «Ein kleiner.» Und schüttet den Inhalt auf das vorbereitete Brett. Ich mache einen beherzten Schritt nach vorn. Wir sind ungeschützt, die Männer haben nackte Arme. Zu unseren Füßen ein bewegter Teppich von gestreiften Leibern mit pelzigen Kragen, Flügel, Beinchen. Zehntausend Bienen oder mehr, die in alle Richtungen laufen, hier und da fliegt eine auf. Es ist unglaublich: Das ganze Volk, das normalerweise im Kasten verborgen ist, ist da zu sehen! In überwältigender Mehrheit Arbeitsbienen, nach längerem Hinschauen erkenne ich einen Drohn. Sein Körper ist etwas größer, kompakter.

«Da!» Tobias Miltenberger hat einen auf dem Arm. «Nehmen Sie!» Er lässt den Drohn auf meinen Handrücken gleiten.

«Keine Angst, die männlichen Bienen haben keinen Stachel.» Es kitzelt. Und fort ist er.

Der Imker deutet mit dem Finger in die wuselnde Menge. «Die Königin!» Ein wenig klingt es, als würde ein Herold Ihre Majestät Elizabeth die Zweite ankündigen.

Ich beuge mich tief hinunter, und jetzt sehe ich sie auch: lang und schlank der Hinterleib, das Gelb intensiv, fast golden. Obenherum ist sie nackt, ohne Pelz. Inmitten von Arbeitsbienen dreht sie sich, scheinbar ziellos, hin und her.

Auf den Armen und der Stirn des Imkers lassen sich immer wieder Bienen nieder. Er scheint ihre Nähe zu suchen – und keine sticht. Gibt es da so etwas wie Vertrautheit?

Mensch und Biene sind einander fremd, glaubte ich zu wissen. Vom wirtschaftlichen Verhältnis abgesehen, das man mehr oder weniger ausbeuterisch oder ethisch gestalten kann, und sie bleiben es auch. Wie alle Insekten, ob Fliegen, Wespen, Ohrenkneifer oder Asseln, eklig oder feindlich, einer anderen Welt angehörig, so lernte ich als Kind.

Im Gegensatz zu Hund und Katze, die unseren Blick erwidern, die wir berühren und erziehen – und sie uns. Oder zum Pferd, das ein Individuum ist wie ich und einen Namen hat und mit dem man im Reiten eins werden kann. Selbst Nutztieren wie Kühen oder Schweinen kann man nahe sein, als kleines Mädchen habe ich sie gerne gestreichelt, mochte ihre sehr verschiedenen Gesichter und ausdrucksstarken Töne.

«Ich arbeite fast immer ohne Schutzkleidung», sagt Miltenberger. «Bienen suchen die Wärme des Menschen. Ihre Körpertemperatur und unsere sind ähnlich, die der Bienen bei 35 Grad, die menschliche 2 Grad höher. Durch den Kontakt sind sie freundlicher. Jedes Volk ist anders, das kann man mit etwas Übung sogar riechen.»

«Kennen die Bienen auch den Geruch des Imkers?»

«Ja, das ist auch ein Vorteil.»

«Und es scheint Spaß zu machen.»

«Es ist faszinierend. Anderen Lebewesen begegne ich von außen. Dem Bienenvolk kann ich in gewisser Weise von innen begegnen.» Er geht in die Hocke, im Bienenteppich entsteht eine kleine Unruhe.

«Wenn ich einen Bienenkasten öffne, schwirren manchmal Hunderte um mich herum. Dann tauche ich in dieses Wesen ein Stück weit ein.»

«Schöne Vorstellung!»

«Ein alter Imker hat mich mal gefragt, was denn das größte Tier auf unserem Planeten ist. Der Blauwal, was sonst, habe ich geantwortet. Aber er meinte die Bienen, das Bienenvolk. Auf der Suche nach Nahrung dehnt es sich auf zwei, drei oder sogar fünf Kilometer in der Landschaft aus. Nachts, im Kasten, ist es auf ein paar Kubikzentimeter zusammengeschrumpft. Und wird wieder zum Riesen, sobald es hell wird. Wie ein Ausatmen und Einatmen und wieder Ausatmen.»

Wenn ich ihn richtig verstehe, bewegt sich der Imker in diesem Tier, mit seinen Händen, zuweilen mit dem gesamten Körper. Ein Gebilde aus Zehntausenden Elementen in ständiger Bewegung. Mal ist es luftig, mal kompakt.

«Unser Bezugspunkt ist nicht die einzelne Biene, sondern das Ganze: der Bien.»

«Der Begriff ist von Gerstung?»

«Gerstung!» Miltenberger nickt.

Dieser Name, den ich bis vor kurzem nicht kannte, wird später immer wieder fallen, teilweise in abenteuerlichen Betonungen, die ich nicht gleich verstehe, «Gerstong» «Görstang», «Gerrschtung». Ende des 19. Jahrhunderts hat dieser Georg Ferdinand Gerstung das Bienenvolk als einen Gesamtorganismus definiert: die Arbeiterinnen, im Sommer bis zu 50 000, die Drohnen, einige hundert, und die Königin, drei Bienenwesen samt Waben und Gehäuse, die nur als Gesamtes lebensfähig seien, als Einzelne zugrunde gehen. Gerstung war Imker. Fast alle Bienentheorien sind aus der Praxis geboren, dem Beobachten und Wirtschaften. Imkerhandwerk und Wissenschaft gehen in der Geschichte lange Hand in Hand. Selbst heute, wo Neurowissenschaftler und Genomforscher (2006 wurde das Genom der Biene entschlüsselt, sechs Jahre nach dem des Menschen) den Ton angeben, gehört zum Imkern der forschende Blick – verstehen zu wollen, was im Bienenvolk gerade geschieht, das Staunen über die noch immer ungelösten Rätsel.

Tobias Miltenberger ist das personifizierte Staunen. Und er

respektiert das Eigenleben seiner Völker. Sich ganz und gar auf die Bienen einzulassen sei die wichtigste Fähigkeit in diesem Beruf. So ähnlich hatte ich es schon in einem Arbeitskalender für Imker gelesen, irgendwo zwischen fachlich trockenen Ratschlägen und Anweisungen hatte der Satz gestanden: «Die Grundlage des Imkerns ist die Liebe zu diesem faszinierenden Gemeinwesen Bien.»

In dem Bienenteppich vor uns verändert sich etwas, die Masse scheint sich zu ordnen. Einige waren schon in den Kasten gekrabbelt, Kundschafterinnen, und haben ihn für gut befunden. Jetzt strömen sie hinein, wie von einem Magneten angezogen. Die vordersten wackeln mit dem Hinterteil.

«Sie sterzeln», erklärt Miltenberger. «Sie klappen die siebte Rückschuppe auf, da sitzen die Duftdrüsen, und verteilen die Pheromone mit dem Flügelschlag, damit die Bienen hinter ihnen leichter reinfinden. Dadurch entsteht eine Duftschneise. So etwas Ähnliches wie die Lichtschneise, die die Landebahn für Flugzeuge markiert.»

Das Einlaufen ist zu Ende, der zweite Schwarm hat es schneller geschafft. Nun werden die Kästen zu den anderen Jungvölkern gestellt, und dort geht die Arbeit weiter. «Völkerkontrolle!» Jeder Bienenstock muss regelmäßig durchgesehen werden, jetzt in der Hochzeit des Brutgeschäfts besonders. Vorsichtig hebt Miltenberger den Deckel ab, Duft und Wärme strömen uns entgegen. Ein Stoß aus dem Smoker, und die Arbeitsbienen am Rand verziehen sich sofort ins Innere.

«Waldbrand aus Dose!» Miltenberger lacht. «Jeder hat dafür sein eigenes Rezept. Ich nehme zerrissene Eierkartons zum Anzünden, dann Sägespäne und obendrauf etwas Gras, damit keine Funken entkommen.»

Der Rauch habe nicht etwa eine betäubende Wirkung, sondern löse Alarm aus. Eine genetische Erinnerung aus der Zeit, als die *Apis mellifera* noch eine Waldbewohnerin war und in Baumhöhlen lebte. Waldbrand heißt höchste Gefahr, auf, auf, die Honigmägen füllen, Proviant fassen für die Flucht.

«Genau das machen sie jetzt gerade. Und ich kann so lange ruhig arbeiten.»

Stadtbauernarbeit! Da muss man wetterfest sein und körperlich fit, Holzkästen sind schwer. Ausdauernd und fingerfertig, der Imker ist der Feinmotoriker unter den Bauern. Tobias Miltenberger nimmt ein Rähmchen heraus, hier eines und dort eines. Hält das Wabengebilde mit Hunderten von Bienen gegen das Licht, dicht vors Auge, und prüft: Ist Brut da und wie viel? Ist genug Pollen eingelagert? Ausreichend Honig, den sie als Nahrung brauchen und um sich zu wärmen, oder muss man füttern? Benötigen sie mehr Platz? Dann hängt Miltenberger neue, leere Rahmen in den Kasten. Bei ihm gibt es keine vorgefertigten Mittelwände, die Bienen dürfen ihre Waben selber bauen.

Wo befindet sich die Königin? «Wenn keine Eier oder Larven da sind, ist sie womöglich nicht befruchtet.»

«Und?»

«Winzige Larven. Schauen Sie.»

Geduldig kommentiert er jeden Schritt. Ein Besuch bei den Bienen, so viel verstehe ich, ist viel komplizierter, als durch einen Kuhstall zu patrouillieren. Die wichtige Frage dabei ist: Was braucht der Bien? Nicht. Was leistet er, und was sollte er tun?

«Der Bien ist ein Wildtier. Wir können ihn nicht vollständig domestizieren. Anders als das Rind oder das Schwein oder unsere Hühner, die tanzen schon lange nach der Pfeife des Menschen.»

Deckel zu, Stockkarte ausfüllen, das ist der letzte Akt. Ein kleines Protokoll: Datum, Stand der Dinge, Maßnahmen, Bemerkungen. Natürlich handschriftlich, klebrige Finger und Smartphone passen nicht zusammen. Überhaupt ist das Ding nicht so wichtig, Miltenberger ist offline. Mails werden gerade automatisch beantwortet: «Wir befinden uns in der Bienensaison und bitten um Verständnis.»

Stuttgarts Bienenweiden

Der Frühsommer ist die arbeitsreichste Zeit. An diesem Tag fahren wir noch durch die halbe Stadt. Vier Bienenstöcke in einem Kleingarten, vier vor einem Seniorenheim, auf einer Streuobstwiese am Sonnenberg zehn, vis-à-vis von Daimler in Vaihingen, wo das Gras so hoch ist, dass es fast die Einfluglöcher versperrt, sechs. Würde man all die Standorte samt Bienen-Flugradius von circa drei Kilometern auf dem Stadtplan eintragen, da käme ein kleines Königreich zusammen, inselhaft verstreut wie die württembergischen Lande im 19. Jahrhundert.

Das wichtigste Stückle liegt im Norden: der sogenannte «Stadtacker». Dort sind die «urban gardener» zu Hause, Miltenbergers Verbündete. Vor vier Jahren hat die Stadt das Gelände, das zum Ausbesserungswerk der Deutschen Bahn gehörte, entgiften und im Rahmen eines Festivals «72 hours urban action» von Studenten gestalten lassen. Dreißig neue Bäume und ein Teich, Geräteschuppen und fünfzig Parzellen von vier mal zehn Quadratmetern, die Pächter standen schon Schlange.

Wir spazieren über den aufgeweichten Mittelweg. Links und rechts Beete ohne trennende Zäune, ein lässiges Neben- und Ineinander von Gemüse, Blumen und Giersch. Manchmal stehen die Karotten akkurat wie die Soldaten. Viel Borretsch und viel Akelei, hier und da Sandmohn.

«Sonst ist es hier nicht so ruhig.» Miltenberger schaut sich um. «Wo sind sie bloß alle?» Nur ein Vater mit Rastazöpfen zupft Unkraut, sein kleiner Sohn lädt es auf den Bollerwagen.

«Ich brauche die Nähe zu den Leuten hier. Da trifft sich alles, von der türkischen Witwe bis zum jungen Bosch-Ingenieur. Wir sitzen zusammen am Lagerfeuer, da sind Banker dabei, viele Freaks. Jetzt kommen auch Flüchtlinge aus dem Lager nebenan.»

Miltenberger schwärmt, wie er zuletzt von seiner verrückten Lehrzeit in den Anden geschwärmt hat.

«Das Gärtnern ist manchmal anarchisch. Und es funktioniert ziemlich gut.»

Auch die Arbeiter, die in der Containersiedlung am südlichen Rande des Gartens leben, mischten sich manchmal unter das bunte Volk. Polen und Rumänen, die Stuttgart 21 bauen und ihre ländliche Heimat vermissen. Für Miltenberger ist diese Gemeinschaft eine Art Utopia: offen für alle, egalitär und gesellig. Besitz spielt keine Rolle, und was immer hier geschaffen wird, ist nicht für die Ewigkeit gemacht. Man wusste von Anfang an, dass die Baupolitik den Platz bald wieder kassieren wird.

Hier hat Miltenberger seinen Kompagnon David gefunden, den Waldorfschüler, der schon mit elf Jahren eigene Bienen hatte. Auf dem Stadtacker haben die Bienenvölker vor allem eine pädagogische Funktion. Kindergartenkinder kommen zu Gast, wer immer Lust hat, kann zusehen und lernen. Wegen der Vielfalt der Blüten ist der Honig besonders schmackhaft, dazu tragen auch die Linden des Pragfriedhofs bei. Kunden gibt es allerdings auf dem Stadtacker eher wenig, von den urban gardeners könnte die Imkerei nicht leben. Doch es gibt genügend andere im Umkreis.

«Schauen Sie!» Miltenberger zeigt auf die Türme der Banken und Versicherungen, dreht sich mit ausgestrecktem Arm nach

Süden, zum Europaviertel, und weiter, zwei-, dreimal um die eigene Achse und lacht.

Einen besseren Platz als Stuttgart hätte er für sein Start-up kaum finden können – die Stadt, in der die Rebellion gegen einen Bahnhof zum Sturz des Ministerpräsidenten führte. Seit dem Frühling 2011 regiert ein Grüner das Land, eine der ersten Taten von Winfried Kretschmann war: Bienenstöcke im Park der Villa Reitzenstein aufzustellen. Und als wenig später ein weiterer Grüner Oberbürgermeister wurde und Miltenberger das Rathausdach als Bienenstandort anbot, war «Summtgart» fein raus. In Stuttgart sind Bienen politisch gewollt, da hängt sich so mancher Autokonzern dran, der sein Image aufpolieren will. Ganz allmählich begreift der Städter, warum Bienen wichtig sind und warum ein Glas Honig so viel kostet. Bis vor kurzem noch hätten die meisten Schwaben Miltenberger und seine Preispolitik schlichtweg für verrückt erklärt. Als Demeter-Imker lässt er den Bienen den weitaus größten Teil, entnimmt maximal 15 Kilo Honig pro Volk. Der Kunde bezahlt beides: den Honig, den er bekommt, und den Honig, den er nicht bekommt.

Es dämmert schon, als Tobias Miltenberger die Welt wieder zuschaltet. Aus dem Autoradio hören wir: Im Flughafen Köln-Bonn wurde der Flugbetrieb gestoppt, jemand ist unkontrolliert in den Sicherheitstrakt vorgedrungen. Wir schauen uns kurz an, wir denken, was alle denken – sofort sind die Bilder aus Paris wieder da, Charlie Hebdo, Bataclan.

Es war Fehlalarm, am 30. Mai 2016 ist das Befürchtete nicht eingetreten.

Die Pfefferles

Apimondia im Schwarzwald

Viele Male bin ich diese Strecke mit dem Intercity gefahren, im Juni meist, zur Mittsommerzeit. Aus dem Zugfenster schaue ich schon lange nicht mehr. Sobald Stuttgart hinter mir liegt, bin ich in Gedanken schon im badischen Müllheim, Ortsteil Niederweiler, in dem rosenumrankten, von Büchern überquellenden Haus unserer Freundin Annelen. Diesmal aber halte ich die Augen offen.

Verregnete Felder ziehen vorbei, Getreide, das vor der Zeit gelb wird, große Flächen von Mais. Lärmschutzwälle, die immer wieder die Sicht versperren, mit den üblichen Graffiti, «VfB», «PKK», «Ich liebe dich, Kevin!». Manche stehen schon seit Jahren da, wie das «Juchu!» in roten Großbuchstaben, kurz vor Karlsruhe. Die Stadt frisst sich ins Land, an ihrem Rand erscheint die nächste agroindustrielle Zone. Der Imker nennt es «ausgeräumte Landschaft».

Als Kind, in den 1960er Jahren, habe ich die Anfänge im ländlichen Westfalen erlebt. Ich erinnere mich, wie mein Onkel im Herbst mit dem Traktor eine Hecke ausriss und die Vogelnester herausfielen und an die verschreckten Eidechsen. Was diese «Flurbereinigung» für Bienen bedeutet, habe ich damals nicht geahnt. Auch später nicht – der Wegfall der blühenden Wegraine und knorrigen Weißdornhecken, der zartbunten Magerwiesen, die nur von Tieren gedüngt wurden, und der Obstbäume, die wie Inseln zwischen den Feldern standen oder sogar mittendrin.

Vieles davon war «Bienenweide», Quelle von Nektar und Blütenstaub. Wo ist sie heute? Vereinzelte kleine Flächen nur, das größte Areal scheint der Bahndamm zu sein. Diese Natur, die den Schienenstrang begleitet, habe ich noch nie wirklich betrachtet: ein dichtes, ineinander verschlungenes Baum- und Strauchwerk, im Vorbeifahren kaum genauer zu identifizieren. Eine schier endlose, hin und wieder unterbrochene Hecke. Mit den bäuerlichen Hecken von früher, die Windschutz und Grenze waren, Reservoir von Kleinholz und Streu, diesem sorgsam angelegten Stück Kulturlandschaft, jedoch nur entfernt verwandt. Dieses hier ist in Schach gehaltene Wildnis, einmal im Jahr wird sie mit schwerem Gerät zurechtgestutzt. Was überlebt, wuchert weiter, am kämpferischsten die Brombeeren, auch Hundsrosen scheinen sich gut zu behaupten – Bienenweide vom Feinsten. Am Saum, zu den Gleisen hin, zwischen Farnen und Brennnesseln, sprießen Mädesüß und Taubennatternkopf, Blutweiderich und so viel Johanniskraut, wie ich noch nirgends sah. Ob es Imker gibt, die ihre Völker so nah an der Bahn aufstellen?

Allmählich verzieht sich der Dunst, das Vorland des Schwarzwalds zeigt sich. Über Rastatt ist der Himmel bereits klar und blau.

In Freiburg steige ich in den Regionalzug Richtung Basel um, in diesem Moment beginnen meine Ferien: Wenn das rote Bähnle Fahrt aufnimmt und die Landschaft südlich und kleinteilig wird. Rechts die Rheinebene, in der Ferne die französischen Vogesen, links das hügelige Rebland, unterbrochen von Streuobstwiesen und Weiden mit grasenden Kühen. Wie immer halte ich ungeduldig Ausschau, ob da an der Straße ein Stand mit schwarzen Kirschen wartet. Ende Juni ist im Alemannischen «Chriesezit».

Alles wird so sein wie immer. Ich werde im Garten unter den Rosenbüschen lesen, dieselben Wege durch die Weinberge gehen und meine Blicke auf den Blauen richten, den Hausberg des Markgräflerlandes. Und schwimmen – das ist das Erste am Morgen, auch diesmal. Ein paar Minuten vor der Zeit stehe ich mit fünfzehn oder zwanzig Frühschwimmern vor dem Tor des Müllheimer Freibads. Warte auf den magischen Moment der Öffnung, in dem der Wettlauf einsetzt, wer zuerst das Wasser erreicht. Ruckzuck bin ich im Becken und ziehe schweigend meine Bahnen. Während die anderen, die Hiesigen, einander Neuigkeiten zurufen.

«Elfmeterschießen, hesch gsäh?»

«Bei Lidl gits Dosebier für nienedrißig Cent.» Redende Köpfe, die neben mir auftauchen oder sich auf der Gegenbahn nähern.

«D'Zigeuner sin weg, die sin nach Heitersheim witer.»

«Ei Schandfleck weniger.»

Es betrifft mich nicht, ich liege auf dem Rücken und träume vor mich hin.

Das Bienenkunde-Museum liegt nur wenige Kilometer außerhalb meines gewohnten Ferienradius. Man verlässt das Rebland, die liebliche, warme Zone, in nordöstlicher Richtung, und ist im Schwarzwald. Er ist wirklich schwarz, dunkel von Fichten und Tannen. Nur die Täler, in denen Mensch und Vieh leben, sind hell und grün. Auf halbem Wege liegt St. Trudpert, ein gewaltiges Kloster, das einmal die Region beherrschte und dessen Kirche heute noch den Katholiken des Münstertals dient. Es zieht sich bis zum Belchen hoch, auf 1400 Meter Höhe. Eigentlich sollte ich zu Fuß gehen, denn diese Etappe meiner Expedition ist eine Pilgerreise.

Obermünstertal gilt als Mekka der Imker Europas, mancher Wallfahrer spricht lieber von Rom. Nüchterner ausgedrückt: Es ist die Heimat der Pfefferles, einer Familie von Pfefferhändlern, die vor Generationen aus Südtirol kamen, ihr gefährliches Reiseleben gegen ein karges, bäuerliches Dasein eintauschten. Und sich irgendwann, Ende des 19. Jahrhunderts, der Bienenzucht verschrieben und eine Imkerdynastie begründeten. Ihr berühmtestes Mitglied ist jener Karl Pfefferle, der das auflagenstarke Lehrbuch «Imkern mit dem Magazin» geschrieben hat, in Imkerkreisen eine Art Bibel. Vor einigen Jahren hätte ich ihn noch kennenlernen können, 2009 ist er verstorben. Jetzt führt sein Sohn, ebenfalls ein Karl, sein Werk fort.

Die Schwiegertochter des Papstes

Karl Pfefferle junior hat keine Zeit.

«Gehen Sie zu meiner Frau!»

Die hat auch keine Zeit. Silvia Pfefferle ist im Aufbruch, sie rauscht an mir vorbei, bepackt wie ein Maulesel, und dreht sich dann doch noch einmal um.

«Na guet, stiege Sie ii. Ich muss zu de Biene.»

Wieder so ein Imkerauto, das duftet und rumpelt. Der alte weiße Mercedes ist der reinste Backofen, die Klimaanlage ist defekt. Erst als wir den Wald erreichen, lässt die Hitze ein wenig nach.

Auf einer Lichtung stehen etwa zwanzig Bienenhäuser aus schwerem, fleckigem Holz, Wand an Wand, je vier Etagen, mit Teerpappe zugedeckt, obendrauf ein paar Autoreifen zum Beschweren. Es sieht ein wenig wie die Miniatur einer Barackensiedlung aus, dicht bevölkert und so lautstark, dass ich zurückschrecke. Nach einem schnellen Blick aufs Geschehen streift Silvia Pfefferle mir ihren Schleierhut über, mütterlich besorgt, als wäre ich ein Kind. Sie ist jünger als ich, keine sechzig, schätze ich. Schwarzwälderin, aber kein bäuerlicher Typ. Kurze blondierte Haare, eine selbstbewusste Mollige, die Capri-Hosen trägt und ein hautenges T-Shirt, um den Hals ein kleines goldenes Kreuz.

Ungeschützt geht Silvia Pfefferle auf die Bienenstöcke zu. «Die het no mi Schwiegervater baut, Modell Zander.» Mit Hilfe eines Fetzens Jute heizt sie den Smoker an.

«Des isch mir s'liebscht Brennmaterial. Alti Säck us de bankrotte Schoggeladfabrik, mir hän no hunderti davu.»

In dem Moment wird sie gestochen, einmal, zweimal, dreimal. Die Bienen fliegen eine richtige Attacke auf ihre nackten Unterarme.

«Sie wen steche. Sie möge unsern Schweiß nit.»

Plötzlich sitzt eine auf meinem rechten Daumenballen. Wegpusten? Erschlagen? Fortlaufen! Und da ist er schon, der Schmerz, überraschend und spitz wie ein Pfeil. Ich kratze den Stachel raus, ganz vorsichtig, zur Seite hin.

Bei der heutigen Völkerkontrolle geht es um Stichproben, wie stark der Befall mit Varroamilben ist.

«So viel wie scho lang nimmi. Drei Völker müen in Quarantäne, glie mordemorge.»

Seufzend packt sie ihre Gerätschaften wieder zusammen. «Ich weiß noch, wie das angefangen hat, das war 1978, im Jahr meiner Hochzeit. Mein Schwiegervater glaubte bis dahin, alle Bienenkrankheiten zu kennen. Und dann diese Riesenkatastrophe, die von Indien zu uns kam.»

Anscheinend mochte sie den alten Karl Pfefferle sehr und kannte ihn ziemlich gut.

«No hüt wir i oft begrüßt mit: Ach, Sie sin d'Schwiegerdochter? Sin Name het mir im Lebe viele Düren ufgmacht.»

So erzählt sie später, da trinken wir schon Apfelsaft im Garten. Auf einmal hat sie doch Zeit. Bis auf weiteres sitzen wir an einem Holztisch, im Schatten alter Bäume und der Antonius-Kapelle. Auch hier stehen einige Bienenvölker.

Sie stammt aus einem ganz anderen Milieu und schildert die Pfefferles aus der Sicht der eingeheirateten Fremden. Anfangs sei sie ziemlich verwundert über ihren Zukünftigen und seine Familie gewesen.

«I hab uf de Sparkass gschafft, un de Karl au. Domols isch er scho e wing e höhers Dier gsie. De isch Bienenwanderer, hen sini Kollege gseit. Ich ha kei Ahnung gha, was des isch. Ab und zu het er e zuegewachses Aug gha, wie wenn ihn ebber voschlage hätt.»

Silvia Pfefferle lacht. Offenbar hat ihr dieser Banker mit dem gefährlichen Nebenberuf ziemlich imponiert. «An de Fasnet 1973, nochdem mir d Nacht durchgfiert hen, war ich mit de Clique zum erschte Mol im Huus vo s'Pfefferlis. Bim Karl het's Honigbrot zum Usnüchtere gäh.»

Im Sommer schon darf sie manchmal zum Mittagessen kommen. «Schnell, schnell het's müese go. Esse isch nit so wichtig gsi, d'Biene sin vorgange. M'Karl sini Eltere hän immer neime ane müese. So ebbis ha ich vo deheim nit kennt, mini Eltere ware Beamdi, bi de Boscht und bim Zoll. Do isch es ruehig un greglet zuegange. Bi de Pfefferlis isch es ziemli durbulent gsi. Un si ware domols in Drauer. M'Karls si ältere Brueder war an Leukämie gschdorbe, ganz plötzli, innerhalb vu sechs Wuche war er dod. Um ihre Kummer z'vogesse, het sich d'Mutter in d' Imkerei geschtürzt.»

In diesem Jahr, in dem Karl und sie ein Paar werden, hilft sie Maria Pfefferle hin und wieder. Anfangs darf sie nur zusehen und räuchern. Karl, ihren zukünftigen Schwiegervater, nimmt sie mehr aus der Ferne wahr. Er ist oft weg, mal als Imkerberater unterwegs oder auf Vortragsreisen, schon damals ein bekannter Mann.

«Wenn er zu Hause war, gab es oft Feuer unterm Dach. Er war sehr dominant.» Kaum vorzustellen, dass sie sich als junges Mädchen von ihm hat einschüchtern lassen. So wie sie dasitzt und das Wort führt – die erste Frau im Münstertal, die Vorsitzende des Imkervereins wurde. «Ich bin da so langsam reingewachsen.» Für mich lässt sie die ganze Geschichte noch einmal Revue passieren.

Ganze fünf Jahre hat Silvia Pfefferle damals, um sich einzugewöhnen oder davonzulaufen, so lange ist sie mit ihrem Karl gegangen. Zeit satt, die Bienen näher kennenzulernen, alle notwendigen Tätigkeiten, die vielfältigen Arbeitsgeräte, von den imkerischen und anderen Familientraditionen zu erfahren. Zeit, sich das ganze Repertoire der verrückten Anekdoten anzuhören, die das Imkerleben so reichlich produziert. Ihr Schwiegervater in spe ist außerdem gerade dabei, sein gesammeltes Bienenwissen in einem Lehrbuch festzuhalten, und das ist natürlich Tagesgespräch bei den Pfefferles. Wie soll das Buch beginnen? Mit der Biologie des Bienenvolks? Einspruch, viel zu kompliziert! Lieber mit Karls Werdegang als Imker! Mit Geschichtli von einem Schwarzwaldbuben, der unter die Bienen fällt …

Die Eröffnungsszene des Buches ist mir unvergesslich. Unter den Imkerkindheiten ein Klassiker, humoristisch und vor Männlichkeit nur so strotzend. Bei seiner ersten Begegnung mit Bienen ist der 1918 geborene Karl noch so klein, dass er keine eigene Erinnerung daran hat. Die Erwachsenen haben ihm später immer wieder davon erzählt: wie er eines schönen Frühlingstages, in einer unbewachten Stunde, zu den großväterlichen Bienenvölkern wackelt und Löwenzahnblüten vor die Fluglöcher legt und damit den Verkehr blockiert. Woraufhin die wütenden Bienen ihn so zerstechen, dass er tagelang im

Fieber liegt, seine verquollenen Augen nicht öffnen kann und bettelt, man möge doch bitte, bitte die Fensterläden wieder aufmachen. Anscheinend hat er kein Trauma davongetragen. Und vielleicht schon die nötige Dosis Bienengift erhalten, die den Imker unempfindlich macht? Jedenfalls assistiert er bald seinem Großvater, darf den Raucher in Gang setzen und in der Schwarmzeit – eine sehr verantwortungsvolle Aufgabe – die Bienen «hüten». Das heißt beobachten, aus welchen Körben und Kästen die Schwärme ausziehen und wohin.

Und er lernt schnell, sie einzufangen, klettert dafür in die höchsten Bäume. Oft schlägt er sich da oben die Nase an, die Stiche sind noch das Geringste. So mancher hat sich dabei den Hals gebrochen, aber im kindlichen Jagdeifer hat er die Gefahr nicht empfunden. Aus den Abenteuern des kleinen Karl habe ich verstanden, dass der Schwarmfang in der traditionellen ländlichen Imkerei eine Art Initiation ist. Wer diese Mutprobe bestanden hat, kann in den Berufsstand aufgenommen werden. Karl ist noch keine zehn Jahre alt, als ihm der Großvater ein Bienenvolk zur selbständigen Betreuung schenkt. Bubengeschichten, Männergeschichten – von Mädchen ist nie die Rede. In diesem Handwerk kamen Frauen bis vor kurzem nicht vor.

Pling macht es aus Silvia Pfefferles Handy, jemand hat ihr eine Foto-Message geschickt. «Ah, der Gregor!» Sie zeigt mir den etwa sechzehnjährigen Jungen aus ihrem Anfängerkurs, er sieht aus wie der Hunnenkönig Attila in alten Schulgeschichtsbüchern – Schlitzaugen, das Gesicht von der Nasenwurzel bis zur Oberlippe verquollen. «Der Arme!», lacht sie und stemmt die kräftigen Arme in die Seiten. Und ich schaue kurz auf meinen brennenden Daumenballen, der immer röter und dicker wird, und verstecke dann die Hand wieder unter dem Tisch.

«De Weg vo minem Schwiegervater isch alles andere als eifach gsie. Sin Großvater isch gschdorbe, wo er sechzeh gsie isch, un Karl het müese sofort d'Imkerei übernäh. Des war bestimmt hart. Un bal isch de Chrieg cho, au er het müese furt. Derwiel isch de Bienenbschdand deheim stark zämmegange. Fümf Johr Front, Frankriech, Russland. De isch vowundet worde, d'Zäche sin zum Deil vofrore gsie. Deno het er als Holzmacher gschafft, sell war e schweri Arbet für wenig Lohn – bis etwa anne 1950.»

Silvia Pfefferle blättert ein Kapitel Schwarzwald-Geschichte auf, das man in groben Zügen kennt: kleine Höfe, große Armut, lange Schulwege. Die Kinder laufen vom Frühjahr bis in den Herbst barfuß, und ihre Eltern denken ans Fortgehen. Allmählich hält das Wirtschaftswunder Einzug in die entlegene bäuerliche Welt, die kleinen Betriebe mit ihren zwei, drei Hinterwälder Kühen, einem Dutzend Hühnern und ein paar Bienenvölkern sterben. Wer überleben will, muss umdenken, die einen setzen auf Tourismus, andere pendeln täglich ins Rheintal zur Arbeit.

Und der Holzhauer Karl Pfefferle, der eine Ehefrau und bald vier Kinder zu ernähren hat? Schlägt eine Rolle rückwärts in die Vergangenheit, indem er auf das Erbe seines Großvaters setzt und die Imkermeister-Prüfung macht. Und zwei Rollen vorwärts, indem er das Handwerk modernisiert und andere dazu anleitet, das Landwirtschaftsministerium und die Wissenschaft im Rücken. Neben der eigenen Imkerei hat er einen festen Job als staatlicher Bienenzuchtberater, der ihn bis in den Odenwald und an den Bodensee führt und weit über seinen dörflichen Horizont hinaus. Faulbrut-Bekämpfung, ein neue Verordnung aus Bonn oder Brüssel, Imkerei-Technik und Zuchtmethoden, Pflanzengifte, Honigmarketing – alle Probleme, jede Veränderung in den verschiedensten Fachdisziplinen muss er kennen, sich immer wieder schlaumachen. Und das Allerwichtigste: Er muss erklären können. Sein Lehrbuch, das er in reifen Jahren verfasst, ist ein Meisterstück. Erfahrungswissen und Bücherwissen, aufs feinste aufbereitet mit Skizzen, Anleitungen, Fotos. Seit Beginn meiner Expedition schleppe ich es mit mir herum, und ich mag es nicht zuletzt deswegen, weil es das Werk eines Volksschülers ist. Eines Schwarzwälder Volksschülers, um es genauer zu sagen, was etwas Besonderes ist, wie sich noch herausstellen wird.

«Mi Schwiegervater het könne richtig gut schwätze. Die hän gschtaunt, die Wisseschaftler, wenn der uf me internationale Kongress d'Gschicht vo de Bienenzucht dargschtellt het, vo Adam un Eva a. Vom Bienepapscht het d'Zittig gschriebe, wo ner gschdorbe isch!»

Silvia Pfefferle schwärmt, zugleich gibt sie aus weiblicher Sicht zu Protokoll:

«Er het die ganz Famili hinter sich gha. Mi Schwiegermutter Maria isch eigentlich kei Imkeri gsie; sie het des erscht müese läre. Karl un sini Gschwischder ware vo Chindheit a debie.»

Als sie 1973 in die Familie gerät, ist die Imkerei Pfefferle längst in Frauenhand, Maria Pfefferle führt Regie. Alles Praktische, die Feinheiten, lernt Silvia von ihr.

«Imkerinnen sin ruhiger, mütterlicher. Wenn d'Bienen stäche, fuchtle si nit wie d'Männer umenander un briele nit: ‹Du Sadan!› Mängs chönne si eifach besser: Cherze drille, Arzneie herstelle. Mi Schwiegermutter het wunderbar chönne Propolis-Salbi mache, us dem Kittharz, wo d'Bienen zum Bauen benutze. Des war ihr Lebensding.»

Sogar das Bienenwandern übernehmen oft die Frauen. Da müssen schwere Kästen auf einen Anhänger gepackt, eventuell noch auf den Dachgepäckträger, und mit Spanngurten verzurrt werden. In aller Herrgottsfrühe geht es los, denn die Bienen vertragen keine Hitze. Eine Zitterpartie – Staus, Pannen, Unfälle, der Verkehr auf deutschen Straßen wird immer dichter. Bis zu den Obstplantagen am Bodensee sind sie stundenlang unterwegs. Für den Notfall haben Maria und Sylvia eine Kühltasche mit Eisbeuteln dabei, die auf die Lüftungsgitter gelegt werden können. Ein gutes Team sind die beiden. Dass ihre Arbeit im Hintergrund bleibt, ist kein Grund zur Rebellion, die Zeiten sind halt so. Nach ihrer Heirat steigt Silvia in die Fußstapfen von Maria, während ihr Ehemann in der Bank Karriere macht und den gesellschaftlichen Aufstieg der Pfefferles fortsetzt.

Tannenhonigparfait

Der Wald honigt! Die Nachricht verbreitet sich unter den Schwarzwälder Imkern jedes Mal wie ein Lauffeuer. Tannenhonig, behauptet die kaufmännisch begabte Silvia Pfefferle, ist der «Mercedes unter den Honigen». Schon zu Zeiten ihrer Schwiegermutter haben ihn die beiden Imkerinnen bis nach Hamburg verschickt.

Ihr Lieblingsrezept ist ein Parfait, das heute schon beinahe Standard im Schwarzwald ist wie die legendäre Kirschtorte. Man braucht dafür: 4 Eigelb, 1/8 Liter Tannenhonig, 1/4 Liter Sahne, 2 Schnapsgläser Kirschwasser.

Honig und Eigelb werden im Wasserbad schaumig geschlagen, bis die Masse Blasen wirft. Diese unter Rühren langsam erkalten lassen. Danach zieht man vorsichtig die geschlagene Sahne unter und schmeckt das Ganze mit Kirschwasser ab. Und hinein in den Tiefkühler für mindestens anderthalb Stunden, entweder in einer Kastenform oder in kleinen Förmchen.

Ich liebe es, noch einen Löffel Tannenhonig darüberzugeben, seine dunkelbraune, manchmal auch schwarzgrüne Farbe auf dem Cremeweiß des Parfaits verlaufen zu sehen. Sein Geschmack ist herb und etwas karamellig, feinere Zungen bemerken das Aroma von Tannennadeln. Manch einer mag es ein wenig grauslich finden, dass diese Köstlichkeit nicht aus Nektar gewonnen wird, sondern aus den zuckerhaltigen Exkrementen von Läusen, die auf den Bäumen siedeln. Die Bienen «melken» sie und verarbeiten den «Honigtau», wie die Ausscheidungen in der Imkersprache heißen, auf ihre Weise, durch Erbrechen, Wiederausspucken, indem sie Fermente beimengen.

Im 18. Jahrhundert erst wurde dieses Wunder entdeckt und zunächst mit hellem Entsetzen kommentiert. Der Rohstoff des Waldhonigs sei mitnichten himmlischen Urprungs, stellte ein gewisser Abbé Bossier de Sauvages, Priester und Naturforscher, 1762 fest, «weil derselbe durch ein garstiges Insekt hervorgebracht wird. Er wird durch eine elenden Blattlaus erzeuget, und was noch mehr ist, so ist es der Auswurf, den sie aus ihrem Hintern von sich giebt.»

Aus Scheiße entsteht Gold, igitt. So what, würde

ihm der moderne Mensch entgegnen. Der Bienenpapst Karl Pfefferle war schon als Junge fasziniert davon. Vor dem Haus stellte er ein paar Töpfe mit Tännchen auf, um das Werden der Läuse zu studieren. Aufgrund seiner Beobachtungen prognostizierte er 1934 ein Rekordjahr für Honigtau, und er hatte recht. Ein kräftiger Nadelbaum kann über Nacht 10 bis 15 Liter Honigtau liefern, seine silberne Spur ist mit bloßem Auge zu erkennen. Nur alle paar Jahre gibt es reichlich davon, dann summt und brummt der Wald von morgens bis abends. Heute hat man elekronische Trachtmelde-Systeme, jeder kann täglich im Internet die aktuellen Daten abrufen, wo es sich lohnt, Kästen aufzustellen.

Als Jägertochter nehme ich zum Würzen von Wildsaucen manchmal Tannenhonig, zu Reh- oder Hirschbraten. «Wald passt zu Wald», hätte mein Vater gesagt.

«Mi Maa sait immer: Wenn dir einer d'Imkerei wegnehmen dät, würdesch du sie verteidige wie e Löwin ihr Jungs. Do isch ebbis was draa.» Ihr helles rundes Gesicht strahlt Zufriedenheit aus. Sie schenkt Apfelsaft nach, und ich trinke sofort aus und bitte um mehr. Solange Saft da ist und ich Durst habe, wird sie mich nicht wegschicken. «Was wollte ich noch erzählen? Ach ja, von den Feschtli. Das hat mir auch gefallen bei den Pfefferles, die vielen Besucher.» Noch immer ist sie in den siebziger Jahren, verbandelt oder verlobt mit dem Banker-Imker Karl. Zur Exotik seines Elternhauses gehören damals die Gäste. Der Senior hat Freunde in aller Welt, unter anderem einen polnischen Professor namens Kostecki. Ähnlich bienenverrückt wie der Schwarzwälder Pfefferle oder sogar noch mehr. In seinem Heimatstädtchen Swarzędz, östlich von Posen, hat er ein Museum der europäischen Bienenzucht gegründet. «Der mochte unseren Wein. Die Männer haben die halbe Nacht gezecht und geredet. Na, worüber schon?»

Mit Anfang zwanzig wird Silvia Pfefferle Zeugin, wie im Münstertal, buchstäblich aus heiterem Himmel, ein Bienenkunde-Museum entsteht. Niemand hat je an so was gedacht, und binnen zwei Jahren ist es da! Eine vollkommen verrückte Geschichte, spätestens jetzt habe sie gewusst, was ihr als Ehefrau eines Pfefferle blüht. Langweilig würde das Leben mit Karl bestimmt nicht.

«1978 isch ä tolles, unvergesslichs Johr gsie. Endlich Hochzit! S'Museum isch feierlich eröffnet worde, un au ich war ganz schön stolz. Un deno isch unerwartet no e dritts Ereignis dazue cho: d'Varroa isch uftaucht.»

Diese Milbe, die später den Beinamen «destructor» bekam, habe selbst erfahrene Bienenhalter wie ihren Schwiegervater ziemlich aus der Bahn geworfen.

Sie wird abgerufen per SMS, Bienenangelegenheiten vermutlich. «Sie dürfen morgen wiederkommen, dann ist mein Mann da.» Auf dem Rückweg nach Niederweiler nehme ich die Strecke, auf der die Pfefferles alljährlich ihre Bienenvölker transportieren. Eine kurze, nicht sehr aufwendige Autowanderung: vor dem Winter hinunter ins Rheintal, wo es nur wenig Frost gibt und ab Februar die erste Blütentracht lockt. Im Mai wieder hinauf, in die Schwarzwald-Heimat, wenn dort der Schnee geschmolzen ist und die Wiesen bunt werden.

Von oben schon sehe ich die Dunstglocke über der Ebene, sie zieht von Fessenheim herüber, dem Kernkraftwerk jenseits des Rheins.

Abends kühle ich meinen Daumenballen. Mittlerweile ist er mächtig angeschwollen, bis zum Ellenbogen hinauf zieht sich die Rötung. Es pocht und brennt, trotz Eisbeutel und Spucke hört es nicht auf. Wie ein «Wüstensonnenbrand», so hat es Maurice Maeterlinck genannt, sein Buch «Das Leben der Bienen» kommt mir in den Sinn. Ganze Dramen hat er darin erzählt, zum Beispiel von einem Bauern, der von «geflügelten Legionen» zu Tode gestochen wurde. Um 1900 ist das Werk erschienen, ein brillantes Stück Naturwissenschaft, für das er den Nobelpreis für Literatur bekommen hat. In der Bibliothek meiner Freundin könnte es zu finden sein, und tatsächlich, gleich neben Jean Henri Fabres «Souvenirs entolomogiques» steht eine neue Ausgabe. Die erinnerte Stelle finde ich nicht, aber im Nachwort von Gerhard Roth einige nüchterne Sätze, die mich trösten. Vor ein paar Jahren hat der Dichter, wie ich ein Neuling, die Bienenwelt erkundet. «Mein Bienenwissen beschränkte sich zunächst auf ein absonderliches Expertentum für Schmerzen, Schwellungen und Juckreiz durch den Bienenstich, seine anatomischen, chemischen und physiologischen Grundlagen, sowie eine Sammlung drastischer Fälle von fünfzig Stichen aufwärts, die – wie mir von Imkern versichert wurde – keine Seltenheit sind.»

Es hilft ihm, sich den Vorgang genauestens zu erklären. «Der Bienenstachel besteht aus zwei spitz zulaufenden Borsten, die Widerhaken aufweisen. Durch Muskelzug und Hebelwirkung stößt er aus der Stechkammer des Hinterleibes, sägt sich in die Oberfläche des Widersachers und verankert sich mit den Widerhaken. Das ist auch gleichzeitig das Verhängnis der Bienen, denn beim Wegfliegen verlieren sie den ganzen Stachelapparat samt Nervenknoten und Giftblase und gehen innerhalb eines Tages an den inneren Verletzungen zugrunde. Die Haut des Menschen und der Säugetiere ist nämlich elastisch und zieht sich um die Zähnchen des Stachels zusammen. Anders wenn eine Biene ein Insekt sticht, denn aus dessen Chitinpanzer kann sie den Stachel unbeschadet wieder herausziehen.»

Bienen im Rathaus

Um zwei Minuten nach neun sind alle Bahnen schon besetzt. Slalomschwimmen ist angesagt. Im kühlen blauen Wasser vergesse ich meine immer noch fiebrige Hand.

«Ich ess Müsli hernach. Und du?», tönt es in meinem Rücken. Vor mir zwei Bademützen, grün und weiß, fast synchron tunken sie auf und nieder.

«Warum könne die Undertäker die Tote nit so losse, wie sie sin, Mund offe?», empört sich die grüne.

Die weiße widerspricht. «Ich hab meinem Mann gleich 'ne Serviette ums Kinn gebunden, wie er tot war. Unser Pfarrer ...»

Der Rest geht im Getöse des Kraulers auf der Gegenbahn unter. In einer guten Stunde werde ich in Obermünstertal erwartet.

Einen besseren Ort kann ein Bienenmuseum kaum finden. Das alte Rathaus von 1786, das den Imkern in einer weinseligen Nacht zufiel, ist ein Prachtstück. Wohlproportionierte zweieinhalb Stockwerke, eine luftig weiße Fassade mit gelben Sandsteinelementen, lindgrüne Fensterläden. «Bienenkunde-Museum» steht da in gotischen Lettern, Untertitel «Kultur- und Heimatkunde», umgeben von gemalten Vignetten – Biene, Strohkorb, Sonnenuhr.

Und so altmodisch geht es weiter. Man betritt eine Art Bauernstube, im Herrgottswinkel ein honigschleckender Putto, der mich schelmisch anblickt. Ein halbes Dutzend Statuen schauen auf mich, die Muttergottes und Ambrosius, Beschützer der Imker, St. Trudpert, der irische Mönch, der das hiesige Kloster gründete. Noch bevor ich die ganze katholische Versammlung begrüßen kann, erscheint Karl Pfefferle in der Tür. Ein Mann in den Sechzigern, von beeindruckender Leibesfülle und ebensolcher Energie, so scheint es.

«Grüß Gott!» Und schon stapft er die Treppe doch, die Führung hat begonnen.

«Wir sind das größte Bienenmuseum Europas. Acht Säle haben wir. Hier ist der erste.» Kündigt er an, in bestem Hochdeutsch und in einem Ton, der eine längere und außerordentliche Reise verheißt.

Exponate bis zur Decke, von der Junisonne in warmes Licht getaucht. So viele, so dicht gedrängt, dass die Ordnung der Dinge zunächst nicht erkennbar ist. Es sind vor allem Beuten – so nennt man Bienenbehausungen jeder Art, von mittelhochdeutsch «buita», was auch so viel wie Backtrog bedeuten kann. «Ehe der Mensch, war die Biene», mit diesem Motto beginnt der Rundgang. Pfefferle zeigt auf das älteste Stück der Sammlung, eine in Bernstein eingeschlossene Urbiene.

«50 Millionen Jahre alt ist sie. Auf unserem Planeten ist sie aber noch viel länger, wohl 100 Millionen Jahre schon. Die Honigbiene entwickelte sich gleichzeitig mit den Blütenpflanzen.» Solche Inklusen in Baumharz habe ich schon oft im Baltikum bewundert. Doch jetzt ist zum Staunen keine Zeit, ohne Pause fährt Pfefferle fort.

«Schon der Steinzeitmensch kannte den Nutzen der Biene. Wir haben hier die Kopie einer Höhlenmalerei aus dem Mesolithikum, ungefähr 10 000 Jahre vor Christus.»

Ein Mensch – ein Mann? – auf einer Strickleiter, der Honig

aus einer Felsspalte holt, umflogen von einigen riesenhaften, vermutlich wütenden Bienen. Rechts daneben ein großformatiges Gemälde, in modernen Acrylfarben, das einen Urwald zeigt, mittendrin ein Braunbär, hoch im Baum. Er langt mit seiner Tatze in eine Ritze, beobachtet von einem in Fell gekleideten Jäger.

«Das hat der Bienenzuchtberater Göhringer gemalt, ein Kollege meines Vaters.»

Mit Siebenmeilenstiefeln ist Pfefferle im europäischen Mittelalter. «Auf den Jäger folgt der Zeidler.» Kurzer Stopp an einem Acrylbild, derselbe Pinselstrich wie vorher: zwei Zeidler in Aktion. Der eine erntet, auf einer Schaukel sitzend, Honigwaben aus einer künstlich angelegten Baumhöhle, der andere auf der Leiter fängt sie in einem Korb auf.

«Wir haben hier alle Kapitel der Menschheitsgeschichte dargestellt.» Pfefferle durcheilt die Jahrmillionen und Jahrtausende. Er hat Saal 1 schon fast durchquert, als er bemerkt, dass ich nicht nachkomme.

Ich stehe immer noch vor der als Zeidler verkleideten Schaufensterpuppe. Und schaue in das blasierte Männergesicht: ein Mannequin aus Kunststoff, das im früheren Leben vermutlich schicke Blousons und sexy Pants trug, bevor die Imker es in eine hellblaue Kapuzentunika aus billigem Stoff und eine rote Damenstrumpfhose steckten und ihm einen wüsten grauen Bart anklebten. Wie eine Karnevalsfigur schaut er aus, der Arme! Vielleicht gefallen ihm wenigstens die Accessoires? Armbrust, Hellebarde und Speer, Originale oder Repliken, schwer zu sagen.

Im Zeitlupentempo bewege ich mich weiter durch Saal 1 der Ausstellung. Karl Pfefferle ist längst mit einem anderen Besucher weitergezogen. Vieles, was ich über die Geschichte des Homo sapiens und seine Beziehung zu den Bienen gelesen und nur halb verstanden habe, wird mir auf einmal klar. Eigentlich sind die großen Linien dieser Entwicklung ganz einfach: Durch Tiere, vor allem Bären, entdeckt der Mensch die Wohnungen der Bienen im Baum, er verjagt die Räuber, um selbst an den Honig zu gelangen. Später schneidet er Löcher in Bäume, schafft künstliche Höhlen im Urwald, die er bequem erreichen und ausbeuten kann. Schließlich sägt er das von Bienen bewohnte Stück Baum ab und stellt es vor sein Haus. «Klotzbeute», der Name sagt es, zum ersten Mal sehe ich so ein Ding vor mir. Ungefähr ein Meter fünfzig hoch ist der ausgehöhlte Klotz, auf der Vorderseite hat er drei Einfluglöcher. In dem über Jahrtausende dauernden Prozess wird die wilde Biene allmählich zum Haustier – aber nicht vollends. Eine Tafel belehrt mich, dass Bienen sich nur begrenzt domestizieren lassen.

Die zentrale Figur dieser Übergangszeit ist der Zeidler. «Zeideln» heißt im Altdeutschen «Honig schneiden». Die kleinen Texte des Imkervereins berichten von ihm mit gewissem Stolz: Im Mittelalter und weit darüber hinaus ist er zuständig für die Waldbienenwirtschaft. Einer der angesehensten Berufe damals, denn es gibt noch keinen Zucker. Honig ist kostbar und noch mehr das Wachs, ohne Wachs keine Kerzen, kein Licht. Zeidler sind in Zünften organisiert und genießen viele Privilegien, zum Beispiel eine eigene Tracht und Wappen zu tragen, sogar das Recht, Waffen zu führen. Der wilden Tiere wegen, ohne Armbrust und Speer kann man sich nicht in den Urwald trauen. Manchmal sind die Zeidler auch Waldpolizisten, im Auftrag des jeweiligen Herrschers befugt, gegen Holzdiebe einzuschreiten oder die Säue armer Bauern zu vertreiben. Gemessen daran sind seine Nachfahren, die Imker, gesellschaftliche Randfiguren.

Dagegen ist die Hausimkerei klein und beschaulich. Die Sammlung der neuzeitlichen Bienenbeuten gibt Einblick in eine dörfliche Welt. Geschnitzte und gezimmerte Häuschen,

Körbe aus gewundenen oder geflochtenen Strohseilen, manchmal – zum besseren Schutz gegen Wind und Kälte – mit Lehm oder Kuhmist verschmiert. Eine unglaubliche, verwirrende Vielfalt regionaler Formen! Der hiesige alemannische Korb, wegen seiner niedrigen, bauchigen Form auch «Rumpf» genannt, ist mehrfach vertreten. Seinen Standplatz hatte er meist auf der Sonnenseite der Schwarzwaldhöfe, unter dem vorspringenden, schützenden Dach. Bienen waren Teil der ländlichen Ökonomie, aber oft verstanden die Bauern nicht allzu viel davon, gerade mal dass sie die Schwärme einfingen und einlogierten. Für den Zustand der Körbe und ihr Innenleben war der «Immeschnieder» zuständig, ein Spezialist, der reparierte und für Hygiene sorgte und im Frühling die Honigwaben fachgerecht herausschnitt. Dies geschah meist vor oder nach dem St.-Josefs-Tag, also um den 19. März herum. Man nahm den Rest des Honigs, den die Bienen im Winter nicht verbraucht hatten, und auch davon nur einen Teil. Wenn die Natur schon reichlich Nahrung bot, mehr, und wenn es noch kalt war, die Landschaft kahl, weniger. Das Überleben der Völker hatte Vorrang, der Bauer kam erst an zweiter Stelle.

Erstaunlich, was die Obermünstertaler Imker alles zusammengetragen haben – und gründlich durchdacht. Wie sind diese durch und durch praktischen Leute zu Historikern geworden? Mehr oder weniger zufällig, hatte Silvia Pfefferle gestern erzählt. Aufgrund einer Verquickung von Umständen, die man rekonstruieren, aber nicht vollends erklären könne. Irgendwer hatte die Idee, zum 75-jährigen Jubiläum des Vereins alte Imkerutensilien aus dem Schwarzwald auf einer Wiese aufzustellen. Ein Riesenerfolg offenbar, der anschließend ausgiebig begossen wurde und Karl Pfefferle zu vorgerückter Stunde dazu verleitete, einen Satz in die Runde zu werfen, leichthin, einfach mal so: Wir könnten doch ein Museum machen wie unser Professor Kostecki. Der nicht weniger angesäuselte Bürgermeister fing ihn auf: Ihr könnt gleich anfangen! Ich hab einen Ort dafür. Wir haben heute das alte Rathaus Obermünstertal geräumt, hier ist der Schlüsselbund. Sprach's und steckte ihn Karl Pfefferle in die rechte Jackentasche.

«Wir fielen einem Handstreich zum Opfer.» Als solcher ist er in die Annalen der Familie und des Imkervereins eingegangen. Der Bürgermeister war die denkmalgeschützte, wegen der Gemeindefusion leerstehende Immobilie los. Und die Imker, die anderntags, mit nüchternem Kopf, am liebsten nein gesagt hätten, traten die Flucht nach vorn an. Man schrieb das Jahr 1976. Silvia, damals noch Verlobte von einem der Akteure, fasste mit an.

«Es isch gmuert, zimmeret, gschrienert, gschpachtelt wore, Wänd un Düre het mer vosetzt.» Sie hat es mir buchstäblich vorgetanzt, als wäre es gestern gewesen und nicht vierzig Jahre her. «Un bal hän sich alli gfreut, will's voranggange isch. Am Afang klammheimlich, deno immer luter. Handwerklich begabt isch do im Schwarzwald fascht jeder.»

Alles ehrenamtlich, versteht sich! Aus dem Umkreis trudelten weitere Exponate ein, Strohbeuten und alte Honigschleudern, Instrumente, auch unbekannte, deren Sinn und Zweck selbst Eingeweihten Rätsel aufgaben, allerhand Schriftkram von Imkern in Sütterlin, der mühsam entziffert werden musste. Ein Low-Budget-Projekt, genau genommen «No Budget», da brauchte man viel Gottvertrauen und wohl auch eine Portion Größenwahn. Keine Imkerversammlung ohne diesen Tagesordnungspunkt, das halbe Dorf soll damals im Museumsrausch gewesen sein.

Fast niemand war geschichtskundig, heißt es, außer Silvias Schwiegervater Karl Pfefferle. Dieser Professor Kostecki war mit im Bunde, der Mitverursacher dieses Wahnsinnsunternehmens, den konnte man ausfragen, hin und wieder auch das Naturkundemuseum Freiburg. Warum wollten die Mitglieder des Imkervereins das alles wissen? Verstehen, wie ein alemannischer Drehrumpf funktioniert? Oder die Wanderimkerei am Nil zur Zeit des Pharao Ramses? Solch eine Mühe nimmt nur auf sich, wer im Heute etwas damit anfangen kann. Vielleicht sind manche Lösungen, die frühere Generationen ausgetüftelt haben, noch interessant, weil der Imkerberuf nach wie vor handwerklich ist? Ich könnte mir vorstellen, dass die Imker überrascht waren von der großen Vergangenheit ihrer Zunft, überwältigt, stolz wie Oskar, und das Museum irgendwann zum Vehikel wurde, sich Aufmerksamkeit zu verschaffen. Seit den sechziger Jahren wurde im Weinbau viel Gift gespritzt, die Bienen, die auf der Strecke blieben, nahm niemand zur Kenntnis. Während alle Zeter und Mordio schrien, wenn ein Bach vergiftet war und die Forellen auf dem Rücken lagen, die immerhin hatten schon eine Lobby. Zeitgleich kämpften fünfzig Kilometer weiter, in Wyhl am Kaiserstuhl, Bürger gegen ein geplantes Atomkraftwerk. Ihr Protest und das Bienen-Museum Obermünstertal, scheint mir, wurden aus demselben Geist geboren – bäuerlich konservativ, rebellisch, wenn ihre Welt angegriffen wird. Hier wie dort ging es den Aktivisten um das Bewahren der heimischen Natur. Badener eben – und ihre verschworene Gemeinschaft blieb.

Es ist eines der eindrucksvollsten Museen, die ich je gesehen habe. Allein der Kosmos der Bienenbehausungen: «Lüneburger Stülper», «holländischer Schwanenhals», österreichischer «Glockenkorb», «belgische Bischofsmütze», ein Vergnügen, sie anzuschauen. Es gibt Klotzbeuten, die kurz und stumpig sind, keine ist wie die andere. Manche haben angedeutete Gesichter, zwei Augen über dem Flugloch, ein Bärtchen. Verschiedene Holzarten wurden verwendet, Linde, Buche, Kiefer, Birke. Eine aus dem Tessin ist aus dem rötlichen Holz der Edelkastanie gefertigt, die aus dem Ural ist nicht mal entrindet. Am liebsten würde ich sie berühren, die Spuren der Werkzeuge, von Axt, Meißel, Messern nachfahren. Vor allem die Figurenbeuten aus dem Osten Europas – der aus einem Baumstumpf herausgehauene polnische Bauer ist größer als ich. Seine Hände umfassen einen prächtigen Hahn, zwischen den verschränkten Fingern das Flugloch. Im Rücken hat er ein Türchen, durch das der Imker sich Zugang zu den Bienen verschaffte. Aus Polen stammt auch der Strohkorb in Gestalt einer Kate, so könnte die Hütte der Baba Jaga aussehen, der Waldfrau aus der slawischen Mythologie.

Lust am Ornament, Kunstsinn sogar. Manchmal ist Religion im Spiel, manchmal Aberglaube. Wie bei dem strohgewirkten «Bannkorb» aus der Lüneburger Heide, einer der Regionen mit großer Imkertradition, der eine hölzerne Fratze hat, die Dämonen und Krankheiten fernhalten sollte. Am Ende von Saal 1 wird es bunt und katholisch: Christussymbole, Heilige, die Bauernmalerei macht auch vor Bienenkästen nicht halt.

Zwischen dem Regionalen und dem Europäischen immer wieder Exkurse in fremde Kulturkreise. Ich werde nach Ägypten entführt, wo die Bienenhäuser aus Nilschlamm gebaut werden, auch sie hat der Imkerkünstler Göhringer gemalt: lange Röhren, aufgestapelt unter Palmen. Über einer Fensternische baumelt eine afrikanische Korkeichen-Röhre, und wieder hat Göhringer dazu ein Szenario in Acryl geliefert: Afrika, wie in einem Abenteuerbuch von anno 1900, als Deutschland noch Kolonien hatte. Drei dunkelbraune Männer im Baströckchen, die im Schutz eines qualmenden Feuers honigschwere Röhren aus einem Baum holen. Frauen nehmen sie in Empfang, auch sie halbnackt, pralle Brüste, wulstige Lippen. Eine presst mit bloßen Händen den Honig aus einer Wabe und lässt ihn in ein Fass laufen.

Und wie aus dem Gemälde entsprungen, hockt da ein lebensgroßer Afrikaner, unverkennbar ein Ex-Model aus dem Freiburger Kaufhaus. Schwarz angestrichen, auch die Lippen sind koloriert, mit grellroter Farbe verbreitert. Man hat ihm einen Phantasie-Dress angezogen: türkisfarbene Shorts, ein braun gestreiftes Herrenhemd.

Ganz nebenbei werde ich in die Schwarzwälder Provinz der 1970er Jahre versetzt – Weltbilder aus dem Kaiserreich, noch unberührt vom Antikolonialismus, den die Studentenbewegung in deutschen Köpfen entfacht hatte.

«Bienen sind flexibel. Hauptsache, sie haben ein Haus. Sie sind selbst nicht imstande, eines zu bauen.» Hat Karl Pfefferle zu Anfang des Rundgangs gesagt. Und was passiert, wenn sie keines haben? Auch das ist hier zu besichtigen. In einer Kammer aus Plexiglas ist der verlassene Wildbau eines Bienenschwarms ausgestellt. Irgendwo im Münstertal hat man ihn geborgen, «aus einem Pflaumenbaum», berichtet die Texttafel. Nachdem das Volk mit der alten Königin ausgeschwärmt ist und die Kundschafter-Bienen im Umkreis kein neues Zuhause gefunden haben, hat es an einem Ast mit dem Bauen begonnen. Wabe für Wabe, jede Wand schließt unten mit einer sanften Rundung ab, wie ein Volant. Offenbar war die Witterung dafür günstig, die Bienen hatten Zeit und konnten sogar noch beträchtliche Honigvorräte anlegen, so die Diagnose der Imker. Und dann kamen die Sonne, die das Wachs schmolz und verformte, der Regen und der Wind, später noch ein Hagelschauer. «Das ungeschützte Volk wurde Opfer des hereinbrechenden Winters.»

Die seltene Trouvaille ist unglaublich schön, sie setzt Gedanken und Gefühle in Aufruhr. Was für großartige Baumeister diese Bienen sind! Warum mussten sie sterben? Wie hätte der Mensch ihnen beistehen können? Ich muss an Joseph Beuys denken, den Künstler und lebenslangen Bewunderer des Gemeinwesens der Bienen. Für ihn waren sie Helfer auf dem Weg zur Erkenntnis unserer selbst. Er hätte dieses Wunderding vielleicht auf die *Documenta* gebracht, wenn es denn zu haben gewesen wäre.

Die Imker und der Fortschritt

Geräusche von nebenan reißen mich aus der Versenkung. Der zweite Saal ist noch größer, Karl Pfefferle führt gerade zwei Kindern eine alte Honigschleuder vor.

Das Zeitalter der industriellen Revolution ist Thema. Bislang glaubte ich, es zu kennen: Dampfmaschine, Eisenbahn, Edisons Glühbirne, all das, Kapitalismus und Globalisierung, Adam Smith, Karl Marx. Wie es die Bienenhaltung veränderte, darüber hatte ich nur vage Vermutungen – dahingehend, dass die großen Denker und Erfinder damals Wichtigeres im Sinn hatten und die Imker in ihren ländlichen Winkeln den Fortschritt erst mal verschliefen. Was für ein Irrtum! Hier wird vorgeführt, wie der Geist der Rationalisierung Einzug hält, eine Neuerung die nächste jagt.

Holzkästen verdrängen die Strohbeuten. Der Imker macht den Bienen präzise Bauvorgaben in Gestalt von Rahmen. Man experimentiert, verwirft, lernt von anderen. Längs- oder Querrahmen, was ist praktischer? Welche Vor- und Nachteile hat es, die Kästen von hinten zu öffnen, oder geht es von oben besser? Mit etwas Geduld kann man die verschiedenen Alternativen gut nachvollziehen.

Die vielleicht genialste Idee stammt von einem blinden Privatgelehrten aus Genf, François Huber, der die fest eingebauten Wabenrahmen beweglich macht. Das Bienenhaus wird zur

«Rahmenbude», man kann nun jedes Modul einzeln herausziehen. Was nicht nur die Eingriffe des Imkers erleichtert, sondern auch die Erkenntnisse über das Leben des Bienenvolks enorm voranbringt. Endlich kann das Geschehen, das im Dunkel der Behausung verborgen war, jederzeit und aus nächster Nähe beobachtet werden. Etwas später erfindet ein Major Edler von Hruschka die Honigschleuder, schleudern ist effektiver als pressen, und die Waben bleiben dabei erhalten. Die europäischen Staaten, selbst die winzigsten Fürstentümer, definieren damals Standardmaße und Vorschriften. Der badische Bienenstock hat ein Waben-Maß von 24 Zentimetern Breite und 21 Zentimetern Höhe, laut «Reichsviehzählung» halten sich über 90 Prozent der Imker in Baden daran.

Peu à peu werden sie an die staatliche Kandare genommen. Und sie stellen nicht mehr alles selbst her, Kästen gibt es in der «Bienenwohnungsfabrik» zu kaufen, Versandhäuser für Imkerbedarf entstehen.

Um 1900 spätestens sind die Prinzipien von heute fast alle schon da. Der mit bunten Kästen beladene Bienenwanderwagen en miniature, den ein Imker für das Museum geschnitzt hat, wird zwar noch von Pferden gezogen. Aber das Bauernpaar auf dem Kutschbock hat die moderne Ökonomie bereits begriffen: Honigertrag kann man steigern, wenn man die Bienenvölker dorthin bewegt, wo gerade reiche Tracht zu holen ist. Kosten-Nutzen-Analyse, Preise und Märkte kennen, technisch up to date sein! Darum geht es. Gewitzte Leute holen sich Rat in Fachzeitschriften und auf den «Wanderversammlungen der Bienenwirte», den ambulanten Vorläufern der Imkervereine, die überall aus dem Boden schießen.

1897 wird in Brüssel *Apimondia,* die Weltvereinigung der Imker, gegründet. Sie halten, wer hätte das gedacht, mit dem Tempo der allgemeinen Globalisierung Schritt. Es dauert natürlich noch eine Weile, bis der Imker aus der Provinz die Weltläufigkeit auch tatsächlich lebt. Karl Pfefferle senior ist einer der ersten gewesen, der in den sechziger Jahren zu den internationalen Kongressen reiste, weiß ich aus seinem Lehrbuch. Er war sogar Ehrenmitglied von *Apimondia*.

Auf einmal steht Pfefferle junior wieder neben mir. Wir sind allein, er hat Zeit für meine Fragen. Und bestätigt meine Vermutung, dass die meisten Exponate von seinem Vater stammen.

«Vieles hat er auf seinen Reisen an Land gezogen. Sogar in Acapulco ist er gewesen, 1981. Oder seine Schüler haben ihm von ihren Touren durch die Welt etwas mitgebracht. Eingeschmuggelt, wenn es nicht anders ging.»

Aufgrund seiner jahrzehntelangen Tätigkeit als Bienenzuchtberater ist Karl Pfefferle auch in Südbaden das meiste nur so zugefallen.

«Von seiner ‹Pfarrei› hat er immer gesprochen. Er war wie ein Missionar und kannte viele persönlich. Als er das Museum plante, hat er seine Imker angerufen: Habt ihr noch dies, habt ihr noch das? Wir hatten manchmal Telefonrechnungen von 400 oder 500 DM im Monat.»

Er überzeugte seine Leutchen von der modernen Magazinimkerei. Sich das modulare, stapelbare System anzuschaffen, die alten Beuten und Geräte auszurangieren. Ein leidenschaftlicher Modernisierer, der mit derselben Besessenheit die Vergangenheit eingesammelt hat. Gerade noch rechtzeitig, bevor sie auf dem Müll landet.

«Er hat uns alle mit seinem Sammelfieber infiziert. Ich weiß noch, als unser erster Sohn zehn Monate alt war, sind wir in Zermatt gewesen. Da seh ich im Vorbeifahren ein schönes altes Schweizer Bienenhaus. Halt! Den Kasten kannst du haben, sagte der Bauer. Aber wir hatten keinen Platz im PKW. Er musste trotzdem mit. Meine Frau Silvia ist fast wahnsinnig geworden. In jedem Urlaub war das Auto vollgestopft mit Kindern und Bienenkästen!»

Binnen weniger Jahre sei die Sammlung so groß gewesen, dass sie das ganze Obermünstertaler Rathaus füllte. Zuletzt die beiden Räume, in denen behelfsmäßig, vor dem schon länger absehbaren Aus, Post und Sparkasse residierten. Ländliche Infrastruktur adieu, Vergangenheit hat Zukunft! «Das hätten wir uns nie träumen lassen.»

Irgendwann hat auch der Bankkaufmann Karl Pfefferle diesen Weg eingeschlagen.

«Umgesattelt hab ich! Ich wollte nicht mehr in die Bank!»

Es platzt aus ihm heraus. Meine Frage, wie er es denn geschafft habe, neben seinem Beruf als Bankkaufmann das Erbe seines Vaters fortzuführen, hat einen Nerv getroffen. Einen Moment schweigt er, dann folgt ein Vulkanausbruch.

«2001 war Schluss. Ich wollte keine Finanzprodukte mehr verkaufen! Jede Woche neue Zielvorgaben, dieses dauernde ‹Sie waren auch schon mal besser›. Ein fürchterlicher Druck! Ich konnte das mit meinem Gewissen nicht länger vereinbaren. Meine Kunden, das waren doch Nachbarn, ich kannte deren Familien gut. Sie brauchten diese Fonds und all das nicht.»

Seine Not scheint groß gewesen zu sein. Er hat schließlich die Tür zugeschlagen, und wundersamerweise ging eine andere auf. Die Museumserfahrung half dabei, erzählt er, sie machte ihn zur idealen Besetzung für eine Stelle beim Münstertaler Touristenbüro. Wo er bis zur Rente blieb, «und das war mein Glück.» Brotberuf, Familienimkerei und Ehrenamt flossen ineinander, alles zusammen war Lebensinhalt.

Bis heute tun sieben Imkerfamilien abwechselnd Dienst im größten Bienenkunde-Museum Europas, freiwillig und unbezahlt. Nach fast vierzig Jahren sind sie der Sache noch nicht überdrüssig, führen Besucher und ganze Schulklassen. Am Wochenende kommen oft drei, vier Busse, auch von weit her. «Großputz natürlich, zweimal im Jahr.» Karl Pfefferle stöhnt und lässt die Blicke über all die Staubfänger und blinkenden Vitrinen schweifen.

«Das machen unsere Imkerfrauen.»

Für den Abend kaufe ich an der Straße zwei Kilo rote Kirschen. «Chriezezit»! Gierig wie in Kindertagen mache ich mich darüber her und lasse nichts übrig. Zwei, drei weiche sortiere ich aus und bade meinen juckenden Daumenballen im roten Saft. Es ist noch lange hell im verwilderten Garten meiner Freundin. Ich versuche, an nichts zu denken, und weil es mir nicht gelingen will, zupfe ich Unkraut. Erst als es richtig finster ist, schaue ich auf dem Laptop mein fotografisches Notizbuch vom Tage an. Totalen, die reinsten Wimmelbilder, Texttafeln, spiegelnde Vitrinen, die ich im Vorübergehen abgeknipst habe, und dabei entdecke ich lauter neue Dinge: zum Beispiel ein seltsames Objekt, das sich Bienenrüsselmessapparat nennt, erfunden von einem Schwarzwälder Tüftler namens Wilhelm Wankler.

Und eine weibliche Schaufensterpuppe. Sie stellt eine junge Hausfrau dar, adrette Cocktailschürze, Plateausohlen, typisch siebziger Jahre würde ich sagen, die rechte Hand an der Kurbel einer Honigschleuder. Das war traditionell ihr Platz, solange die Imkerei Männersache war – Honigschleudern oder dabei assistieren, vor allem Gläser abfüllen, Etiketten kleben. Schon seinerzeit stimmte das nicht mehr, die Gegenwart sah längst anders aus. Vielleicht mochten die Pfefferle-Frauen ihren Männern in das Museum nicht reinreden?

Und was bitte schön heißt eigentlich Hausfrau? Sylvia Pfefferle war eine: Hausfrau und Ehefrau, dreifache Mutter und – zusammen mit ihrer Schwiegermutter – Herrin von sage und schreibe einhundertdreißig Bienenvölkern. Noch im neunten Schwangerschaftsmonat arbeitete sie am Bienenstock, beim zweiten Kind wäre sie beinahe dort niedergekommen.

Schrecken ohne Ende

Ein Blick zur Uhr, es ist drei nach neun. Ich bin heute die Letzte im Schwimmbad. Noch halb im Schlaf, liege ich auf dem Rücken und schaue in den Himmel. Er ist noch blauer als in den Tagen davor. Es ist fast windstill. Die Mauersegler fliegen so hoch, dass ihr Geschrei hier unten nicht mehr zu hören ist. Ein stabiles Hoch haben die Wetterfrösche verkündet – ein richtiger Hochsommer wie früher. Schon als Kind habe ich mir gewünscht, diese Tage festzuhalten, sie sollten immer und ewig dauern. Und dann plötzlich sind die Beeren der Eberesche rot, das erste Anzeichen, dass der Sommer umschlägt. Ich erinnere mich, sie stand direkt vor dem Freibad und an die kleine Melancholie: Bald ist alles vorbei. Kaum merklich verändert sich Licht, es wird wärmer und ist durchsetzt von Staub, den die Erntemaschinen aufwirbeln.

«Dr Himmel isch wie blank butzt. Kai Wolke do», höre ich die Frau mit der grünen Badekappe zu ihrem Mann sagen.

An diesem Morgen wird wenig geredet, selbst die größten Schreihälse ziehen schweigend ihre Bahn.

Im Münstertal riecht es überall nach frisch geschnittenem Gras. Wie auf Kommando sind alle mit ihren Mähmaschinen ausgerückt, poltern lautstark über die Hänge. In steileren Lagen sieht man hier und da einen Mann mit Sense. Silvia und Karl Pfefferle warten schon an ihrem weißen Mercedes, ich darf sie begleiten: Ein Schwarm muss vom Balkon eines Mietshauses geborgen werden, schon gestern hatten die verängstigten Bewohner den Imkerverein informiert. Langsam rollen wir talwärts, das alte Vehikel muss geschont werden.

«310 000 Kilometer, das ist schon was», lacht Karl. «Das Auto hat mal dem Bischof von Freiburg gehört, das geben wir nicht her.»

«Solange es nicht seinen Geist aufgibt», fügt Silvia Pfefferle hinzu.

Ein katholischer Mercedes gewissermaßen! Überhaupt ist das Katholische in der Familie Pfefferle noch sehr lebendig. Wir passieren St. Trudpert, zu dem Kloster hat sie seit Generationen eine innige Beziehung. Gottesdienst jeden Sonntag, Kindstaufen, die Buben waren dort Ministranten. Urgroßvater und Großvater Pfefferle haben die Bienenvölker der Benediktinerinnen und später der Schwestern zum heiligen Joseph betreut. Bienen gehörten bekanntlich zu jeder Klosterökonomie und galten als besonders gelungener Teil der Schöpfung.

Der gemeldete Schwarm ist bereits weg, ein anderer Imker hat ihn eingefangen. Nur ein paar vereinzelte Bienchen schwirren noch um den Balkon herum.

«Schrecklich», ruft eine alte Frau von oben. «Es war schrecklich.»

Silvia Pfefferle besänftigt sie. «Einfach anrufen, wenn es wieder passiert.»

Gewonnene Zeit! Die letzte Gelegenheit für mich, nach der Varroamilbe zu fragen. Karl Pfefferle überlässt die Antwort seiner Frau und rauscht mit der bischöflichen Karosse davon. An einem helllichten Junitag untätig auf einer Bank zu sitzen ist für Sylvia Pfefferle ganz und gar ungewohnt.

«Anfangs hab ich das nicht so schlimm genommen», erzählt sie. «Im Johr vo unsrer Hochzit, wie gsait, isch die Varroa do uftaucht, 1978. Ich war einfach nur glücklich un no sehr jung. Aber mi Schwiegervater war völlig schockiert.»

Unglaublich groß seien diese Parasiten gewesen, Spinnentiere mit einem dunklen, glänzenden Panzer. Zuerst habe man sie auf den Larven gesehen.

«Sie entwickle sich mit ihne, in de vedeckelte Brut, nur schneller. Un später uf de Biene selber, die Varroa sitzt ihnen im Pelz un saugt sie us. Es isch, als säß me Mensch e Blutsauger vo dr Größi vome Haas im Gnick.»

Dieser Vergleich, der damals durch die Medien ging, ist mir noch in Erinnerung. «Bestie» hat der alte Karl Pfefferle den Parasiten genannt. Die 11. Ausgabe seines Lehrbuchs «Imkern mit dem Magazin», das in meinem Besitz ist, trägt bereits den Untertitel «und mit der Varroatose». Mit ihr hat eine neue Epoche begonnen, in der Zeitrechnung der Imker gibt es seitdem ein Davor und ein Danach.

«Die Biene sin gschdorbe. Hunderttausendi vo Völcher allei in Ditschland. Un vieli Imker hän us luter Verzwieflig aufgä.»

Aus der Imkerzeitung, erzählt Sylvia Pfefferle, habe man nach und nach die ganze Geschichte erfahren: Der Parasit kam aus Indien, ein Züchter hatte die davon befallene *Apis cerana*, die östliche Honigbiene, eingeführt. Im tropischen Südostasien lebten Varroa und Biene schon lange in Symbiose, der Parasit befiel vorwiegend die Drohnenbrut. Die europäische *Apis mellifera* hingegen erwies sich als völlig wehrlos.

«Mer het immer ghofft, dass uf de Imkerkongresse e Gegemittel vorgschdellt würd.»

Auch in dieses Thema sei sie irgendwie reingewachsen. Seinerzeit war sie noch blutige Anfängerin, an der Seite ihrer Schwiegermutter Maria. Ihr Schwiegervater, zunächst hilflos wie alle anderen, versuchte mit seiner ganzen Autorität, der Imkerschaft Mut zu machen. Von überall holte er Ratschläge ein, prüfte sie genauestens, wie es seine Art war. Der Siegeszug der Varroa, die nach und nach alle Länder erreichte, bis auf Australien und die Antarktis, bewirkte, dass der Erfahrungsaustausch immer dichter wurde – der Bienenfeind Nummer 1 war Globalisierungsmotor, er machte die *Apimondia* perfekt. Wer weitermachen wollte, brauchte nun das weltweite Netzwerk der Imker.

Was tun? Silvia Pfefferle hat die Suchbewegungen ihres Schwiegervaters aufmerksam verfolgt, alles, was er später in seinem Lehrbuch ausbreitet. Man kann dort, nicht ohne Schaudern, nachlesen, wie die «Bestie» ihn in die Arme der Chemieindustrie trieb. Pfefferle machte nahezu alle Medikamente von Bayer, Sandoz, Ciba Geigy und deren vollmundige Versprechungen bekannt. Die Tiergesundheitsämter saßen den Imkern im Nacken und übten anfangs enormen Druck aus: Chemotherapie war ein Muss. Allerdings warnte der Altmeister vor den Nebenwirkungen – Schwächung der Bienen, Rückstände in Honig und Wachs. Und in seinen Überlegungen deutete sich bereits eine Grundsatzkritik an. «Zurück zur Natur» wäre womöglich der bessere Weg, schrieb er. Noch einmal nahm er seine lang erprobte Betriebsweise in den Blick: Welche Faktoren spielen für das Wohlbefinden der Bienen eine Rolle? Dabei fiel ihm sein Großvater ein, der seine Bienen noch ungehindert schwärmen ließ. Und sein eigenes kindliches Staunen über diese Urgewalt.

«Er war jo scho ziemli alt, wo d Varroa cho isch, un trotzdem wieder emol sinere Zit vorus», sagt Silvia Pfefferle bewundernd.

«Un dann isch nonemol e Bieneschderben cho, 2008, des war so entsetzlich. Ich ha des zämme mit minere Schwiegermutter erlebt.» Zu dieser Zeit war sie schon eine gestandene Imkerin. «De Frühlig war spot dra. Erscht Endi Abril isch es losgange, d Völker sin no unde in de Rhieebeni gschdande. Sie sin usgfloge, s'Wetter war plötzli schön, un drei, vier Tag spöter Riesehuffe vo dode Biene. Mi Schwiegermutter het sofort gsait: Des isch Gift!»

Manche hatten die rosa Staubwolken mit eigenen Augen gesehen. «An de Feldraine, wo Mais gsät worde isch, het mr rot Chügeli gfunde. Dr Oschtwind het si witerdrait, uf die blühende Erdbeeri un den Löbezahn. Bayer war's! Un die hän erscht mol gloge!» Ihre Wut von damals scheint noch nicht ganz verraucht.

Ein Skandal, der sofort öffentlich wurde. Siebenhundert Imker am Oberrhein waren betroffen, zwölftausend Völker befanden sich in der «Todeszone». Der erste Verdacht stimmte, das neue Insektizid «Poncho», das Clothianidin enthielt, war schuld. Bayer Cropscience konterte, schob alles auf die Varroamilbe, die Bienen seien ihretwegen geschwächt aus dem Winter gekommen. Bei Pollenproben fand man das Pestizid, der Chemieriese gab daraufhin eine «nicht sachgemäße Anwendung» zu und versprach schließlich Entschädigung.

«Des hän die us de Portokass zahlt!» Auch Silvia Pfefferle ging damals auf die Barrikaden.

«Unser Landesvorsitzender het en Herzinfarkt kriegt wege der ganze Ufregunge. Mir Imker ware des ganze Johr deprimiert.»

Zum ersten Mal wurden Imker und ihre Verbände politisch aktiv. Nach dem sofortigen Verbot von «Poncho» strengten sie Sammelklagen an. In Brüssel wurde ein Moratorium für einige bienengefährdende Pestizide verhandelt. Es lebe das Internet! Mancher siebzig- oder achtzigjährige Bienenhalter ließ sich von seinen Kindern das Nötigste über die Handhabung der modernen Buschtrommel beibringen. David gegen Goliath – der Kampf war eröffnet, und er dauert an. Seither misstrauen Sylvia Pfefferle und viele andere Imker den Segnungen der Chemie. «Checkmite» von Bayer gegen die Varroamilbe – nein danke!

Der alte Karl Pfefferle lebte noch, er war gerade neunzig

geworden und bekam das Gift-Drama mit, aber ließ es nicht mehr so richtig an sich heran. Anderthalb Jahre später war er tot, seine Schwiegertochter war bis zuletzt an seiner Seite.

Was für ein weitgespannter Lebensbogen, vom März 1918 – der letzte deutsche Kaiser war noch im Amt, vor jedem Schwarzwaldhof ein Misthaufen – bis zum Oktober 2009! Mehrere Zeitalter hat dieser Karl Pfefferle durchlaufen, Katastrophen und stille Veränderungen. Obwohl er, von den Kriegsjahren abgesehen, sein Dorf nie verlassen hat und als Imker in einer gesellschaftlichen Nische lebte, hat ihn alles, wirklich alles, erreicht. Was mag er über die Aktion der NASA gedacht haben, die 1984 ein Bienenvölkchen per Space Shuttle in den Weltraum schickte?

«Also, Adje!» Ihr resolutes badisches «Auf Wiedersehen» schließt weitere Fragen aus. Schon biegt Sylvia Pfefferle um die nächste Ecke, auf die Waldlichtung muss sie, dort drei Völker evakuieren.

Und ich bin wieder im üblichen Ferienrhythmus – schwimmen, lesen, Kirschen essen. Ganz wie immer ist es jedoch nicht: Der Duft des frischen Heus erzeugt nicht mehr dieselben Glücksgefühle wie früher. Ich muss an die Bienen denken, denen die geköpften Wiesenblumen fehlen. Mich ärgern die Mähmaschinen, die einen Straßenrain nach dem anderen abrasieren. Warum jetzt und nicht später?

Binnen weniger Tage verschwindet das Blühen aus der Landschaft. Kurz nach Mittsommer ist die «Trachtlücke» da, von der die Imker sprechen.

Ob wenigstens die kleine Bienenweide des Imkervereins Münstertal noch Nahrung bietet, von der die Pfefferles erzählt haben? Ich habe ganz vergessen, sie mir anzuschauen. Der Verein, allen voran Karl Pfefferle, hat sie 1953 den Bürgermeistern der Talgemeinden, damals noch zwei, abgeschwatzt. Sechzehn

Hektar Land – kein Eigentum oder Besitz, vermutlich existiert nicht einmal ein Vertrag darüber, sondern ein Nutzungsrecht, ähnlich der Allmende, die es früher im Schwarzwald gab. Dort pflanzten die Imker nektar- und pollenreiche Sträucher und Blumen, pflegen und erhalten sie seitdem, auch diese Landschaftspflege geschieht ehrenamtlich.

Zum ersten Mal sehe ich eine Biene ertrinken. Im Freibad, direkt vor meinen Augen, offenbar verunglückt beim Wasserholen, dem gefährlichsten Geschäft der Arbeiterinnen. Ich nehme die Zappelnde auf meine Handfläche und halte sie ins Sonnenlicht. Jetzt flieg schon! Zu spät, sie schafft es nicht.

Morgens kommen jetzt Kinder von jenseits des Rheins zum Schwimmen, in Frankreich haben die Sommerferien begonnen. «Arrête! Pas de bêtises!», schreien die Mütter ihnen hinterher, sie springen trotzdem vom Beckenrand. An einem Dienstag oder Mittwoch taucht ein Grüppchen schwarzer Männer auf, sehr jung, sehr scheu. Geflüchtete aus dem Sudan, heißt es. Der Badebetrieb scheint ihnen zu gefallen, die fünf kommen jeden Tag wieder.

Der Bienenkönig

Das gute Leben des Franc Šivic

Selten war ich so glücklich, auf jemanden warten zu müssen. «Nehmen S' den Schweinsbraten mit Honigkruste, gnädige Frau.» Der Ober holt den Block aus der langen schwarzen Schürze.

«Mit Knödel!» Sein Deutsch klingt Wienerisch. «Und was wünschen S' zum Trinken?» Mit einem Seitenblick auf das tropfende Hörnchen in meiner Rechten rät er zu Wein.

«Bier auf Eis, da kriegen S' Leibschmerzen.»

Ein Eis ins Restaurant mitzunehmen, das gehört sich nicht im alten Europa. An diesem Abend habe ich es einfach vergessen, so verzaubert bin ich von dieser Stadt, dem vergnügten Treiben um mich herum. Ein Tafeln und Flanieren, ungeniert küssende Paare, an den Ufern des Flüsschen Ljubljanica ist Hochbetrieb. Jeunesse dorée, leicht bekleidet, und alte Zausel, händchenhaltende junge Männer. Hier und da Frauen mit dunklen Kopftüchern, Bosnierinnen, auch sie scheinen sich wohl zu fühlen. Es ist südlich warm, geradezu schwül, und das Anfang September. Es ist mein erstes schwarzes Eis, grauschwarz von Mohn, eine von vielen Überraschungen in diesen Tagen des Wartens. Am Himmel über der Burg sind riesige Quellwolken aufgezogen. Ein letzter Sonnenstrahl lässt die rosafarbenen Türme der Franziskanerkirche erglühen.

Franc Šivic, der «Bienenkönig», wird erst am 8. September zurück sein. «Erst an Mariä Geburt bin ich wieder zu Hause, das ist Feiertag für uns Katholiker.» Seine SMS erreichte mich gestern am Grenzübergang, im Niemandsland zwischen Österreich und Slowenien. Eigentlich waren wir fest verabredet. Auf meine englisch formulierte Bitte, mir seine Geschichte und die der slowenischen Bienenzucht zu erzählen, hatte er in feinstem Deutsch geantwortet: «Die Bienen haben mir zeitlebens Glück gebracht. Schon als ganz kleiner Junge …»

Kurzfristig ist ihm etwas dazwischengekommen. Womöglich hat es mit seinen Bienenvölkern zu tun, die irgendwo im Süden des Landes stehen, an der Grenze zu Italien. Imker müssen zuweilen schnell reagieren, es gibt Pflichten, die keinen Aufschub dulden. Ich weiß das inzwischen, denn schon länger bin ich auf den Spuren dieser eigensinnigen, manchmal eigenbrötlerischen Spezies. Eine Reise mit vielen Etappen, die mich jetzt nach Slowenien führt, das Bienenland schlechthin.

Aus Slowenien stammt Anton Janša, der im 18. Jahrhundert eines der großen Geheimnisse des Bienenvolkes ergründet hat: Wozu sind die Drohnen nütze? Zum Wasserholen war die seinerzeit gängige Theorie. (Irgendetwas müssen diese Faulpelze ja tun, während die Arbeitsbienen Pollen und Nektar sammeln!) «Falsch», sagte Janša, «Drohnen sind die Männer im Stock und dazu bestimmt, die Königin zu begatten.» Das Geschehen selbst konnte er zwar nicht beobachten, weil es hoch oben am Himmel stattfindet, aber es gab Anhaltspunkte dafür, dass es sich um einen Geschlechtsakt handelt. Ein Koitus in der Luft! Moralisch ein ziemlicher Skandal seinerzeit, und dann stirbt auch noch der Mann «danach». Noch anstößiger war, dass Janša damit den endgültigen Beweis erbrachte, dass eine Frau an der Spitze des Bienenstaates steht. Jahrtausende galt: So ein großes und kompliziertes Gemeinwesen kann nur von einem König regiert werden.

Dieser Anton Janša, Bauernsohn aus Breznica, ein Empiriker mit analytischem Verstand, den Maria Theresia 1770 zum Direktor der von ihr gegründeten Wiener Imkerschule ernannte, revolutionierte damals die Bienenwissenschaft. Unser modernes Wissen ist zu großen Teilen slowenischen Ursprungs. Ebenso das Erbgut, slowenische Bienenköniginnen sind Exportschlager. Schon zu Zeiten der Habsburgermonarchie wurden sie mitsamt Hofstaat per Post in alle fünf Kontinente verschickt, in speziellen luftigen Kisten. Die hiesige graue Biene, die *Apis mellifera carnica*, ist weltweit bekannt, Inbegriff von Fleiß, Sanftmut, Genügsamkeit.

Im Bienenland

Warum eigentlich war ich nie in Ljubljana? Gleich am ersten Abend bin ich der Stadt verfallen. Dem langsamen grünen Flüsschen, dem Schweinsbraten, dem Beli Pinot und dem Bier, das ich im Überschwang doch noch trinke, ein Pale Ale slowenischer Herkunft. Auf der Suche nach dem Bienenland bin ich in eine der schönsten Städte Europas geraten.

Bis jetzt ging alles ganz einfach. Ein Anruf von Deutschland in einem Büro für Api-Tourismus, und ich bekam ein Dutzend Reiserouten zu Imkereien, Museen, Shops, es gibt ein dichtes Netzwerk zwischen Karawanken und Adria. Auf tausend Einwohner, heißt es, kommen vier Imker, so viele wie nirgends sonst in Europa. Und diese haben das Landwirtschaftsministerium im Rücken, das Bienen so wichtig nimmt wie Schweine und Kühe. Ein richtiges «Business» also, und Franc Šivic ist Teil davon, eine Art Star. Manche nennen ihn auch den «Bienenkönig». Auf einem Foto im Internet sieht er tatsächlich so aus: Er trägt einen majestätischen Bart aus Bienen, von den Schläfen bis zur Brust, auf nackter Haut – ein Selbstporträt in jüngeren Jahren. Ein Fotograf ist Šivic auch, offenbar ein exzellenter. Von ihm stammt unter anderem die spektakuläre Nahaufnahme einer Bienenkönigin, in deren Hinterleib ein Drohn steckt. Innig vereint liegen sie auf einem grünen Blatt, sie waren wohl erschöpft vom Himmel gefallen, auch die Königin scheint dem Tode nahe. Beim Betrachten musste ich an Anton Janša denken. Vielleicht hat er im 18. Jahrhundert genau diesen seltenen Moment beobachtet. Ich werde Šivic fragen, wo und wie das Foto zustande kam. Einen besseren Kenner als ihn werde ich nicht finden: «Imker, Fotograf und Zeitzeuge, geboren 1940 in Ljubljana, römisch-katholisch», so die Beschreibung der Api-Agentur.

Erstaunlich, dass ich vom Land des Bienenkönigs bis vor kurzem kaum etwas gehört hatte. Peter Handkes Schwärmereien waren mir dunkel in Erinnerung, eine karge Landschaft, die ihn mehr als alles andere auf dieser Welt anzog und nie mehr losließ. Ich wusste, dass Slowenien zum sozialistischen Jugoslawien gehörte und 1991 Republik wurde und ohne großes Tamtam Mitglied der EU. Irgendwann, vor etwa zehn Monaten, gerade als ich Anton Janšas «Vollständige Lehre von der Bienenzucht» gelesen und den Entschluss gefasst hatte, hierherzufahren, ist es ganz plötzlich auf der internationalen Bühne aufgetaucht. In den Abendnachrichten sah ich Ströme von Flüchtlingen durch die herbstbunten Weinberge bei Maribor ziehen. Nachdem Ungarn seine Grenzen dichtgemacht hatte, kamen sie über Kroatien nach Slowenien, es war nun die letzte Etappe der «Balkanroute». Die Pfeile auf den täglich eingeblendeten Landkarten änderten sich, mit den Tragödien wuchsen meine Geographiekenntnisse. Einer dieser bis dahin unbekannten kleinen Orte hieß Šentilj. Von diesem Grenzstädtchen im Norden Sloweniens gingen im Oktober 2015 Bilder um die Welt, die sich mir einbrannten. Tausende Syrer, Iraker, Afghanen, erschöpfte Familien mit kleinen Kindern, junge wütende Männer im Nieselregen, die «Germany, Germany!» skandierten und «Merkel, Merkel!». Man ließ sie nicht weiterziehen. Slowenien wollte sie nicht, Österreich wollte sie nicht. An dieser Grenze stirbt Europa, schrieb die Frankfurter Allgemeine, die einen Korrespondenten vor Ort hatte. Tage später durchbrach eine größere Gruppe die Polizeisperren und schlug sich ins österreichische Spielfeld durch, in dem Glauben, Germany sei nahe. Es waren noch 329 Kilometer! Ich erinnere mich, in diesem Šentilj eine Kirche gesehen zu haben. In vielen Kamera-Totalen war sie präsent, ein weißer klassizistischer Bau auf einem Hügel, hoch über dem Elend.

In diesen atemlosen Wochen beschloss ich, meine Reise nach Slowenien muss über Šentilj führen. Gestern war ich dort. Statt durch den Karawanken-Tunnel fuhr ich über Graz und dann auf die B67, bis Spielfeld. Ohne Passkontrolle gelangte ich über den alten Grenzübergang auf die slowenische Seite. Es war seltsam ruhig, nur ein paar Autos aus Österreich, Raucher, die billig Zigaretten kaufen wollten in einem der Travel Shops. Zwei zugigen, mit Tabakwaren und Alkoholitäten vollgestopften Buden, davor Blumenkübel aus Waschbeton mit vertrockneten Begonien. Links und rechts der Straße leerstehende Häuser, in der zweiten Reihe ein Nachtclub, wohl schon länger geschlossen. Irgendetwas lag in der Luft, etwas Unangenehmes, das mich daran hinderte, die Imbissbude, die «Burek und Pizza» anpries, zu betreten. Oder durch die offenstehende Tür des Frisör-Ladens zu spazieren, um ein Gespräch anzuknüpfen.

Tristesse pur, ein verlorenes Kaff, das offensichtlich mal bessere Tage gesehen hatte. Bevor Slowenien der EU beitrat und 2007 die Grenzkontrollen abgeschafft wurden, muss hier reger Verkehr geherrscht haben. Ich kenne einige solcher Orte, denen Schengen den Garaus gemacht hat, die von der Grenze gelebt haben, manchmal jahrhundertelang. Von Zoll und Polizei, Handel und Schmuggel, Spielkasino und schnellem Sex, oft hat auch die Kirche profitiert. Das Gotteshaus von Šentilj und der Friedhof zu seinen Füßen erschienen mir für das Städtchen von heute viel zu groß.

Schließlich fasste ich mir ein Herz. «Erinnern Sie sich?», fragte ich. «Im letzten Oktober?» Ich fragte ganz vorsichtig. Erst eine gepiercte Raucherin aus Graz, dann die junge Verkäuferin im Shop, später noch andere.

«Schrecklich!» war die Antwort. «Eine Katastrophe! So viele Menschen!»

Mehr wollten sie nicht sagen, der Rest war Schweigen. Manche zeigten auf die Zelte jenseits der Straße – im Niemandsland. Ich hatte sie nicht gleich entdeckt, weil sie hinter einem zitronengelben Sichtschutz verborgen waren. Ausrangierte große Festzelte, die man nicht abgebaut hatte, gesichert von einem zweifachen Zaun. Ich schaute durch den Maschendraht, das war der Moment, in dem die SMS von Franc Šivic einging.

Sankt Aegidius auf dem Hügel war geöffnet, es fand gerade eine Kindstaufe statt. Am Ende der Zeremonie fing ich den Priester auf dem Weg in die Sakristei ab. Ein bärtiger Slowene um die siebzig, der gut Deutsch sprach.

«Wie war das im Oktober?»

Er wurde bleich. «Oh mein Gott!», rief er und rang die Hände. «Oh mein Gott!»

Der hinter ihm stehende Diakon, ein bäuerlicher Mann und noch ziemlich jung, ergänzte: «Wir warten.» – «Worauf?» – «Dass sie wiederkommen.»

Zwei schreckgeweitete Augenpaare schauten mich an, hinter ihren Stirnen schienen ganze Lawinen von Gedanken niederzugehen. Minutenlang standen sie starr und steif. Während ich die Kirche verließ, nahm ich mir vor, Franc Šivic davon zu erzählen. Wie mag er diese Oktoberwochen erlebt haben?

Anderthalb Stunden sind es bis Ljubljana, auf der Europastraße Nummer 57. Ich fuhr Richtung Südwesten, durch ein hügeliges Land, Weinberge und später Wälder. Laubwald, Nadelwald, in den Tälern kleine und mittelgroße Weiden und Äcker. Einige Buchweizenfelder waren noch nicht abgeerntet, verblühte Sonnenblumen grüßten mit schwarzen Köpfen. Am Rande der Autobahn wucherte kanadische Goldrute, ein sattgelbes, leuchtendes Band.

Plötzlich war es da, das Licht des Südens. Das Land, das mich empfing, erschien mir schön und friedlich, fast lieblich, auf den ersten flüchtigen Blick wohlgeordnet. Ich hielt Ausschau nach den berühmten Bienenhäusern, das erste entdeckte ich gleich hinter Maribor. Es sind wirklich richtige Häuser, mit mehreren Stockwerken, zwanzig, dreißig hölzerne Kästen, unter einem soliden Dach zusammengefügt. Bunt wie Legosteine, gelb und rot, blau und weiß, je Kasten eine Farbe, ab und zu ein Pastellrosa oder ein erdiges Braun. Charmant kombiniert, vielleicht nennt man deswegen die Imkerei in Slowenien «Poesie der Landwirtschaft». Die Bienenwohnungen waren so unübersehbar wie die katholischen Gotteshäuser auf den Hügeln, an denen ich vorbeirauschte. Mir fiel der Satz des alten Priesters wieder ein: «Sie sind doch Muselmanen», hatte er geantwortet, als ich ihn fragte, ob seine Gemeinde für die Flüchtlinge gebetet hätte. «Manche haben geholfen. Caritas, Rotes Kreuz, ja. Gebetet, nein.»

Nach Šentilj ist Ljubljana geradezu überwältigend. Eine vollständig erhaltene historische Altstadt mit österreichischem Flair – vom Bürgerhaus bis zur Speisekarte – und zugleich mediterran. In den Tagen des Wartens auf Franc Šivic lasse ich mich treiben, von einem Ufer der Ljubljanica zum anderen. Alle fünfzig oder hundert Meter eine Brücke über das Flüsschen, das mehr ein Kanal ist und mich an Venedig erinnert. Immerzu überquere ich Wasser, ständig wechseln die Perspektiven auf barocke Kirchen und Klöster, Bürgerhäuser im Jugendstil, teils wienerisch, mal eher pariserisch. Alles scheint irgendwie vertraut – ein wohliges Gefühl, in Europa zu sein. Alles ist ganz dicht beieinander, fußläufig. Eine kluge Stadtpolitik hat die Autos verbannt, den malerischen alten Brunnen moderne hinzugefügt, die Trinkwasser anbieten. Ljubljana wirkt wie ein langgestrecktes Wohnzimmer, das auf Gäste wartet. Auf den Tafeln, die mir die Stadt erklären, lese ich Hinweise auf die Baumeister, fast alle sind Österreicher oder Italiener. Es scheint Ljubljana nichts auszumachen, dass es jahrhundertelang von Fremden geprägt wurde.

Slowenisches? Es ist vor meiner Nase, unter meinen Füßen, doch erst am zweiten Tag begreife ich, was es ist: die besondere Gestalt der Brücken. Sie sind nicht nur Passagen, sondern so breit, dass man darauf verweilen möchte, reden, Musik machen, Walzer tanzen. Ende der 1920er Jahre hat sie ein Architekt namens Jože Plečnik, ein Tischlersohn, geboren 1872 in Ljubljana, erfunden. Er hat die Hauptachse über den Fluss, die Franziskanerkirche und Burgberg verbindet, um einiges verbreitert, links und rechts zwei Fußgängerbrücken hinzugefügt. «Tromostovje», die «Drei Brücken», sind seitdem das Herz der Stadt. «Platz auf dem Wasser» nannte Plečnik das urbane Element, auch andere Brücken hat er so konzipiert. Tanzbrücken! Nach 1991 hat man noch mehr davon gebaut. Franc Šivic wird später sagen: «Wir hatten damals Grund zum Tanzen, zum ersten Mal hatten wir eine eigene Republik.»

Am nördlichen Ufer der «Tromostovje» steht der Held der Nation, ihr größter Poet, France Prešeren. Von einem Sockel schaut er auf mich herab, ein zierlicher Herr mit halblangem Haar und melancholischem Blick, wie man sich eben einen Romantiker vorstellt. Früh verstorben an Liebesleid und Leberzirrhose, erzählt mein Baedeker. In der ersten Hälfte des

19. Jahrhunderts schrieb er – in zwei Sprachen. Auf Deutsch, der Sprache des Habsburger Imperiums, die dem Bauernsohn Zugang zu Bildung und Karriere ermöglichte, und in seiner Muttersprache Slowenisch. Ihm, einem Bauernsohn, ist es ganz wesentlich zu verdanken, dass sie zu einer modernen Schriftsprache wurde. Aus seiner Feder stammt auch das Gedicht, dessen siebte Strophe das Parlament 1991 zur Nationalhymne der Republik erkor: «Es leben alle Völker, die sehnend warten auf den Tag, dass unter dieser Sonne die Welt dem alten Streit entsag! Frei sei dann jedermann, nicht Feind, nur Nachbar mehr fortan.» Vielleicht die schönste Europas?

Nach und nach lerne ich die Stadt des Franc Šivic kennen. Wo mag er wohnen? Vielleicht in dem Jugendstil-Haus, vor dem das süchtigmachende Mohn-Eis verkauft wird? Auf den Promenaden wird überall Honig angeboten. «Welcome! Bitte schön!», locken die Verkäufer. Batterien von Gläsern in der Sonne, die ganze Farbskala, vom hellen Frühlingshonig bis zum tiefdunklen Weißtannenhonig. Alle Regionen Sloweniens sind vertreten, außer den hochalpinen Karawanken. Das schönste aber sind die Stirnbrettchen, Repliken von volkstümlichen Malereien, die früher die Vorderfront der Bienenkästen schmückten. Liebenswürdig und geschichtenreich und tief katholisch: eine etwas kurz geratene Schutzmantelmadonna, Jesus auf einem Esel, der in ein Jerusalem einzieht, das Ljubljana ähnelt. St. Georg, ein Bauernlümmel, der dem Drachen mit einem Beil entgegentritt, und der heilige Florian, mit dickem Pinsel auf Holz gemalt. Auch weltliche Motive gibt es: ein Sämann, ein Jäger. Sehr beliebt ist die Bärenjagd und der aufrecht gehende Bär, der Bienenstöcke ausräubert. Oder burleske Szenen, die Untugenden aufs Korn nehmen – Ehestreit, da gehen Mann und Frau mit Messern aufeinander los, auf anderen Darstellungen sinken Kartenspieler sturzbetrunken unter die Tische.

Kleine Galerien des ländlichen Lebens mitten in der Stadt, es gibt viele davon.

Jeden Tag besuche ich zwei oder drei Stände und lasse mir etwas erzählen. Über die Farben, meist Erdfarben, die mit Leinöl angerührt und haltbar gemacht werden, oder über die Schöpfer der Stirnbrettchen.«Beehive painting was a profession», Bienenstockmaler war sogar mal ein eigener Beruf. Erstaunlich, wie lebendig das Wissen darüber ist. Die Repliken sind begehrte Souvenirs. Ich lasse mir Zeit und wähle schließlich eine, die das klassische Malheur des Imkers darstellt, der einen Schwarm aus einem hohen Baum bergen will – und stürzt, mit ihm Leiter, Pfeife und Korb.

«What are you doing in Ljubljana?», fragt Katja, die Studentin an der Rezeption meines Hotels am dritten Abend. «Bees?»

Verwundert schaut sie mich an. Bienen? Wo es hier doch so viel Schönes gibt? Ihr Onkel, erzählt sie, hält Bienen, sie sei vom Dorf, gerade im Begriff, ihren Bachelor in Ingenieurwissenschaften zu machen, und demnächst den Master in Holland, Schwerpunkt Raumfahrt. Ins All zu fliegen, ihr großer Traum. «Bees? I am afraid of bees, of all insects!» Vor allen Insekten hat die künftige Astronautin schreckliche Angst.

Nachts gewittert es wieder, stundenlang donnert und blitzt es. Durch mein Fenster, das zum Hof geht, kann ich das Spektakel verfolgen. Am Morgen liegt die Wildnis hinter dem Haus am Boden, jenseits der von Goldruten und Disteln überzogenen Brache sehe ich zum ersten Mal das Minarett. Eine kleine Moschee, die anscheinend noch nicht ganz fertig ist. Die Gelder dafür seien aus Katar, erklärt mir Katja, so jedenfalls wird gemunkelt, die Bauherren bosnische Muslime. «No problem!» Sie seien vor langer Zeit als Arbeiter hergekommen, aus der ärmsten in die reichste Teilrepublik Jugoslawiens, «normal people».

Der Tag verspricht heiß zu werden. Mein Frühstückscafé an

der Drachenbrücke öffnet wie immer spät. Zur Siesta-Zeit sitze ich unter den von Plečnik gestalteten Tržnica-Arkaden und lese. Aus der Bäckerei nebenan duftet es. Grüppchen von Studenten stehen nach süßen Schnecken und belegten Brötchen Schlange, schwatzend und unbeschwert. Sie sind so jung, dass sie Jugoslawien nicht mehr kennen. «Ljubljana was grey at that time, I was told.» Sagen sie, wenn ich sie danach frage.

«We are a peaceful country» ist der häufigste Satz, den ich in diesen Tagen zu hören bekomme, «wir sind ein friedliches Land». Bei den Älteren hat er oft einen dunklen Beiklang, etwas Beschwörendes oder Zweifelndes. Warum, sagen sie nicht. Sie verbergen ihre Wunden – wie die Stadt selbst, sie lebt anscheinend ganz und gar in der Gegenwart. Ich genieße das sehr, auch wie liebevoll hier das Wort «Europa» ausgesprochen wird. Für den Austritt der Briten aus der EU vor zwei Monaten hat man hier wenig Verständnis.

Jetzt erst wird mir bewusst, dass ich nirgends eine Ruine gesehen habe, nicht ein einziges Einschussloch. Ich bin aufgebrochen mit den Bildern von Sarajewo im Kopf, von Mostar, Novi Sad und Belgrad. Im Reisegepäck habe ich Bücher über den Jugoslawienkrieg und, weil ich unverhofft viel Zeit habe, auch darin gelesen. In einem habe ich sogar etwas über das Leiden der Bienen gefunden. Aleksandar Hemon, ein Dichter aus Sarajevo, der seit dem Bosnienkrieg in Chicago lebt und den Lebensweg seiner dörflichen Eltern und Großeltern festgehalten hat, schreibt: «Als meine Leute nach Kanada emigrierten, ließen sie fünfundzwanzig Völker zurück. Kurz nach ihrer Abreise kam eine Horde Nachbarn, allesamt betrunkene Freiwillige der serbischen Armee, nachts herüber und trat sämtliche Stöcke von ihren Böcken, und als die geschwächten Bienen (es war Nacht und wieder kalt, sie krochen über den Boden) zu entkommen versuchten, warfen die Nachbarn ein paar Handgranaten und lachten sich kaputt über die Bienen, die herumflogen, als wären sie noch lebendig. Die Nachbarn stahlen die schweren Rahmen und hinterließen eine Spur von tropfendem Honig.»

Kindertraum

Mariä Geburt, morgens um acht an der Drachenbrücke. Von der Kathedrale St. Nikolaus läuten die Glocken. Da ist er! Schlank und drahtig, im kurzärmligen, karierten Hemd, man sieht ihm seine sechsundsiebzig Jahre nicht an. Mit federndem Schritt kommt Franc Šivic auf mich zu.

«Guten Morgen! Gehen wir zuerst durch die Stadt?»

Ohne auf Antwort zu warten, läuft er los. In zwei, drei Minuten sind wir auf dem Markt, die Stände sind gerade aufgebaut. Unmengen von Pflaumen türmen sich auf Holztischen, Kisten mit überreifen Feigen, sonnenverwöhnte Paradeiser, slowenisch «paradižniki». Die ganze Üppigkeit des Spätsommers! Pyramiden von grünen und gelben Kürbissen und enorme Wassermelonen, «die wachsen hier», kommentiert Šivic. Er lässt mir Zeit, alles zu bestaunen. Die Äpfel mit Schrunden, Salate, schwarz von Erde, die rissigen und schwieligen Hände der Verkäufer. Schälchen mit duftenden Steinpilzen, es gibt Krainer Wurst, Pferdewurst und sogar Bärenschinken.

«Slowenien ist immer noch ein Bauernland», sagt Šivic, «das sollten Sie wissen. Zu bergig für industrielle Landwirtschaft. Das geht nur in der Tiefebene, Richtung Ungarn. Ein Hof von 20 Hektar ist bei uns schon groß.» Im Vorübergehen grüßt er einen alten Herrn, der Honig und Wachs verkauft. «Wissen Sie, ich wollte immer eine Frau heiraten, die Land hat.» Sein schmales Gesicht leuchtet. «Und ich hab es geschafft!»

Franc Šivic selbst ist am Rand von Ljubljana aufgewachsen,

erzählt er, in der Vorstadt, die damals noch ziemlich ländlich war. Der Vater Polizist, die Mutter Gärtnerin. Hier auf dem Markt hat sie gestanden, als er ein Kind war. «Sie machte die besten Salate der Stadt.» Er hat mich also an einen Ort der Familiengeschichte geführt. Der nächste ist nicht weit, kaum hundert Schritte, und wir sind an der Kathedrale. An der Außenmauer verkaufen zwei Frauen mit hennarotem Haar Astern und aus Immortellen geflochtene Kränze, für die «Mati božja», die Muttergottes. Offiziell ist Mariä Geburt kein Feiertag, «aber für uns Katholiker doch». Die Messe ist fast zu Ende, der Priester teilt schon die Kommunion aus. Nur etwa hundert Gläubige sind versammelt, in dem großen barocken Raum wirken sie ein wenig verloren. Franc Šivic bekreuzigt sich und bleibt neben dem Weihwasserbecken stehen. Und ich, eine Ex-Katholikin, mache es ihm nach, wie in Kinderzeiten.

Sobald die Kirche leer ist, gehen wir zum Hochaltar, er voran. Er bewegt sich, als wäre er hier zu Hause.

«Schauen S', unser Sankt Nikolaus. Ich war hier Messdiener.» Das war möglich in jugoslawischer Zeit, hatte ich gelesen, Katholiken genossen eine gewisse Freiheit, obwohl Priester und Gläubige einen schweren Stand hatten.

Im Hinausgehen zeigt er auf die bronzene Seitentür, die zur 1250-Jahr-Feier der Christianisierung Sloweniens gegossen wurde. Ein Relief aus den neunziger Jahren, das die Reihe der Erzbischöfe von Ljubljana zeigt. «Der Vorletzte, das ist unser Anton Vovk. Die Kommunisten haben ihn mit Benzin übergossen, Anfang der fünfziger Jahre. Er hat schwerverletzt überlebt.» Ich spüre seine Erregung, die Geschichte geht ihm heute noch nahe. Etwa zwölf muss er gewesen sein, damals, als die ganze Stadt davon sprach.

Das also ist sein Ljubljana! Franc Šivic will, bevor wir über Bienen sprechen, zeigen, wer er ist. Ohne große Worte, kurz und knapp. Denn Eile ist geboten: «Wir müssen heute noch halb Slowenien durchqueren. Gut, dass Sie ein Auto haben.»

Wir fahren über die alte Wiener Straße (zwischenzeitlich Tito-Straße, seit 1991 wieder Wiener Straße) nordwärts, durch dichten Verkehr. Die Vorstadt ist ziemlich nahe, Franc Šivic lebt in seinem Elternhaus. Es ist völlig aufgegangen in dem modernen Wohngebäude, das zugleich Geschäftszentrum seiner Firma ist. «Silvaapis» nennt sie sich, eine Kombination zweier lateinischer Wörter: Silva, der Wald, Apis, die Biene. Aus dem Besprechungszimmer hat man einen Blick in den kleinen Garten, auf Tomaten und Kohl, ein frisch gezimmertes Bienenhaus. In den Giebel ist eine Inschrift eingebrannt, wiederum in Latein: «Si sapis sis apis», frei übersetzt: «Sei klug, mach's wie die Biene.» Wenn mich mein Gedächtnis nicht trügt, ein Satz des Philosophen und Naturforschers Seneca. Šivic' Lebensmotto? Bekenntnis zu einem Kulturkreis? Es waren die Römer, die an der Stelle des späteren Ljubljana die erste städtische Siedlung anlegten.

«Was soll ich Ihnen erzählen?»

«Alles. Ihr Leben!»

Ohne zu zögern, beginnt er. Auch die lange Rede bewältigt er in der fremden Sprache mühelos.

«Angefangen mit den Bienen hat es, als ich sechs war. Im Jahr 1946 hat mich meine Mutter fortgeschickt zur Großmutter, nach Strahomer, ein Dorf zwanzig Kilometer südlich von Ljubljana. Du bist in der Stadt geboren, hat sie mir erklärt, und du sollst vor der Schule lernen, wie hart es ist, sein Brot zu verdienen.» Šivic lacht. «Als wäre die Zeit damals nicht schon hart genug gewesen!»

Er skizziert sie in wenigen Zügen: Gerade erst ist der Krieg zu Ende, die Jahre der faschistischen Besatzung, erst die italienische, dann die deutsche, schließlich Titos Partisanen, die jetzt den neuen Staat Jugoslawien beherrschen, in den Augen der bäuerlich-katholischen Bevölkerung allesamt Okkupanten. Auch das Dorf Strahomer ist traumatisiert. Die Großmutter lebt dort mit einer ihrer Töchter, zwei Frauen ohne Männer. Der eine ist von den Partisanen getötet worden, der andere vor dem Kommunismus nach Argentinien geflüchtet.

«Und so war ich der Mann im Haus. Und bekam sogleich eine Aufgabe zugewiesen, ich sollte die Kühe hüten. Das bedeutete, täglich um 4 Uhr aufstehen und die Tiere zur Weide führen, bis etwa 10 Uhr, und dann ab 16 Uhr wieder bis in die Nacht. Zwischendurch hatte ich Zeit herumzustrolchen. Als Bursch aus der Stadt hat mich alles interessiert.»

Das Dorf liegt versteckt im Wald, unter einem tausend Meter hohen Berg. Der kleine Franc lernt dort viel mehr als nur Landarbeit. Strahomer, erzählen die Alten, kommt von «Strah», die Angst. Gemeint ist die Angst vor den Türken. Vielerorts hatten sie ganze Dörfer verbrannt, Mädchen für den Harem mitgenommen und Burschen als Janitscharen. An Strahomer zogen sie Gott sei Dank immer vorüber, aber noch dreihundert Jahre später werden Gruselgeschichten verbreitet, die sich anhören, als wären sie wirklich da gewesen und alles erst gestern geschehen. Der Junge verdrängt sie schnell, aber offenbar nisten sie sich in seiner Seele ein.

«Wenn wir Türken hören, haben wir immer noch Angst!», sagt der Sechsundsiebzigjährige mit einem kleinen Lächeln.

Damals, in Strahomer, fesselt ihn vor allem die Natur. Die Fische im Bach und vor allem die Krebse, «so viele Krebse!», die Vögel und ihre Nester, welche Farben haben die Eier. Nicht stören! So viel weiß das Stadtkind. Und dann kommt der Tag im Juni: Es ist gegen Mittag, das Zwölfuhrläuten noch zugange, als er in einem Obstgarten das strohgedeckte, von Stirnbrettchen geschmückte Bienenhaus sieht. Ein Summen und Brummen,

Tausende von Bienchen, die geschäftig ein und aus fliegen. Seltsamerweise stoßen sie nicht aneinander, der Verkehr scheint irgendeiner geheimen Ordnung zu folgen. Die sinnlichste Erinnerung ist der Wohlgeruch, von Honig und Wachs und anderen würzigen, ihm unbekannten Aromen.

«Eine halbe Stunde hab ich da gestanden, wie mumifiziert. Ich werde kein Hirte sein, dachte ich. Kühe sind dumm. Bienen sind fleißig und intelligent. Das werde ich machen!»

Ein Erweckungserlebnis, könnte man sagen. «Ich werde Imker», verkündet er, kaum ist er wieder zu Hause. «Später!», vertröstet die Mutter ihn, «du bist noch zu klein.» Nach der Einschulung verbringt er jeden Sommer bei der Großmutter in Strahomer, lernt dort nach und nach die Imker kennen und den Wert des Honigs. Er ist ein wichtiges Zahlungsmittel, Honig öffnet fast jede Tür, wenn man einen Arzt braucht oder einen neuen Wasserhahn. «Wann ist später, Mama?», quengelt er immer öfter. Rückblickend kommt es Franc Šivic so vor, als sei sein Weg schon damals vorgezeichnet gewesen, Schicksal eben, gepaart mit Zielstrebigkeit.

Vielleicht sind die Bienensommer für den Jungen auch eine Zuflucht? Ansonsten ist die Welt alles andere als heil, oft verstörend. Im Laufe der Schulzeit wird Franc klar, in welcher Gefahr seine Familie geschwebt hat. Allmählich kann er die Sätze entschlüsseln, die er mit vier, fünf Jahren hinter der Tür des Elternschlafzimmers belauschte. Eine Geschichte erzählt mir Franc Šivic ausführlicher: Sein Vater, wie gesagt, ist Polizist gewesen. Während der italienischen Besatzung musste er, im Sommer 1942, in der eigenen Straße eine Razzia bei einem Kommunisten durchführen. Bei einem Nachbarn ausgerechnet, den er gut kannte und schätzte. Er half ihm, in einem unbemerkten Moment die gefährlichen Schriften in der Latrine zu entsorgen. Als dann drei Jahre später, kurz nach Kriegsende, Titos Leute die Straße nach Kollaborateuren der Faschisten durchkämmten, galt ein Polizist, den die Besatzer, zuerst die Italiener und später die Deutschen, in Dienst genommen hatten, per se als verdächtig. Ihm drohte die sofortige Erschießung. Zehntausende Slowenen wurden damals ohne Gerichtsurteil exekutiert. Šivic' Vater blieb verschont, weil der Kommunist, den er gerettet hatte, für ihn sprach.

«So schmal war damals die Grenze zwischen Leben und Tod.»

Und das alles ist nach 1945 noch lange nicht zu Ende. Franc und seine Straßenbande schleichen oft zu dem nahegelegenen Militärdepot und rauben Munition, demontieren sie dann hinter den Büschen im Garten, um Pulver zu gewinnen.

«Gottlob ist nichts passiert. Vielleicht ist meine Mutter ganz froh gewesen, dass ich mir ein Imkerbuch wünschte und meine Zeit mit Lesen verbracht habe? Eines Tages hat sie mir drei Bienenkästen gekauft, nagelneue und sehr modern. Aber ich konnte immer noch nicht anfangen, erst 1957.»

Ein denkwürdiges Jahr, in vielerlei Hinsicht. An dessen Anfang stirbt Ljubljanas berühmter Stadtarchitekt Jože Plečnik. Die Trauerfeier hält der immer noch von seinen Brandwunden gezeichnete Anton Vovk, seinerzeit Weihbischof, unter großer Beteiligung der hiesigen Katholiken. Es ist das Jahr der aufmüpfigen avantgardistischen Schriftsteller und Theaterleute, «Kritische Generation 57» nennen sie sich. Und last not least das große Jahr der Imker:

«Von Mitte Juni bis Mitte September gab es die größte Waldtracht des Jahrhunderts. So viel Honigtau war auf den Weißtannen! Hundert Kilo Honig pro Volk, und am Waldrand von Strahomer standen dreihundert Völker, stellen Sie sich vor!»

Mit glänzenden Augen spricht Franc Šivic von diesem Sommer. Er wird damals siebzehn und darf den Imkern im Dorf seiner Großmutter beim Honigschleudern zur Hand gehen.

«Dafür bekommst du einen Schwarm, versprachen sie mir, oder auch zwei oder drei. Du musst sie nur finden und selbst einsammeln. Eine Fangkiste hatte ich schon gebastelt, eine einfache Box mit einem Gitter. Ich wusste theoretisch, was zu tun ist.»

An einem Mittwoch, er weiß es noch ganz genau, tritt das Erhoffte ein. Zwei Meter lang ist die Bienentraube, die vom Baum hängt. Ich stelle mir vor, wie viele Stiche er sich dabei eingefangen hat. Doch davon ist nicht die Rede, nur vom großen Sieg: Er bringt das Volk auf dem Gepäckträger des Fahrrads heil nach Ljubljana. Später noch zwei weitere, «das war für mich ein großes Glück! Und natürlich viel Arbeit. Ich habe meine Kaninchenzucht einstellen müssen. Und die Mitgliedschaft in der Straßenbande beendet. Ich habe mich aus dem Übeltätertum verabschiedet und bin Mitglied im Imkerverein geworden.»

Lehrjahre mit Bienen

«Etwas Besseres konnte mir nicht passieren. Ich war das jüngste Mitglied im Imkerverein. Unter lauter älteren Herren, die haben mich gleich ins Herz geschlossen, weil ich so lebendig war.»

Akademiker sind die meisten, Professoren und Ärzte, auch Priester sind dabei – die alte intellektuelle katholische Elite der Stadt. Und mit diesen Leuten ist der Siebzehnjährige auf Augenhöhe! Einmal im Monat trifft man sich im kleinen Saal des Hotels Union, wo die Kellner einen schwarzen Frack tragen und verschwiegen sind.

«Bespitzelt wurden wir nicht, glaube ich. Aber es gab Dinge, die nicht nach außen dringen durften. Demokratie ist besser!, hörte ich dort. Das durfte ich in der Schule natürlich nicht weitererzählen.» Zwischenzeitlich ist ein ehemaliger Partisanengeneral Mitglied der klandestinen Gesellschaft, «ein netter Mann, trotzdem mussten wir Katholiker uns vorsehen». Vielleicht gibt es damals so etwas wie Imkerloyalität?

Diese hochgelehrte kleine Runde ist für den wissbegierigen Franc wie eine private Universität. Eine Nachrichtenbörse auch in Zeiten zensierter Presse, wo man zum Beispiel das Neueste aus der Erzdiözese erfahren kann. Über Anton Vovk, den alle verehren, wenn dieser Mal wieder dem Staat ein Schnippchen geschlagen hat, etwa mit dem Pferdefuhrwerk zu einer Firmung angereist ist, weil Behörden ihm das Auto entzogen haben.

Auch die Imkergeschichten, die die Alten erzählen, führen mitunter auf heikles politisches Terrain. Da geht es zum Beispiel um Ägypten, eines der wichtigen Exportländer für slowenische Bienenköniginnen, und einen Großhändler namens Jan Strgar, der unter den Kommunisten in Ungnade gefallen und enteignet worden ist. Man klagt, ohne ein Blatt vor den Mund zu nehmen. Oder lacht und lästert darüber, dass der Staat, der den Außenhandel, auch mit den Bienen, übernommen hat, es einfach nicht hinkriegt. Bei ihrer Ankunft in Kairo sind sie tot oder halbtot, die Imker vom Nil ordern fortan in Österreich. Erzählen tröstet. Manchmal auch versinken die wackeren Bienenhalter von Ljubljana beim Bier in Nostalgie.

Fast alle Mitglieder des Vereins haben ihre Bienenhäuser außerhalb. Ein Stück Land auf dem Dorf, das ist allgemein üblich. Klugerweise hat Marschall Tito Anfang der fünfziger Jahre die Kollektivierung der Landwirtschaft abgeblasen. Ein Glück für die Imker! Sie können ihren ganzen Honig behalten und selbst vermarkten. Ein nicht unerhebliches Zubrot, Kundschaft findet sich in Ljubljana mehr als genug. Für den chronisch klammen Schüler und späteren Studenten Šivic die Lösung all seiner Finanzprobleme. Noch heute verkauft Šivic seine Honigerträge mehr oder weniger über das Netzwerk der Franziskaner, den Bibelkreis vor allem, den er wöchentlich besucht. Honig und Begegnungen mit Menschen gehören für ihn zusammen.

Manch einer hat in den jugoslawischen Jahren die Orientierung verloren, sagt Šivic. «Aber ich hatte einen guten Kompass: die Bienen.» Weil der Wald ihre Urheimat ist, hat er nach der Matura Forstwirtschaft studiert. Eine bestechende Logik!

Franc Šivic lacht wie ein Kobold. «Und so ging es immer weiter. Nach dem vierten Studienjahr hat mein Professor für Waldbau mir ein dreimonatiges Praktikum in der Schweiz angeboten. Warum ausgerechnet ich? Weil sie Imker sind! Dieser Professor ist Sohn eines imkernden Dorfschullehrers gewesen. Dank des Honigs, den der Vater verkaufte, konnten er und seine Geschwister studieren.» Imkerbeziehungen also, man gehört zur selben robusten, verlässlichen Spezies. Allenfalls Kommunistenkinder hätten im Jahr 1963 diese unglaubliche, seltene Chance bekommen. «Dabei sprach ich nicht einmal Deutsch, nur Englisch und ein wenig Schulfranzösisch.»

Über Zürich kommt Franc Šivic in ein Dorf bei Solothurn. Tagsüber Waldpflege, abends lernt er zwei, drei Stunden Deutsch, was ihm zunächst nicht allzu viel nützt, denn im Alltag wird Bauerndialekt gesprochen. Es gefällt ihm dort ausgesprochen gut. Und weil er für seine forstwirtschaftliche Diplomarbeit das Thema «Waldtracht» gewählt hat, bemüht er sich nebenbei um Kontakte zu Imkern, wird im Bieneninstitut in Liebefeld vorstellig. Sonntags reist er per Anhalter durch die halbe Schweiz, erkundet Land und Leute. Über seine Extratouren schreibt er für die slowenische Imkerpostille. Woraufhin der Redakteur, zugleich Präsident des Verbandes, so begeistert ist, dass er postwendend eine Liste mit Themenwünschen an ihn schickt: Königinnenzucht, Schwarmverhinderung, Winterfütterung, Wanderimkerei etc.

Nach Ablauf der drei Monate geht Franc Šivic zur Schweizer Polizei mit der Bitte, sein Visum zu verlängern, um Sprachkenntnisse und Bienenwissen zu erweitern, diesmal in der französischen Schweiz. Kein Problem, heißt es. Doch die jugoslawische Botschaft stellt sich quer. Noch keinen Militärdienst gemacht? Ab nach Hause! «Ja, dann hab ich ihnen das Schreiben des Imkerpräsidenten unter die Nase gehalten, mit dem großartigen Briefkopf und der langen Themenliste. Es war der Botschafter selbst: Oh! Sie wollen Spionage für unser Jugoslawien betreiben? Er war plötzlich hocherfreut und gab grünes Licht. Zum dritten Mal im Leben haben mir die Bienen Glück gebracht!» Der zum Spion beförderte Šivic bekommt die fünfzehn Monate, die er für seine Mission braucht.

Seine beste Zeit verbringt er bei Nyon, einem Dorf im Nationalpark Haut-Jura, unweit der französischen Grenze. Wieder kann er bei einem Bauern wohnen, lebt sparsam wie von Hause aus gewohnt. Sein Verdienst in Schweizer Franken geht fast komplett aufs Bankkonto. «So viel verdiente in Ljubljana kein Direktor.» Bei der Forstarbeit kann er sein Französisch verbessern. Von den Gastarbeitern – aus der Gegend von Bergamo – lernt er Italienisch. Und das Allerbeste ist, es gibt in der Gegend noch traditionelle Bienenhäuser, ähnlich wie in Slowenien. Er beginnt zu fotografieren. Von einem Teil des Ersparten leistet er sich eine «Praktica» aus der DDR, eine mit Makroobjektiv, mit der er ganz nahe an die Bienen und die honigtauproduzierenden Läuse herankommt.

«Ich hätte dableiben können. Einer der Imker hatte eine hübsche Tochter, die mir gefiel. Aber ich wollte unbedingt zurück, meiner Familie helfen. Ich bin Slowene, in der Schweiz wäre ich immer ein Fremder gewesen.»

Er kauft einen VW und fährt zurück in die Heimat.

Ein Selfmademan! So jemanden hätte ich im Jugoslawien der sechziger Jahre nicht unbedingt vermutet. Dieser junge Mann orientiert sich nicht an herrschenden Normen, er sucht Inspirationen außerhalb der Grenzen und Halt in der vorsozialistischen Vergangenheit. Franc Šivic fühlt sich dem Westen zugehörig. Sein Deutsch, das er in der Schweiz gelernt hat, klingt interessanterweise eher österreichisch. Irgendwo muss er diesen Ton aufgeschnappt und verinnerlicht haben, bei älteren Verwandten, in der illustren Imkergesellschaft im Hotel Union. Die Lingua franca der Habsburger Zeit ist in Ljubljana – bis heute – noch nicht ganz verklungen.

Bei seiner Rückkehr aus der Schweiz, 1964, hat er den Entwurf seiner Diplomarbeit über «Waldtracht» im Gepäck. Er legt ihr die Korrespondenz mit berühmten ausländischen Experten und brillante Fotos bei. Dem Militärdienst entgeht er nicht, danach sucht er Arbeit als Forstingenieur. In den Staatsforsten ist nichts frei, so bewirbt er sich bei einer großen, exportstarken Holzfirma in Ljubljana – und macht das Rennen. Zwanzig Bewerber lässt er hinter sich, weil er im Curriculum Vitae vier Fremdsprachen und einen Volkswagen vorzuweisen hat. «Können Sie sofort mit Spanisch anfangen?», fragten sie mich. Ich sollte für Spanien und Südamerika zuständig sein, dorthin Möbel und Halbprodukte verkaufen. «Warum nicht!» Sprache Nummer fünf zu lernen ist für ihn ein Kinderspiel. Die ersten Geschäfte macht er mit Buenos Aires, einer erfolgreichen Bautischlerei, die Verwandten gehört, die 1945 über Österreich nach Argentinien geflohen waren.

In Šivic' Karriereschilderungen kommt der Sozialismus so gut wie nicht vor. Es gibt ihn, antwortet er auf Nachfrage. «Im Betrieb wurde ich ziemlich bald gefragt, ob ich nicht Mitglied der Partei werden wollte. Ein Nein wäre schwierig gewesen. Ich fragte zurück, ob ich denn sonntags weiterhin in die Kirche gehen dürfe. Der Genosse schüttelte den Kopf, und ich gab ihm zu bedenken, dass ich noch bei meiner Mutter lebe. Sie würde mich rausschmeißen, wenn ich den Gottesdienst schwänze. Ob mir dann die Partei Wohnung und Essen stellen könnte …» Auf schwejksche Manier ist er durchgekommen, fortan habe man ihn in Ruhe gelassen.

Allmählich dringt die Hitze in den kleinen Besprechungsraum. Viel Zeit ist nicht mehr, eigentlich müssten wir sofort nach Šempas aufbrechen. Aber er will noch von der Liebe sprechen, von Silvana.

«Sie wissen ja, ich war in dieser Exportfirma. Und eines Tages sollte ich eine Fabrik besuchen, in einem Dorf bei Novo Mesto. Dort wohnte ich für ein paar Nächte bei einer alten Dame. Sie erwähnte eine junge Forstingenieurin, die bei ihrem Bruder lebt, die Orgel spielt und fleißig ist und noch ledig. Es stellte sich heraus, wir kannten uns flüchtig vom Studium. Ich blieb zwei Stunden bei Silvana, am nächsten Tag schon gingen wir lange spazieren. Es war Freitag. Sie wollte übers Wochenende zu den Eltern nach Šempas, um ihnen auf dem Hof zu helfen. Bis Ljubljana könnten wir zusammen fahren, sie und ich. Und dann war Silvana verschwunden, keine Adresse, keine Telefonnummer, kein ‹Vielleicht sehen wir uns wieder›.»

Den Liebeskummer – vermutlich groß und heftig – überspringt er, natürlich schafft er es schließlich, sie zu finden. Auch bei ihr hat es gefunkt, aber sie will ganz sicher sein, mehr über ihn wissen. Drei Dinge haben sie überzeugt: dass er katholisch ist, Bezug zur Landwirtschaft hat und, als wunderbare Zugabe, die Bienen. «Das ganze Leben ein Honigmond!», ist ihre Parole für die Ehe.

Sie heiraten 1968, zwischen Weihnachten und Neujahr. In

die Geschichtsbücher ist es als krisenhaftes Jahr eingegangen. Den ganzen Sommer über hat es auch in Ljubljana Studentenproteste gegeben. Im August, nach der Niederschlagung des Prager Frühlings, den Tito offen unterstützt hat, wäre es auch in Jugoslawien beinahe zu einer Intervention des Warschauer Pakts gekommen. In Šivics Erinnerung sind die Ereignisse nicht so dramatisch. Ihm persönlich sind die Reiseerleichterungen wichtig, die 1968 mitbringt, einige westeuropäische Staaten heben die Visumspflicht auf. Außerdem läuft die Familienplanung auf Hochtouren, der Ausbau zweier Zimmer im Elternhaus, selbst für die Hochzeitsreise ist kaum Zeit. Ein paar Tage nur wollen sie sich gönnen, im Skigebiet von Kranjska Gora.

«Es war bitterkalt da oben, und der VW machte komische Geräusche. Deswegen fuhren wir kurzerhand in den Süden zu Silvanas Eltern, nach Šempas. Nur hundert Kilometer Luftlinie liegen zwischen den beiden Orten. Von 20 Grad minus nach 10 Grad plus. Das ist Slowenien!»

Im darauffolgenden Frühjahr bringt er seine Bienen von Ljubljana zu den Schwiegereltern, auf das trockene, steinige Stück Land, das jetzt auch seines ist. Seine Frau, einziges Kind kleiner Bauern, ist es satt, jedes Wochenende auf dem Acker oder im Obstgarten zu schaffen. Ab sofort würde er das tun.

«Zuallererst habe ich einen Kaki-Baum gepflanzt.»

Europa und die Welt

Bekanntlich zerfällt in diesen Jahren die Sozialistische Föderative Republik Jugoslawien. Nicht durch äußeren Druck, sondern von innen, wirtschaftliche Probleme und Nationalitätenkonflikte spitzen sich zu. Unmerklich zunächst und nach dem Tod von Josip Broz Tito, im Mai 1980, immer deutlicher. Franc Šivic kann oder mag davon nicht viel berichten – ein paar Fakten, im Telegrammstil: Seine Frau Silvana findet Arbeit in der derselben Exportfirma, ihr Verkaufsgebiet ist Skandinavien. 1970 Geburt von Sohn Matjaž, 1972 von Tochter Alenka. Zu ergänzen wäre noch, dass die nebenberufliche Imkerei floriert und wirtschaftlich eine große Hilfe ist. Soweit eben möglich, lebt die Familie in ihrer kleinen privaten Welt.

Mitteilungsfreudig wird Šivic erst wieder, wenn es um den Freiheitskampf der Slowenen geht, Ende der 1980er Jahre.

«Die letzten zwei, drei Jahre waren wir immer mehr anti Jugoslawien. Milošević wollte, dass in den Schulen nur noch Serbisch gesprochen wird und im ganzen Land Serben ansiedeln. Eine gefährliche Zeit!»

Ausgerechnet jetzt ist der Sohn in der jugoslawischen Volksarmee, gerade noch rechtzeitig wird er entlassen. Eine Woche danach, am 25. Juni 1991, erklärt Slowenien seine Unabhängigkeit – und Belgrad daraufhin den Krieg. Er dauert nur zehn Tage, die slowenische Territorialverteidigung erweist sich als überraschend stark. Glückliche Umstände, gute Engel, vieles spielt eine Rolle – die Bundesarmee zieht sich zurück. In den Gefechten, unter anderem an der österreichischen Grenze bei Šentilj, sterben 62 Soldaten und Zivilisten.

«Im Nachhinein erscheint uns das wie ein großes Wunder.» Šivic hält einen Moment inne, fährt mit den Händen durchs graue Haar. «Wenn man bedenkt, was in anderen Teilen Jugoslawiens in den neunziger Jahren geschehen ist. Von den Bosniern, die bei uns Zuflucht suchten, haben wir viele Gräuelgeschichten aus erster Hand gehört. Wir sind einfach dankbar, sehr dankbar.» Das Gefühl, entronnen zu sein. Schon in den Tagen des Wartens habe ich es bei meinen Spaziergängen durch Ljubljana gespürt.

Franc und Silvana Šivic sind Anfang fünfzig, als die Freiheit da ist, jung genug, um richtig durchzustarten. Ihr Arbeitgeber, das staatliche Holzunternehmen, geht bankrott. Seine Insolvenzmasse fällt unter die Räuber, wer kann und will, bereichert sich. Korruption bleibt auf Dauer das große Thema der jungen Republik. Mit alldem wollen die Šivic nichts zu tun haben, sie wollen nach ihren eigenen Werten leben, bienenfleißig, ehrlich, weltoffen, und eine eigene Firma gründen. Die studierenden Kinder, Matjaž und Alenka, sind mit von der Partie. Es ist ihnen gelungen: «Silvaapis» ist heute ein florierendes mittelständisches Unternehmen. Unter anderem produziert es den beliebten «Tripptrapp», auf dem Europas Kleinkinder sitzen. Auf ihre Kunden aus dem Norden und Westen – Stokke, Ikea, Habitat – ist die Familie mächtig stolz. Das Holz kommt aus dem Osten, dem nahen Kroatien und Bosnien.

Zweifellos ist Ljubljana ein guter Platz in Europa. Auch wenn man über die slowenischen Regierungen nicht viel Rühmliches sagen kann. Außer vielleicht, dass Bienenhaltung Chefsache ist und besonders gefördert wird. Unterstützung von ganz oben, für Šivic etwas Neues, er nutzt den Rückenwind: Zur Imkerei kommt der Api-Tourismus, er kann seine Fotos publizieren, Kongresse ausrichten. Zum Beispiel organisiert er die «Apimondia» 2003 in Ljubljana. Für einige Tage rückt das kleine Slowenien ins Zentrum der internationalen bieneninteressierten Öffentlichkeit. «Apimondia» ist die Weltföderation der Bienenhalter, 1893 in Brüssel gegründet, in den Anfängen also der Globalisierung. Bereits in Zeiten des Kalten Krieges hat sie im Osten getagt, 1963 in Prag, 1965 in Bukarest, 1971 in Moskau. Wie die Imker es geschafft haben, den Eisernen Vorhang zu überwinden? Das wird vielleicht eines Tages ein junger Historiker erforschen. Vorläufig muss ich mich mit Šivic' Hinweis zufriedengeben, dass Bienen sich schließlich auch nicht um Grenzen kümmern. Die beinahe grenzenlose Reisefreiheit von heute ist für Franc Šivic das allergrößte Geschenk. Dass er sie nutzen kann, verdankt er wiederum den Bienen – das Netzwerk von *Apimondia* hat ihm die ganze Welt geöffnet.

Wir treten hinaus in die Mittagshitze. Franc Šivic flitzt noch einmal ins Haus, ein scharfes Messer muss er noch einstecken.

«Mittag essen werden wir in Šempas!»

Unterwegs erzählt er weiter. Ein kurzes «Jetzt rechts» oder «Gleich kommt die Autobahn», und der Geschichtenstrom geht fort. Von Südkorea ist die Rede, wo im vergangenen Jahr *Apimondia* zusammentraf, «immer dieselben Leute, man kennt sich inzwischen». Von Asien springt er in die Ukraine, dort hat er vor drei Jahren eine Großimkerei besucht und die endlosen Buchweizenfelder bestaunt. Von dort nach Yucatán, «da blüht es das ganze Jahr». Ein Taxifahrer, ein Indianer, hat ihm seine Bienen gezeigt, eine afrikanisierte Rasse, deren Aggressivität Šivic bis dahin nur aus Büchern kannte.

«Und noch interessanter war Kuba!» Beim Reden ist er ständig in Bewegung, Hände und manchmal auch die Füße, sie bahnen sich den Weg durch den Regenwald. «Silvana war dabei. Wir hatten nicht die geringste Ahnung von dieser Gegend. Wir wussten nur, es gibt hier keine Schlangen und keine Tiger. Den Imker haben wir wirklich gefunden, hundert Völker hatte er. Und vierzig Kilo Honig pro Volk! Die Nachbarn sitzen den ganzen Tag herum und singen und haben schlechte Häuser. Nur er nicht, er war der reichste Mann im Dorf. Imker sind alle gleich!»

Was für eine seltsame Internationale! Rumänien, Russland, England, die Revue der Länder nimmt kein Ende, mir wird schwindlig davon. Seine Neugier scheint unstillbar zu sein. Wie erzeugen die Kollegen Rauch, was für ein Brennmaterial stopfen sie in den Smoker?

Plötzlich ist er in Madagaskar. «Ich war dort auf Einladung von Missionaren, nicht wegen der Bienen. Und dann hat mir im Hotel jemand von einem Honigjäger erzählt, also los zu den Wildbienen im Urwald. Er ließ mich zuschauen, wie er ein Stück Wabe aus einer Baumhöhle gebrochen hat, mit bloßer Hand. Es war noch Brut da, und auf einmal sehe ich Varroamilben. So richtig große, dunkle Biester. Niemand hier wusste von den gefährlichen Parasiten und dass diese Bienen bald sterben würden.» Was für ein Schock muss das für den Honigjäger gewesen sein! Schon wird Šivic als Entwicklungshelfer angeheuert, in Slowenien gab es die Varroa schon seit 1980, man hatte inzwischen Erfahrungen, wie man sie mit Hilfe von Säuren in Schach halten kann. «Sie wollten mich für ein Jahr dabehalten!» Das ist ihm dann doch zu viel. Er findet einen jungen Slowenen, der sich im madagassischen Urwald nützlich macht, bis ihn die Malaria niederstreckt.

Und hast du nicht gesehen, ist Šivic in einem anderen Teil Afrikas. Manchmal weiß ich nicht, wo er sich gerade befindet. Ich habe schon Mühe genug, mich im Schilderwald der Autobahn zu orientieren. Nur das Lenkrad zu halten, wie aus dem Nichts ist Wind aufgekommen.

Was ist es, das ihn auf seinen Bienenreisen beeindruckt? Vielleicht ist es das Festhalten an Traditionen? In Ägypten war das sicherlich so. Am Nil hat er, vor langer Zeit, die Wanderimkerei kennengelernt. Kleine Schiffe mit achtzig bis hundert Bienenhäusern aus Lehm und Stroh an Bord, die sich in Ufernähe bewegen, stromab, stromauf, in jeweils neue Tracht-Gebiete. «Wie in Pharaonen-Zeiten, vor fünftausend Jahren», sagt er bewundernd. Ich vermute, es hat ihn mehr beeindruckt als die Pyramiden.

Die Autobahn nach Süden ist fast leer, schon länger sehe ich keine Wälder mehr. Das Gegenlicht ist so grell, dass es in den

Augen brennt, der Wind wird immer stärker. Irgendwo vor uns muss das Meer sein. Am liebsten würde ich anhalten und aussteigen und mir die Füße vertreten.

Der Wind der Geschichte

Doch Šivic ist bei seinem Lieblingsthema: Glavar. In Ljubljana kam dieser Name schon ein- oder zweimal vor. Ein Freund von Šivic, dachte ich zunächst, so herzlich vertraut sprach er von ihm, zugleich ein berühmter Imkerkollege, den ich eigentlich hätte kennen sollen oder müssen.

«Peter Pavel Glavar. Wirklich nie gehört?»

Wie sich herausstellt, ist er ein Mensch des 18. Jahrhunderts, ein Zeitgenosse und Landsmann des Hofimkers Anton Janša, aber «viel, viel wichtiger für Slowenien. Über ihn könnte man mindestens drei dicke Romane schreiben. Ein Findelkind, geboren 1721. Seine Mutter war eine Dienstmagd, sein Vater der Malteserritter Giacomo di Testaferrata, aber das ist nie amtlich geworden ...»

Eine historische Soap, so scheint es: ein Mann geheimnisvoller Herkunft, der mit Hilfe des Vaters, der sich nie zu ihm bekennt, die bestmögliche europäische Bildung genießt und ein Priester wird. Šivic hat Glavars Biographie wohl schon oft erzählt, ganze Reisebusse damit unterhalten. Das kann er glänzend, in vielen Sprachen, und überzeugend, weil die fernsten Orte und Zeiten immer eine Beziehung zu seinem eigenen Leben haben. Dieser hochbegabte, vielsprachige, akademisch wie geschäftlich erfolgreiche Peter Pavel Glavar scheint für ihn eine Art Vorbild zu sein. «Vor allem war er der größte Imker seiner Zeit!»

Ich verstehe das meiste nur halb, sein enthusiastischer Vortrag zieht an mir vorbei. Später lese ich nach, was es mit diesem Glavar auf sich hat, und schäme mich für mein Unwissen. Er war einer der ganz großen Köpfe Europas. Ein Beobachter und Forscher von ähnlichem Kaliber wie Janša, der auf seinem Landgut in Komenda, 25 Kilometer nördlich von Ljubljana, zweihundert Bienenvölker hielt und über das gesamte damalige Bücherwissen in Sachen Bienen verfügte. Vor allem war er ein Aufklärer und Reformer. Er stellte das Land, die bäuerliche Welt, in den Mittelpunkt seines Denkens. Sein Beitrag zur europäischen Aufklärung, könnte man etwas zugespitzt sagen, ist die Imkervernunft. Eine spezielle, wohldurchdachte Fortschrittslogik, die er erfand und auch praktizierte. Etwa so: Bienen helfen den Bauern zu überleben. Für eine moderne, ökonomisch erfolgreiche Haltung müssen sie Fachbücher lesen, zum Beispiel Anton Janšas «Abhandlung vom Schwärmen der Bienen». Weil dieses auf Deutsch verfasst war, übersetzte Glavar es ins Slowenische, und er schrieb an Kaiserin Maria Theresia, sie möge Slowenien eine Imkerschule gewähren. Sie antwortete nicht, also gründete er selber eine, und eine Schule gleich mit und eine Bibliothek, denn auf dem Dorf konnte kaum jemand lesen und schreiben.

Šivic fühlt sich Glavar nahe, er ist ein Urahn, eine Art Heiliger und fast so gegenwärtig wie Papst Franziskus, den Šivic ebenfalls verehrt. So viel begreife ich auf unserer Reise nach Šempas. Er möchte den aufgeklärten Imker in Europa bekannt machen. Schaut her, für uns Slowenen sind er und Janša so etwas wie Schiller und Goethe für die Deutschen. Meine Müdigkeit ist verflogen, ich höre wieder zu.

Noch immer befindet sich Šivic im 18. Jahrhundert. «Wissen Sie, in der Zeit von Glavar, als die Imker noch nicht lesen und schreiben konnten, sind auch unsere Stirnbrettchen entstanden. Mit ihrer Hilfe konnte man sich besser merken, die Bienen im Kasten mit der Gottesmutter haben schon geschwärmt, bei der heiligen Genoveva sind sie krank. Ein Analphabet konnte sich so seine Tagesaufgaben einprägen: Morgen muss ich den Kasten mit dem streitenden Ehepaar kontrollieren. Übermorgen sind der Prophet Jeremias und die Steinigung des heiligen Stefan an der Reihe.»

Auch die Bienen, so glaubte man, könnten sich mit Hilfe der Stirnbrettchen orientieren, erklärt Šivic, also leichter in ihren Kasten zurückfinden. Natürlich sei es dabei nicht nur um Nutzen gegangen, sondern auch um Schönheit, Frömmigkeit und um gesellschaftlichen Rang. Man habe Häuser und Fensterläden, Truhen und Schränke bemalt, warum nicht auch Bienenhäuser. Wer es sich leisten konnte, tat es oder engagierte einen Wandermaler und zeigte den Nachbarn stolz seine neuen Stirnbrettchen – ein Galeriebesuch nach dem sonntäglichen Kirchgang, eines der Rituale, die das slowenische Dorf zusammenhielten.

Unversehens sind wir in einer anderen Landschaft, auf dem Hochplateau über dem Golf von Triest. Für einen Augenblick sehen wir die große Stadt daliegen, dann geht es rechts ab Richtung Udine. Karge steinige Böden, von einer dünnen Grasnarbe überzogen, Gestrüpp, das der Wind zu Boden gedrückt hat, bizarr aufragende Felsen. Ein wenig erinnert mich die Szenerie an die Winnetou-Filme meiner Kindheit, sie wurden nicht weit von hier, in Kroatien, gedreht. Wir sind im Karst – erdgeschichtlich eine gigantische Kalksteinplatte, mit Spalten und Rissen, in der jegliches Wasser, Bäche oder Niederschläge, versickert und unterirdische Höhlen bildet. Das also ist der Sehnsuchtsort des Dichters Peter Handke, sein «Herzland», wie er ihn nennt. Vor vielen Jahren habe ich die zärtlichen, hochtönenden Liebeserklärungen des Kärntner Slowenen gelesen. Wochenlang ist er mit dem Rucksack durch den Karst gewandert, bei Sonne und Regen, selbst an Tagen, wenn die Bora blies, der eiskalte Nordwind, bei dem einem Hören und Sehen vergeht. Aus dem fahrenden Auto erschließt sich davon nur wenig. Hier und da erkenne ich eine Doline, eine grüne, kultivierte Insel, einen Weingarten oder Obstgarten, der etwas tiefer liegt. Eine Art Schüssel, die durch den Einsturz darunterliegender Höhlen entstanden ist und sich mit fruchtbarer roter Erde gefüllt hat.

«Hier hat am 6. September 394 Kaiser Theodosius gegen Kaiser Eugenius gekämpft. Die Autobahn führt uns quer über den Kriegsschauplatz. Ganz Slowenien ist ein Schlachtfeld! Wir sind ein Transitland, Römer, Goten, Hunnen, Langobarden, Venezianer, Türken und wer da alles durchmarschiert ist. Und dann kamen die Habsburger und führten ihre Kriege.»

Ein Slowene erzählt einer Deutschen die Geschichte seines Landes, in der Annahme, dass sie diese nicht kennt. Weil er tausendmal erfahren hat, dass Fremde aus dem Westen und Norden, dem Süden und vielleicht sogar aus dem Osten nicht die geringste Ahnung davon haben, von den Leiden vor allem. Irgendetwas drängt ihn, zu seinem api-touristischen Programm auch noch diese Mission auf sich zu nehmen.

«Slowenien ist ein Massengrab! Allein aus dem Zweiten Weltkrieg haben wir sechshundert Gräberfelder gefunden. Und die meisten Toten sind noch nicht geborgen.» Er sagt es mit Verve, doch ohne Bitterkeit. Möglicherweise ist sein Großvater aus Strahomer, den die Partisanen erschossen, unter den noch nicht geborgenen Toten? Vielleicht denkt er an seinen Vater, der beinahe in einem dieser Massengräber gelandet wäre. Den Polizisten, der sich nach 1945 zum Bautechniker umschulen ließ, um sich und seine Familie nicht noch einmal zu gefährden, und für den Rest seines Arbeitslebens die Sümpfe von Ljubljana trockenlegte.

Bis nach Šempas sind es jetzt nur noch zwanzig Kilometer. Allmählich wird die Landschaft wieder grüner, die Bora und der feine Staub haben sich gelegt. Gleißendes Licht über den Hügeln, man ahnt die Nähe des Meeres. Wie schweigen, jeder hängt seinen Gedanken nach.

Auf der Rückreise nach Deutschland, im Imkermuseum Radovljica, werde ich unerwartet noch einmal auf slowenische Schlachtfelder geraten. In der wunderbaren Sammlung von Stirnbrettchen entdecke ich zwischen Muttergottesbildern und honigschleckenden Bären Motive, die Krieg und Fremdherrschaft darstellen. Mal ganze Heere, die aufeinandertreffen, mal blutige Nahkämpfe. Da fliegt ein abgeschlagener Kopf durch die Luft, und der Geköpfte reitet weiter, von zwei gehörnten roten Teufeln eskortiert. Besatzung ist das andere großes Thema, immer wieder taucht der Osmane auf. Als Kindsräuber und Plünderer oder klischeehaft, in seiner kulturellen Andersartigkeit: Hier der Muselmane mit Turban und Wasserpfeife, dort der slowenische Bauer mit Zipfelmütze, breitbeinig auf einem Weinfass hockend. Die Bienenhausgalerien aus dem 18. und 19. Jahrhundert erzählen, wie präsent der Krieg war, als Erfahrung und im Gedächtnis der Dörfer.

Fast ein Garten Eden

Das Grundstück liegt etwas abseits von Šempas auf einer Anhöhe. «In zehn Kilometer Umkreis ist keine Industrie», sagt Šivic stolz und springt zum Tor, ganz offensichtlich froh, endlich hier zu sein. Ein paar Schritte, und wir sind im kühlen Schatten alter Bäume. Mein erster Blick fällt auf das große bunte Bienenhaus, in dessen Rücken schließt sich ein ausgedehnter Obstgarten an. Es duftet nach reifen Früchten, Feigen vor allem, intensiv süß und ein wenig faulig. Linker Hand ein eingezäuntes kleines Feld mit Wassermelonen, am Rand hochgewachsene, fast ausgedörrte Tomaten. Šivic zückt das Messer und beginnt schon mal, fürs Mittagessen zu ernten.

«Am Anfang war der Obst- und Gemüsegarten», erzählt er. «Einige der Bäume waren schon vorher da und sonst nicht allzu viel.»

Eine lange Geschichte, die im Gehen und auch mit den Händen erzählt werden muss: Im Frühling 1969, dem ersten seiner Ehe, fängt er an, hier zu schaffen. Selbstversorgung ist das Ziel, gesunde Lebensmittel ohne Pestizide, was bedeutet, dass er einmal in der Woche von Ljubljana anreisen muss und sich für einen ganzen langen Tag in einen Bauern verwandeln. «Heute machen wir es zu zweit, Silvana und ich. Samstags arbeiten wir hier wie die Verrückten, bis es dunkel wird.» Zehntausend Quadratmeter Land, dazu die Bienen, die versorgt werden wollen. Derzeit etwa vierzig Völker, früher waren es noch viel mehr, sechzig oder sogar achtzig.

Jenseits des Melonenfeldes erstreckt sich der jüngere Teil, eine Art botanischer Garten, erst nach 1991 ist er entstanden. Šivic legt ihn an, kurz nachdem Slowenien Republik geworden ist. Mit Freiheit und Demokratie hat das Projekt wohl nichts zu tun, zumindest nicht direkt. Vielleicht ist es damals einfach Ausdruck seiner unbändig guten Laune? Zunächst kauft er Akazien vom Forstinstitut Gödöllö in Ungarn, Beziehungen hat er ja mehr als genug. Seitdem kommt jährlich etwas Neues hinzu. Es gedeiht hier gut, so scheint es. Alle paar Meter ein Baum, ein Bäumchen, eine Esche, verschiedene Weiden, Bergahorn und eine zartgliedrige Vogelkirsche. Wir spazieren von einem zum anderen. Eine kleine Erle, dort eine Robinie, daneben eine junge Fichte, gegen Wildverbiss mit Maschendraht geschützt. Von jedem ein Exemplar, ein Schild nennt den Namen in fünf Sprachen: Lateinisch, Slowenisch, Englisch, Deutsch und Italienisch.

Šivic bleibt an einem großblätterigen Strauch stehen, der gerade Früchte trägt, wie grüne Papageien sehen sie aus.

«Schauen S', eine syrische Seidenpflanze. Und das ist der Bienenbaum, Evodia, den kennen Sie bestimmt.»

Die reich blühenden weißen Dolden werden von Bienen nur so umlagert.

Kaki und Honig – ein Familienfrühstück in Slowenien

Wie das Leben so spielt: Ein Zufall und noch einer, ein dritter vielleicht, und plötzlich ergibt sich daraus ein neuer Sinn. Manchmal auch ein Rezept, das zufällige Begebenheiten zusammenfasst und beim Essen immer wieder in Erinnerung ruft.

Franc Šivic war sechs, als er bei seiner Großmutter auf dem Land die Bienen entdeckte und sofort beschloss: Eines Tages würde er Bienen halten. Mit sieben hatte er ein ähnlich nachhaltiges Erlebnis, fast noch wundersamer als das erste, angesichts der unruhigen, armen Zeiten. Im November 1947 war es, er weiß es noch genau, in seiner Heimatstadt Ljubljana:

«Ich war in der ersten Klasse und hab in der Wiener Straße auf meinen Schulbus gewartet. Da gab es einen Laden, und im Schaufenster hab ich die exotischen Früchte gesehen. So groß wie Tomaten, in einem leuchtenden Orange. Kakis! Was ist das? Ich wollte unbedingt davon kosten, und dann war es um mich geschehen. Jeden Tag hab ich mir für die vier Dinar, die mir meine Mutter in den Wintermonaten für den Schulbus gab, zwei Kakis gekauft. Und lief dafür zu Fuß zur Schule, dreieinhalb Kilometer hin und auch zurück, bei Regen und Schnee.»

Seither ist Franc Šivic süchtig nach dieser Frucht. Ursprünglich stammt sie aus China, ihr Gattungsname lautet «Diospyros», was nichts weniger bedeutet als «Götterfrucht». In Ljubljana hätte er die wärmeliebende Kulturpflanze niemals anpflanzen können, aber dann kam ein dritter Zufall ins Spiel: Die Frau, die er liebte, war eine Bauerntochter und hatte ein Stück Land im Süden Sloweniens, nahe der Adria. Gleich nach der Hochzeit mit Silvana pflanzte er dort einige Kaki-Bäume, und sie wuchsen und gediehen prächtig. Bald teilte Silvana seine Leidenschaft, später auch der Sohn, die Tochter. Sage und schreibe dreihundert Kilo ernten sie heute im Jahr.

Nicht von ungefähr stehen Kaki-Bäume und Bienenhäuser im Herzen des großen Gartens, direkt nebeneinander. Wie auch immer sie in der Familiengeschichte zusammenfanden – Honig und Kaki gehören seit langer Zeit zum gemeinschaftlichen Frühstück. Die Süße der zerteilten, ungeschälten Früchte, die an Aprikosen, mal an Pfirsich oder Melone erinnert, verbindet sich mit der Honigsüße zu einer köstlichen Speise, die in größeren Mengen genossen sogar satt macht. Oder sie sind Basis für anderes, das je nach Geschmack und Jahreszeit hinzukommt: Nüsse und Birnen, Orangen, eine Handvoll Beeren. Haferflocken können dazwischengemischt werden, dann wird das Ganze zum Müsli. Als Krönung ein Teelöffel Blütenpollen – im Bienenland Slowenien ein ziemlich normales Nahrungsergänzungsmittel, dem allerhand therapeutische Wirkung nachgesagt wird, aber geschmacklich nicht jedermanns Sache ist.

Beneidenswert, wer die Kakis selbst vom Baum pflücken kann, wenn sie im Spätherbst reif sind. Zwei, drei Monate können die Šivics sie frisch essen, der Rest der Ernte wird portionsweise eingefroren. Hierzulande kann man zwischen November und März mit etwas Glück schmackhafte Kakis im Supermarkt kaufen. Häufig auch die veredelte, dünnschalige Züchtung aus Israel, die sich Sharon-Frucht nennt. Sollte die Kaki noch hart sein, einfach zu Hause nachreifen lassen. Im Zweifelsfall gleicht ein wenig mehr Honig die Gerbstoffe und den Mangel an Aromen aus.

Für mich sind die leuchtenden Kakis mit regionalem Blütenhonig meine Wintersonne, wenn sie sich im deutschen Norden lange nicht zeigt. Und dann denke ich an Franc Šivic, einen der glücklichsten Menschen, die mir je begegnet sind.

«Alles ganz einfach», sagt Šivic.

Die Idee und ihre Realisierung, im Grunde sei dies die logische Konsequenz des Imkerns: eine Bienenweide zu schaffen vom allerersten Frühlingstag bis in den späten Herbst, ein möglichst lückenloses Angebot an Pollen und Nektar. Heutzutage hungern nämlich die Bienen ab Ende Juni, und dann muss man Zuckerwasser füttern. Auch jetzt, im Spätjahr, wenn die Bienen Vorräte für den Winter anlegen, ist oft Mangel. Ein Kräutergarten gehört natürlich dazu, sonnenexponiert, an der Außengrenze des Grundstücks. Rosmarin und Thymian, Lavendel, Salbei, Kamille, Borretsch, Johanniskraut, Wermut, Minzen, gemischt mit Zierpflanzen. Zwischen den vertrockneten schwarzen Köpfen des Sonnenhuts strahlt das helle Lila der Herbstastern. Diese Vielfalt Gästen vorzuführen ist von Anfang an Šivic' Plan gewesen, den Imkerkollegen, Journalisten und Fans seiner Fotos, Freunden aus dem nahen Italien. Was hat der Schöpfer für die Bienen bereitgestellt! Oder, im Jargon der Umweltpädagogik, wie sollte die Natur beschaffen sein, die sie brauchen.

«Fast ein Garten Eden, wären nicht die Bora und die Trockenheit.»

Hell und steinig ist die Erde. Der Regen versickert schnell, wenn er denn überhaupt kommt. «Hier braucht man unbedingt einen guten Brunnen.» Šivic setzt die Pumpe in Betrieb, ein ausgeklügeltes Bewässerungssystem, «innerhalb von drei Stunden ist alles nass.» Mit einer kleinen Kopfbewegung deutet er nach Osten, in die Landschaft. Alles braun, so weit das Auge reicht.

«Dort ist Palästina, hier ist Israel.» Er schmunzelt. «Ich hab das mal von oben gesehen, ein Freund hat mich mit dem Kleinflugzeug mitgenommen. Wie eine Oase!»

An dieser Stelle übrigens, wo wir gerade stehen, hat er das Foto von der herabgefallenen Bienenkönigin und ihrem sterbenden Galan gemacht. Der Sammelplatz der Drohnen, hoch über dem Brunnen, sei ihm schon bekannt gewesen. Im Mai, in der Zeit der Hochzeitsflüge, habe er jahrelang immer wieder dieses Gelände inspiziert.

Seit dem Morgen haben wir nichts gegessen. Er pflückt, ich halte die Pappschachtel, im Nu ist sie voll mit Trauben, Äpfeln, Birnen, grünen und blauen Feigen. Noch bevor mein Gastgeber aus dem Kanister Wasser über meine schmutzigen Hände gießen kann, greife ich zu. Franc Šivic breitet derweil die Köstlichkeiten auf einer großen Baumscheibe aus und zerteilt die Wassermelone, so rot und safttriefend kenne ich sie nur aus dem Orient. Wir schmausen, wortlos. Eine kleine schwarz-weiße Katze gesellt sich zu uns. Wohlige, träge Stille. Nur hier und da der hohe Pfeifton einer Amsel, ein Knacken im Baum über uns. Im Hintergrund summen leise die Bienen, nicht das kleinste Geräusch aus irgendeiner Zivilisation.

«Leider fehlen die Kakis, die sind erst Anfang November reif.»

Ein kleiner Seufzer und wieder Schweigen. «Mögen Sie vielleicht Pollen über die Früchte?» Auf einmal hat er seine Sprache wiedergefunden.

«Frisch ist er am besten, der löst sich im Mund auf, sehr gesund. Und gut für die Prostata. Mein Urologe hat bei mir vor ein paar Jahren ziemlich hohe PSA-Werte entdeckt. Statt der Tabletten hab ich es mit Pollen versucht, ein großer Löffel pro Tag. Mein PSA ist von 4 auf 1, 3 gesunken.» Er preist die heilende Wirkung von Pollen, Honig, Propolis, Bienengift, spricht vom wiederentdeckten alten Wissen der Slowenen.

«Api-Therapie ist die Zukunft! Wir sind erst am Anfang!» In der Imkerei sieht er den Schlüssel für viele Probleme unserer Zeit, nicht nur medizinische.

«Denken Sie an die Flüchtlinge und was die Deutschen machen, von ihnen kann man etwas lernen.»

Erwartungsvoll schaue ich ihn an. «Was meinen Sie?»

Er meint das Projekt «Imker für Imker in Äthiopien», das die Redaktion des Deutschen Bienenjournals vor ein paar Jahren ins Leben rief. Patenschaften für Jungimker, «die meisten sind Frauen. Mit hundert Euro und modernem Know-how können sie zu Hause eine Existenz gründen. Und müssen nicht nach Europa auswandern.»

Die großartige Idee könnte von Peter Pavel Glavar stammen. Nur dass die Welt von heute eine ganz andere ist. Die Skepsis steht mir auf der Stirn geschrieben. Jetzt wäre es an der Zeit, von Šentilj und dem verstörten alten Priester zu erzählen. Doch Šivic redet gegen meine Zweifel an, er führt noch einmal einen großen Namen ins Feld.

«Wissen Sie, mein Freund Renato Garibaldi hat eine große Imkerei nördlich von Udine. Ja, aus der Familie! Ein Nachkomme des Partisanen und Freiheitshelden Garibaldi! Und ein guter Katholik. Seit vielen Jahren lädt er junge Patienten aus der Psychiatrie ein, bei ihm eine Imkerausbildung zu machen. Und jetzt Flüchtlinge aus den Lagern in Triest. Das Leben mit der Natur ist gut gegen Traurigkeit. Keine Handys. Verantwortung, Pünktlichkeit, Tischgebet.»

Kein Tag für politische Diskussionen. Warum auch? Warum das gute Leben im Schatten der Bäume stören? Auch wenn Franc Šivic sie nicht ausspricht, seine Gedanken sind nicht schwer zu erraten: Lasst uns Slowenen unsere kleine Welt. Das Glück der Freiheit genießen, den ganz normalen Alltag, das Europa, von dem wir so lange geträumt haben.

Bevor wir aufbrechen, geht er zum Bienenhaus. Minutenlang steht er im brummenden Flugverkehr. Er hat die Brille abgesetzt und beobachtet mit zusammengekniffenen Augen die Einfluglöcher. Weiße Pollenhöschen, stellt er fest, die Bienen sind also im Efeu unterwegs. Gut so, der wird noch bis zum Beginn des Winters blühen.

Reif für die Insel

Gotländische Hoffnungen

«Dreieinhalb Arbeitsstunden pro Volk und Jahr! Alles in allem, so viel braucht der professionelle Imker und nicht mehr. Bei einhundertfünfzig Völkern sind das um die fünfhundert Stunden.»

Rechnet Simon Höjeberg vor. «Über den Daumen gepeilt sind das sechzig Werktage.»

Wir reden Englisch miteinander. In der Sprache der internationalen Geschäftswelt breitet der Imker vor uns sein Business aus: Marketing hat oberste Priorität, es koste mehr Zeit als das Produkt selbst, sprich der Honig. Modernes Design ein absolutes Muss. Stolz zeigt er auf die lilafarbenen und grünen Etiketten, die zum Aufkleben bereit auf dem Tisch liegen. Effizienter Vertrieb, also Direktverkauf, Supermärkte natürlich. Transport, ein Großteil der süßen Ware muss von der Insel aufs Festland. Um die Kosten zu senken, sei er auf Plastikgläser umgestiegen.

«Honey is the liquid gold of nature.» Poetischer kann man ökonomische Thesen nicht ausdrücken. Der Satz stammt von seinem Lehrmeister, einem gewissen Åke, dem Simon Höjeberg viel verdankt. «Honig ist das flüssige Gold der Natur.» Leichter und schneller zu haben als Öl oder Holz, das braucht viel mehr Zeit und noch mehr Kapital.

«I love beekeeping!»

Etwa fünfzig ist er, blond und blauäugig. Schwarzes T-Shirt, Jeans und Sneakers, wie erfolgreiche Unternehmer eben heute aussehen. Ganz gelegen kommt Simon Höjeberg der Besuch aus Deutschland nicht, er muss dringend Thymianhonig vom Vorjahr abfüllen, aber eine kleine Verkostung ist allemal möglich.

«Riecht mal!» Er öffnet den Edelstahl-Bottich einen Spalt breit.

Der Kräuterduft ist überwältigend. «Wie in der Provence!»

«Besser!»

Aus Probiertöpfen serviert er verschiedene Honigsorten auf einem Tellerchen.

«Und? Was ist das? Ratet mal.»

Der Mann ist auch ein Gourmet und ein geübter Verführer. Im früheren Leben hat er Koch gelernt und das eine oder andere Restaurant geleitet. Plötzlich haben wir den Orient auf der Zunge, ein starkes Gewürz, das uns an Istanbuls Basare und die Kaffeehäuser von Haifa erinnert.

«Kardamom!»

«Bingo! Das ist der neue Trend!» Mit Kardamom aromatisierter Rapshonig, cremig gerührt, wie genau, das ist Betriebsgeheimnis.

«Meine Frau Magdalena hatte diese Idee.» Damit ist er beim letzten Aspekt seines Unternehmensmodells angelangt, den personellen Ressourcen: Das ganze Kalkül, die viele Arbeit mitsamt ihren Risiken, sei ohne Mithilfe der Familie nicht denkbar.

«Unsere beiden Söhne gehen noch zur Schule. Der eine liebt Bienen. Der andere hasst sie und tut sich schwer, seine Angst zu überwinden.»

Vor ungefähr acht Jahren haben die Höjebergs, die bis dahin in Stockholm lebten, ihre städtische Existenz an den Nagel gehängt und etwas Neues begonnen: Berufsimkerei auf Gotland.

«Hier ist so viel Sonne wie nirgends in Schweden. Gut für Bienen.»

Unterwegs nach Visby

Die Insel zwischen dem schwedischen Festland und dem Baltikum war für mich bislang nur ein ferner, ein geschichtlicher Schauplatz. Visby der Name einer Stadt, die zu Zeiten der Hanse Drehscheibe des Ostseehandels war, teils Kaufmannskontor, teils Seeräubernest. Und wäre nicht unser Freund Walter Kommissar in einer Krimiserie, die in jedem Frühling auf Gotland gedreht wird, hätte ich niemals Sehnsucht nach diesem nordischen Eiland bekommen. Die Szenerie, in der die sympathischen, zuweilen auch abstrusen Plots spielen, war einfach großartig. Diese steinigen Strände mit ihren bizarren Kalkfelsen, wo die Mörder ihr Unwesen treiben, die lichten Wälder, durch die Polizeiautos flitzen, gefielen meinem Mann und mir sehr. Die Wehrmauern rund um Visby und die Kirchenruinen vor allem – kraftvolle, geradezu magische Orte. Allmählich verstanden wir, warum Walter diese Inselmonate genießt. Und überlegten ernsthaft, seine Einladung nach Gotland anzunehmen, doch irgendwie kam immer wieder etwas dazwischen.

Dann begann meine Expedition zu den Imkern Europas. Und eine der ersten Entdeckungen war, dass Gotland in der Topographie des modernen Bienenhalters eine wichtige Stellung einnimmt. «Sie kennen das Gotland-Experiment nicht?» – «Nein», musste ich zu meiner Schande gestehen.

Es handelt sich um ein Forschungsvorhaben, das um die Jahrtausendwende große Hoffnungen weckte: dem Bienenschädling Nummer 1, der gefährlichen Varroamilbe, doch noch beizukommen. Schon jahrelang versuchten die Imker, sie durch Chemie und Säuren in Schach zu halten – mit zweifelhaftem Erfolg, die Nebenwirkungen waren beträchtlich, außerdem entwickelten die Biester Resistenzen. Nun hatten sich Wissenschaftler aus Schweden, Deutschland und der Schweiz ein Projekt ausgedacht, das auf eine genetische Lösung des Problems zielte. Hundertfünfzig Bienenvölker sollten ausgesetzt und für einige Jahre sich selbst überlassen werden. Wie kommen sie mit der Varroa klar, wenn der Mensch nicht eingreift? Und weil Versuche mit Bienen auf einer Insel bekanntlich besser zu kontrollieren sind, brachte man sie nach Gotland.

Gotland also. Vor genau einer Woche sind wir, mein Mann Winfried und ich, in Stockholm gelandet. Unter uns, im letzten Abendlicht, sahen wir die Schärengärten liegen – unzählige Landzungen, unbewohnte Inseln und Inselchen, die mäandernden Wasserläufe und das Meer glänzten golden. In diesem Gelände braucht der Imker ein Boot, dachte ich.

Stockholm, das wir in diesen ersten Apriltagen erlebten, war unfassbar entspannt. Ruhig und gediegen wie eh und je, sauber und wohlgeordnet, angesichts der Turbulenzen in Europa hatte es beinahe etwas Unwirkliches. Die Busse hier fahren leise. Niemand brüllt in sein Handy, außer den Touristen. Der Fahrradfahrer findet an jeder Ecke eine öffentliche Luftpumpe. Kleine Dinge, die das Leben angenehm machen, werden wichtig genommen. Und wenn nach Feierabend junge Banker auf dem Stureplan – bei nur acht Grad plus, zur Musik eines Jazz-Pianisten – Champagner trinken, hat das nichts Provozierendes. «Refugees welcome!» ist vielerorts zu lesen, «Flüchtlinge willkommen!». Es gibt nicht wenige in der Stadt – Syrer, Iraker, Afghanen, ihre dunklen Gesichter fallen auf. Doch ihr Habitus, so schien uns, hat sich dem der Schweden irgendwie angeglichen.

In den Bäckereien und Museumscafés roch es nach Kardamom. Als wir in der Cafeteria des «Moderna Museet» wieder eine dieser klebrig-süßen Schnecken orderten, fragten wir die blonde Studentin hinter der Theke.

«Kardamom is very common in Sweden.» Sie schien äußerst

verwundert, dass wir dies nicht wussten. Die Wikinger hätten das Gewürz hierhergebracht, nachdem sie bis Konstantinopel vorgedrungen waren.

Wie üblich schwelgten wir in der klassischen Moderne, Picasso, Matisse, Munch, landeten dann eher zufällig im Untergeschoss des Museums, in einer faszinierenden Ausstellung über schwedische Roma: Fotos von Anna Riwkin und Bo Langhammer aus den 1950er und 1960er Jahren, die den missglückten Versuch dokumentieren, den Fahrenden Wohnung, Bildung und andere Segnungen des Wohlfahrtsstaates aufzunötigen. Und ich fragte mich, ob Roma Bienen halten.

Seltsam, wie ein neues Thema die Sichtweisen verändert. Imkernde Roma? Schon die Frage wäre mir früher absurd erschienen. Wer Bienen hält, sollte sesshaft sein. Imkerei gehört logischerweise nicht zu den traditionellen Handwerken der Roma. Vielleicht hat es das trotzdem hier und da gegeben?

Beim Spazieren durch Stockholm bemerkten wir auf einigen Dächern Bienenkästen. Auf dem Klara-Friedhof fanden wir zwei, als wir nach dem Gedenkstein für den Dichter Carl Michael Bellman suchten, dessen Lieder wir seit Schülerzeiten lieben. Sie standen windgeschützt, mit dem Rücken zu einem Granitfelsen. Wegen der anhaltenden Kälte flogen die Bienen noch nicht. Ich legte ein Ohr an die Seitenwand und glaubte, ein Summen zu hören. Zwei, drei Sekunden, ein leises stimmhaftes Vibrieren, dann wurde es wieder vom Geschrei der Möwen übertönt, das die Stadt am Meer beherrscht.

Zuweilen amüsierten wir uns über die neue Obsession, unsere «Bienenbrille». Es lohnte sich meistens, sie aufzusetzen. Im Vasa-Museum zum Beispiel lasen wir, ganz entgegen unserer Gewohnheit, ausgiebig die historischen Dokumente. Und siehe da, laut Proviantliste hatte das legendäre Kriegsschiff, das 1628 bei seiner Jungfernfahrt sank, Honig an Bord.

Wir statteten Carl von Linné einen Besuch ab. Einen halben Tag verbrachten wir im Naturhistorischen Museum, durchstöberten Säle mit ausgestopften Vögeln, Säugetieren und Fischen, erfreuten uns an den sorgsam präparierten Insekten, die auf feinen Grashalmen, Moosteppichen oder Zweiglein mit getrockneten Beeren zur Schau gestellt waren. «Artenvielfalt» lautete die Überschrift dieser Abteilung, wir kamen uns vor wie in einem begehbaren Bilderbuch der Schöpfung. Mittendrin Meister Linné – als Wachspuppe mit gepuderter Perücke und rotsamtenem Gehrock. Gott hat die Welt erschaffen, ich habe sie geordnet, soll der schwedische Naturforscher von sich gesagt haben. Im 18. Jahrhundert hat er die damals bekannte Flora und Fauna erfasst, in eine zoologische und botanische Systematik gebracht und alles und jedes mit Namen versehen.

In seinem «Systema naturae» hat er, im Jahr 1758, auch die Honigbiene beschrieben. «Apis» nannte er die Gattung, so heißt Biene auf Latein, der universellen Wissenschaftssprache. «Apis mellifera» ist in der Klassifikation von Linné die westliche, also unsere europäische Art. «Mellifera» bedeutet «die Honig Eintragende». Was nicht ganz stimmt, wie Linnés jüngerer Bruder Samuel, der Imker war, seinerzeit kritisch bemerkte. «Mellifica», die «Honig Machende», wäre treffender. Weil nach seinen Beobachtungen Bienen keinen Honig sammeln, sondern einen süßen Saft und diesen in einer langen Prozedur zu Honig verwandeln. Später korrigierte man den Namen in diesem Sinne, letztendlich jedoch entschied sich die Wissenschaft, dem berühmten Carl zu folgen, nicht Samuel, dem Praktiker, der recht hatte.

Im Museumsshop fand sich eine illustrierte Ausgabe von Linnés großen Reisen. Darunter etwa zwanzig Seiten Tagebuchnotizen, die er im Sommer 1741 auf Gotland anfertigte. Lektüre für den Flug nach Visby. Während die kleine Maschine in den wolkenverhangenen Himmel aufstieg, versetzte ich mich seine Welt: eine Schiffsreise voller Strapazen und Gefahren, Gotland per Pferdewagen und meistens zu Fuß. Einen guten Monat lang durchquert Linné mit seinen Gefährten die weitläufige Insel, sie beobachten und katalogisieren Seevögel, auf seltene Exemplare schießen sie und ärgern sich nach Jägerart, wenn sie den schwarzen Sperling verfehlen. Zwischendurch müssen die Männer einen Tag pausieren, um ihre zerrissenen Kleider zu flicken. Dann wieder wird eifrig botanisiert, in Worten und mit dem Zeichenstift skizziert, was ihnen in die Quere kommt, Manches davon wird eingesackt. Zum Beispiel Bärlauch, *Allium ursinum*, das sie auf dem schwedischen Festland noch nie gesehen haben. Große Freude löst das Heideröschen aus, *Cistus caule procumbente*, das Linné bislang nur aus dem französischen Fontainebleau kennt. Oft fragen die Forscher die Bauern, bei denen sie übernachten, wie sie dieses oder jenes bezeichnen und wozu es nütze ist. Zum Rotklee, *Trifolium pratense*, sagen sie «Honungsblomster» – «Honigblume», ein Hinweis auf reiche Bienennahrung.

Bienenstöcke bekommt die Expedition überraschenderweise nicht zu Gesicht. Vielleicht ist es gar nicht möglich, hier Bienen zu halten, mutmaßt Linné. Dazu notiert er eine Geschichte, die ihm jemand erzählt – von einem Bischof, der mal Völker vom Festland hergebracht hat, die nicht lange überlebten. Womöglich weil in Visby «die Bienen täglich einem starken Wind ausgesetzt gewesen seien und die Schwärme die Möglichkeit gehabt hätten, in die vielen alten Kirchen und Türme zu fliehen».

Auf dem Rückweg wären die Forscher mitsamt ihrer Beute beinahe ertrunken. Bei «wütender See» verlassen sie Ende Juli den Hafen von Visby. «Die Wellen tobten, die Takelage barst, unsere Herzen füllten sich mit Verzweiflung, und wir legten unser Schicksal in Gottes Hände.»

Heute beträgt die Entfernung zwischen Gotland und Stockholm gerade mal eine drei viertel Flugstunde. Walter und seine Frau Sigrid holten uns in Visby-Airport ab. Wie lange hatten wir uns nicht gesehen?

«Willkommen! Gotland ist noch entspannter als Stockholm.» Und so sahen die beiden auch aus, wie Ferienkinder.

Keine zehn Minuten, und wir waren in der Hästgatan, am Rande der Altstadt. Aus dem Küchenfenster der Wohnung, die sie für die Zeit der Dreharbeiten gemietet haben, blickt man auf eine der Kirchenruinen, von denen Linné vor mehr als zweihundertfünfzig Jahren schrieb. Der Stumpf des Turms, den ein vom Wind zersauster, kahler Busch krönt, kam uns irgendwie bekannt vor.

«Simon Höjeberg hat sich gemeldet», stand auf dem Zettel, den die Freunde uns aufs Bett gelegt hatten.

Simons Welt

So imposant hatten wir uns Visby nicht vorgestellt. Im Dunst des frühen Morgen – kaum ein Mensch ist unterwegs – ist es am eindrucksvollsten. Mit jedem Schritt, den wir auf dem Katzenkopfpflaster machen, entfernen wir uns von der Gegenwart. Von der Meerseite aus haben wir ungefähr das Panorama vor Augen, das sich den Gotlandfahrern bot, wenn sie sich mit ihren Schiffen näherten: eine gewaltige Stadtmauer, hinter der die Giebel der Wohnhäuser wie kleine spitzige Hüte hervorschauen, hoch überragt von den Türmen der deutschen Kaufmannskirche St. Marien, die damals, in der Hochzeit der Hanse, jeder kannte, Freund wie Feind.

Eine Trutzburg nach außen, im Inneren Geborgenheit. Man kann sie heute noch nachempfinden. Sobald man durch eines der Stadttore tritt, fühlt man sich beschützt. Kein Wind pfeift mehr, in den Gassen werden Ohren und Nase allmählich warm. Morgen für Morgen streifen wir durch die große Vergangenheit Visbys. Sie ist ungewöhnlich gut erhalten, die Kontore und Speicher der Kaufleute aus Lübeck, Riga oder Nowgorod sind eher praktisch als prächtig. Tafeln weisen auf die ehemaligen Besitzer hin und erzählen Geschichten aus dem 13. und 14. Jahrhundert, vom weitgespannten Handel: Tuche und Waffen, Wein und Salz aus Westeuropa gegen Pelze, Bernstein und Wachs aus dem Baltikum. Für den Austausch zwischen West und Ost war Gotland wie geschaffen, der lange direkte Weg über die Ostsee wäre kaum machbar gewesen ohne die Zwischenstation zum Rasten, Warenlagern, für Kauf und Verkauf. Nowgorod, das östlichste Kontor der Hanse, bewahrte sogar seine Kasse in Visby auf, weil sie dort sicherer schien als zu Hause.

Alles ist bewohnt, wird genutzt – Visby ist kein Museum. Die Häuser der heimischen Gotländer, die immer schon selbstbewusst mit den Fremden umgingen, so heißt es, sind heute in warmem Rot oder ockergelb gestrichen und wirken beinahe mediterran. Ebenso die Gärtchen, in denen gerade die Rosen austreiben. Die Fenster zur Straße sind oft kleine Galerien. Da werden Taue und Sturmlaternen ausgestellt, mal das Modell einer Kogge, des wehrhaften, einmastigen Segelschiffs. So kommunizieren die Bewohner mit den Besuchern aus aller Welt. Die Geschichte ist das Lebenselixier der schwedischen Provinzstadt, ihrer 22 000 Einwohner, sonst müssten sie fortgehen oder verhungern. Sogar die Zeugen des Niedergangs der Hanse hat man sorgsam konserviert – die Kirchen und Klöster, die nach der Reformation, im Jahr 1525, durch einen Angriff der Hansestadt Lübeck und nachfolgende Scharmützel weitgehend zerstört wurden, danach als Steinbrüche oder Kuhställe benutzt.

Wohin wir uns drehen und wenden, immer ist eine dieser Ruinen im Blick, Sankt Olaf oder Sankt Nikolai, Sankt Clemens oder Santa Karin, deren Langschiff Kriege und raue Wetter komplett überlebt hat und den heutigen Marktplatz beherrscht. Bald kennen wir sie alle. Ohne die Fragmente von Chorgewölben, Türmen und Säulen, die gotischen Fenster, durch die der eisblaue Himmel guckt, wäre das perfekt restaurierte Visby vermutlich eines dieser mittelalterlichen Disneylands, nur Kulisse für Musikfestivals und Kommerz. Noch sind die meisten Cafés geschlossen, die Besitzer der Läden dekorieren noch ihre Auslagen, Keramik, Schafswollenes, Kräuter und Gewürze, Honig. In diesen Tagen werden die Toilettenhäuschen überholt, nirgends in Europa haben wir so viele gesehen wie in Visby.

Um die Österport herum markiert rot-weißes Flatterband den Drehort für «Der Kommissar und das Meer», auch das gehört zur Jahreszeit. Walter und seine schwedische Partnerin Frida sind in Visby bekannt wie bunte Hunde. «Haben Sie von unserem deutschen Kommissar gehört?», werden wir im Krukmakerens Café gefragt, im Käseladen, überall. «Wir mögen das hier. Schon Pippi Langstrumpf ist bei uns gedreht worden.»

Unsere Gänge durch Visby werden langsamer, wir trudeln umher ohne Plan. Oft sitzen wir an der alten Stadtmauer und lassen uns den Rücken von den sonnengetränkten Steinen wärmen. Oder in der Kirchenruine von Sankt Hans, wo das Café gerade aufgestuhlt hat, inmitten von efeuumrankten Mauerresten, in dem die Spatzen wohnen. Glücklich und zufrieden, dass Simon Höjeberg sich nicht meldet, in Erwartung des Abends in der Hästgatan, der Gespräche mit unseren alten Freunden

«Tomorrow?» Er ist es. Simons Stimme ist schwer zu verstehen. «I am in Stockholm, my ferryboat …» Die Fähre nach Visby lege gerade ab. Morgen um elf würde es passen, er erwarte uns in Roma, fünfzehn Kilometer südöstlich der Hauptstadt. «An der Klosterruine vorbei. Dann durch den Ort durch, Lövsta heißt der Platz. Ihr findet mich in der alten Zuckerfabrik.»

Landeinwärts ist Gotland ziemlich unspektakulär. Links und rechts der Straße Wald, später Getreidefelder, großräumige industrielle Landwirtschaft. Hin und wieder Wiesen, auf denen Schafe grasen, langohrige zottelige Wesen mit schwarzen Gesichtern. Das alte Zisterzienserkloster ist nicht zu übersehen, auch hier sind die Ruinen Landmarken. Und damit man Roma nicht mit der italienischen Hauptstadt verwechselt, wird es postalisch seit einiger Zeit Romakloster genannt. Unser Navi weiß das bereits, es ist up to date, was in der Pampa ungemein beruhigend ist. Der Ort: ein paar Dutzend verstreute Häuser, eine Mall mit Parkplatz und ein ziegelgelbes, riesenhaftes Fossil – die stillgelegte Zuckerfabrik. Früher einer der größten Betriebe der Insel, heute Business-Center für dies und das, Whiskey, Computer, Kleinmöbel, Honig. Simon Höjeberg hat hier zwei Räume gemietet.

Einen Vortrag über Ökonomie war das Letzte, das wir erwartet hätten. Wie bereits eingangs erzählt, erläutert er uns sein Geschäftsmodell in all seinen Details. Alles hat er genauestens durchdacht und berechnet, bevor er mit der Imkerei loslegte.

«Vor allem die Lage: Gotland ist ein Super-Standort!» Von der Zahl der Sonnenstunden angefangen bis zur gotländischen Mentalität.

«Wir Gotländer sind eigensinnig. Wir sagen, wir fahren nach Schweden, wenn wir aufs Festland wollen.»

«Sie sind doch gar kein Gotländer!»

Simon Höjeberg lacht. Tatsächlich ist er aus Stockholm gebürtig, ein Wahl-Gotländer höchstens. Und eigentlich ist das ganze Unternehmen weder geplant gewesen noch wirklich rational. Sondern eher ein Zufall oder eine Fügung, die sich aus verschiedenen biographischen und gesellschaftlichen Koordinaten ergab, letztendlich aus einem Kindheitstraum. Seine Eltern, erzählt er, hatten in den 1950er Jahren ein altes Bauernhaus im Süden Gotlands gekauft.

«Jeden Sommer waren wir hier. Es war wunderbar. Das Meer und die Landschaft. Wir waren frei. In den sechziger Jahren gab es in jedem Dorf noch eine Schule und einen Bäcker, sogar eine Bibliothek, wo wir Bücher ausleihen konnten.»

All dies gebe es heute nur noch in Visby. Der Kontrast zwischen Stadt und Land sei groß.

«Fast wie in alten Zeiten. Warum brauchte Visby im Mittelalter so eine hohe, starke Mauer? Nicht gegen seine äußeren Feinde, sondern gegen die Bauern auf der Insel!»

Er spielt auf einen historischen Konflikt an, ein besonders dunkles Kapitel der gotländischen Geschichte. Damals erpresste Visby immer neue Steuern, sogar für den Bau der Stadtmauer sollten die Bauern zahlen, ihr Widerstand wurde 1288 blutig niedergeschlagen. Etwas Rebellisches liegt in Simon Höjebergs Stimme, sein Herz schlägt für die Unterlegenen, so viel ist klar. Es scheint, das Bienenbusiness hat seine Sicht auf die Geschichte und auch auf die Welt von heute beeinflusst.

Wie viele hat er sich von der Stadt entfremdet. Es war wohl ein langer, schleichender Prozess. Und eines schönen Tages war sie ihm zuwider, vor allem seine Arbeit als Koch und Restaurantchef.

«Die langen Arbeitszeiten. Der Stress. Wir haben nur noch Fertigprodukte warm gemacht. Meiner Frau ging es ähnlich. Unsere Söhne waren damals noch klein und brauchten viel Zuwendung. Und plötzlich hatten wir einen Ausweg: Meine Eltern starben, und ich erbte das Ferienhaus auf Gotland. Warum nicht dorthin hinziehen?»

«Einfach so ins Blaue?»

«Die große Frage war: Wie ernähren wir uns auf Gotland? Zu unserem Hof gehörte Land, für eine Farm jedoch viel zu wenig.»

Simon Höjeberg breitet die damals diskutierten Szenarien aus. Ein Restaurant in Visby? Dafür ist die Feriensaison viel zu kurz. Landwirtschaft, konventionell oder biologisch? Landpacht und Maschinen wären viel zu teuer, sie wollten keinen Berg von Schulden. Schließlich brachte ein Freund das Thema Bienen ins Gespräch, «ziemlich verrückt, der Gedanke», aber seine Argumente überzeugten. Erstens braucht man nur kleines Geld, um damit zu beginnen. Zweitens war auf dem Honigmarkt Platz, denn die gotländische Imkerei war in der Krise, viele Bienenhalter hatten wegen der Varroamilbe aufgehört.

Vom Geschäftemachen verstand Simon Höjeberg allerhand, von Bienen: nichts.

«Ich hatte Respekt vor dem Imkerhandwerk. Mir war klar, ich musste sehr, sehr viel lernen.»

«Sie waren Ende dreißig damals?»

Er nickt. «Ziemlich alt. Im Internet hab ich dies und das über Imkerei gefunden. Viel dummes Zeug. Zu jeder Frage zehn verschiedene Antworten. Ich hab gleich kapiert, dass es keine gültige gibt, weil die regionalen Bedingungen immer anders sind. Deswegen hab ich mir einen Lehrmeister gesucht, einen Gotländer: Åke.»

Dieser Åke, ein älterer Nachbar, sei ein scheuer, spröder Mensch, der wie ein Einsiedler lebe, in Gesellschaft von Highland-Rindern und Bienen. Mit leuchtenden Augen spricht Simon von ihm, ein ganzes Jahr hat er den erfahrenen Imker bei der Arbeit begleiten dürfen. Eine traditionelle Lehrzeit, könnte man sagen – zuhören, zuschauen, erspüren, mitmachen. Üben, üben, üben, den Kopf, die Augen, die Hände. Von Åke Lyberg lernte er, die Angst zu überwinden und neben der Bienenhaltung im engeren Sinne tausend Dinge über Gotland, Pflanzen, Wetterzeichen, Sprichwörter. Darunter vieles, was nicht in Büchern steht und ihm dabei half, sich auf der Ferieninsel seiner Kindheit zu verwurzeln. Vielleicht so etwas wie ein Bauer zu werden?

«Nicht zu viel eingreifen, hat Åke gesagt. Das ist das Wichtigste, die Bienen wissen schon selber, was sie tun.»

Mit zehn Bienenvölkern hat Simon Höjeberg angefangen und dann jedes Jahr verdoppelt, zwanzig, vierzig, achtzig, im Rhythmus der natürlichen Vermehrung der Völker. Seine Überschüsse aus dem Honigverkauf, und nur die, hat er reinvestiert, in neue Kästen und Gerätschaften. Bloß kein Bankkredit, der ihm in schlechten Zeiten zum Verhängnis werden könnte. Ausgerechnet im Jahr der großen Finanzkrise, 2008, hat er den Absprung gewagt. Seitdem ist er einer von fünf Berufsimkern auf Gotland.

«Ich muss an die Arbeit, sorry!» Er drückt uns noch ein Glas Kardamom-Honig in die Hand und komplementiert uns hinaus.

«Adjö! Bye-bye!» Er begleitet uns auf den Hof, doch offenbar sind seine Gedanken schon woanders.

«Und was hältst du vom Gotland-Projekt?»

Plötzlich fällt mir ein, dass ich dies unbedingt fragen wollte.

Die Bond-Bienen

Simon Höjeberg hält inne. Meine Frage veranlasst ihn, seinen Vorsatz, die Gläser zu etikettieren, doch noch aufzugeben und uns in die einzige Kneipe am Ort einzuladen. Gleich nebenan ist sie, eine Art Take-away, außer uns gibt es keine Gäste. Und es bedarf einiger Überredungskunst, bis uns der Wirt einen Kaffee macht.

«Damals war ich noch in Stockholm», erzählt Simon. «Soweit ich weiß, hat das Projekt auf der Insel nicht allzu viel Aufsehen erregt. Man brachte die Bienen, also etwa einhundertfünfzig Völker verschiedenster Rassen, hierher, in den Süden von Gotland. Es ging um eine Art Darwinismus, the survival of the fittest. Die Wissenschaftler haben die Bienen sich selbst überlassen, die Natur allein sollte über Leben und Sterben entscheiden.»

«Und die meisten starben.»

«So war es. ‹Live and let die›, wie der James-Bond-Film heißt. Die ‹Bond-bees› hat man sie deswegen auch genannt. Nach fünf Jahren waren nur noch sechs Völker übrig. Sechs! Das ist ein Verlust von mehr als neunzig Prozent. Das meiste darüber weiß ich von Åke.»

Simon und ich fachsimpeln, soweit es unser Wissen zulässt. Winfried, mein Mann, ist der zuhörende, neugierige Dritte, der uns dazu bringt, unsere Gedanken möglichst verständlich zu formulieren.

In zweierlei Hinsicht erscheint das Gotland-Projekt sensationell: Einerseits ist die Versuchsanordnung auf breiteste genetische Vielfalt angelegt gewesen. Jahrzehntelang hatten Forscher und Züchter jeweils spezielle Unterarten der westlichen Honigbiene – ganz besonders die *Carnica* – in den Fokus genommen, auf Leistung und «Rassereinheit» selektiert. Jetzt wurden *Carnica*, *Ligustica*, *Buckfast*, sogar die mit großer Energie bekämpfte und beinahe ausgerottete «schwarze Biene» alle miteinander auf die Insel verschickt – Bastarde erwünscht. Zweitens stellten die Wissenschaftler den Satz in Frage: Die Honigbiene braucht den Menschen. Am Ende des langen Prozesses ihrer Domestizierung galt dies als unumstößliche Tatsache.

Spätestens mit dem Auftauchen der Varroamilbe lag ihr Überleben ganz und gar in der Hand des Imkers. Jetzt wurde sie mit einem Schlag in den Status der Wildheit zurückversetzt. Keine Fürsorge und keine Ausbeutung mehr, Schluss mit jeglicher Manipulation.

«Sie standen ziemlich abseits, die Versuchsvölker. Kaum jemand wusste genau, wo», sagt Simon. «Nur die Anzahl der Varroamilben wurde regelmäßig kontrolliert, alle die Krankheiten notiert, die der Befall nach sich zieht, Viren oder die Darmkrankheit *Nosema*. Wenn die Völker schwach werden, sind sie anfällig für alles.»

«Man sah ihnen also beim Sterben zu.»

«Du kannst Åke danach fragen. Er hat die Bond-bees weiter beobachtet, als das Projekt beendet war. Die übrigen Völker haben sich ja später wieder vermehrt. Vor einiger Zeit waren es sechzehn. Keine Ahnung, wie viel es heute sind.»

Das gotländische Experiment scheint insofern erfolgreich zu sein, als die Überlebenskünstler tatsächlich widerstandsfähiger gegen die Varroa sind. Bislang ist allerdings zweifelhaft, ob eine Nachzucht aus den gotländischen Königinnen und Drohnen wirklich ein geeigneter Weg ist.

Simon, der Newcomer, hat die Erfahrungen vor seiner Zeit anscheinend nur so aufgesaugt. Ihm war wichtig zu wissen, wann und wie die Varroa nach Gotland gekommen ist.

«Die einen sagen 1986, im Tschernobyl-Jahr. Die anderen 1987, jedenfalls war es etwas früher als auf dem Festland. Es war ein Schock, sagen die Imker hier, diese Biester sind ja riesengroß. Und es wird immer noch darüber spekuliert, ob ein russischer Frachter, der mit Holz beladen war, sie an Bord hatte. Gerüchteweise ist ein hiesiger Imker schuld, der Königinnen von irgendwoher importierte. Gotland ist ein Dorf, da gingen die Verdächtigungen nur so um. Wer war's? Damals gab es noch kaum Einfuhrkontrollen, viele Imker wollten Superköniginnen, superschön, superfit, superfruchtbar.»

Anscheinend schwammen die gotländischen Bienenhalter im europäischen Mainstream und orderten königliche Hoheiten aus Kärnten, angeblich gingen sie schon im ersten Winter ein. «Später kamen die Argentinierinnen in Mode. Ein totaler Flop! Inzwischen ist der Hype vorbei.»

Gotland hat bis in die fünfziger Jahre nur die schwarze Biene, die *Apis mellifera mellifera*, gekannt, auch das weiß Simon von Åke Lyberg. Erst mit dem Raps änderte sich das. Wenn er blühte, waren diese einheimischen Völker noch nicht stark genug entwickelt. Noch dazu mochten sie dieses Riesenangebot von ein und derselben Tracht nicht, sondern bevorzugten die Vielfalt, das langsame Nacheinander. Deswegen führte man die gelbe Italienerbiene ein, die *Ligustica*. So viel Honig war nie, die Imker waren mit ihr hochzufrieden und die Bauern mit der Bestäubungsleistung der Biene ebenso.

«Die hat sich hier gut angepasst. Ich arbeite auch mit der *Ligustica*.»

Ganz pragmatisch. Gewisse Gegebenheiten und Trends nicht zu akzeptieren wäre in Simons Augen unklug.

Heute oder morgen muss er noch nach Visby, ein paar wichtige Dinge erledigen, bevor der große Ansturm losgeht. Bank, Behördenkram und all das, was es nur innerhalb der alten Wehrmauern gibt – die Stadt und ihr Regelwerk, auch so eine Tatsache. Kürzlich ist er beim Zuwanderungsamt vorstellig geworden, um zu fragen, ob unter den Flüchtlingen, die man im Winter in den Ferienwohnungen auf Gotland einquartiert hat, ein Imker ist.

«Die haben mich nur dumm angeguckt. Syrer? Können die das? Dabei ist die Bienensprache international. Bürokraten! Die wollen nichts wissen. Einquartieren, ausquartieren und fertig.»

Sobald die Touristen da sind, wird er Visby meiden. Siebenhunderttausend pro Jahr sind es, auf einer Insel, die nicht mal sechzigtausend Einwohner hat. Die traditionellen Sommerfrischler verlaufen sich irgendwie an den langen Küsten, verschwinden in den Bullerbü-Dörfern im Hinterland. Die allermeisten Gäste sind Kreuzfahrer. In der Saison gehen Massen von ihnen in Visby an Land und wälzen sich durchs Städtchen. Ein, zwei Ozeanriesen pro Tag, und sie werden immer größer, demnächst soll die Fahrrinne ausgebaggert werden. An Wochenenden kommen Jugendliche per Flugzeug aus Stockholm, um zu saufen und in Visbys idyllischen Gassen Party zu machen, rund um die Uhr.

«Das ist die Hölle! Manche kaufen Honig, das ist gut für mich.»

Simon Höjeberg wird einen Teil der letztjährigen Ernte in Visbys Läden platzieren und sich in den dünn besiedelten Süden Gotlands zurückziehen.

Honig und Kardamom – Orient in Schweden

Auf meine Frage, was denn sein liebstes Honigrezept ist, hätte der Imker Simon Höjeberg in seinem früheren Leben, als er noch Gastronom in Stockholm war, vermutlich etwas ganz Raffiniertes, Außergewöhnliches genannt. Jetzt fällt ihm etwas Super-Einfaches ein, das seine Familie glücklich macht, und zwar mit geringem Zeitaufwand und Zutaten, die praktisch das ganze Jahr zu haben sind: Morötter, also Möhren, und Honung, das heißt Honig.

Tack-Tack-Tack, er vollführt mit der rechten Hand einen imaginären Messertanz, «die Möhren werden nur grob gehackt.» Pfeffern, salzen, auf ein Backblech schütten, mit reichlich Honig und Olivenöl bestreichen, 30–40 Minuten im Ofen backen. Das war's! Es gibt die Variante für Kinder mit mildem Rapshonig, eine würzigere mit gotländischem Thymianhonig, die seine Frau liebt, und eine orientalische mit dem von ihm kreierten Kardamomhonig.

Blütenhonig mit pulverisierten Kardamomsamen gemischt, wie genau und in welcher Menge, ist Höjebergs Geheimnis. Jedenfalls dominiert das süßlich-scharfe Gewürz mit einem leichten Hauch von Eukalyptus Geruch und Geschmack. Obwohl ich aromatisierte Honige eigentlich nicht mag, finde ich dieses Rezept delikat und absolut stimmig. Kardamom ist so selbstverständlich hierzulande, würde man ihn den Schweden wegnehmen, es wäre nicht mehr Schweden. Es gäbe die Kanelbullar, das berühmte Nationalgebäck, nicht und keinen Kanelbullens Dag am 4. Oktober und keinen Glögg, den Glühwein, der an Santa Lucia und zu Weihnachten getrunken wird, und auch nicht die Pfefferkuchen von Pippi Langstrumpf.

Die ersten exotischen Gewürze, wohl auch der Kardamom, kamen mit den Wikingern nach Schweden, vor mehr als tausend Jahren. In der Hansezeit fanden sie Eingang in die heimische Küche, der

Orient gehört seitdem zu Schwedens kulinarischer Identität.

Simon Höjeberg experimentiert gern mit dem Zusatz von Gewürzen, Zimt zum Beispiel passe auch sehr gut oder Ingwer oder Vanille. Von seinem Nachbarn, der seit kurzem Whisky nach schottischem Vorbild destilliert und in Eichenfässern reifen lässt, kauft er gelegentlich ein paar Flaschen. Zwei Esslöffel davon auf ein Glas Honig ergeben eine «männliche» Variante, als Kunden hat er die jungen Stockholmer Sommergäste im Auge, die auf Gotland Party machen.

Im Prinzip verträgt sich Honig mit vielerlei, auch Fruchtigem, wie dem ausdrucksstarken Saft schwarzer Johannisbeeren oder Himbeeren. Für den sofortigen Gebrauch kann man selber mischen, dann kennt man die Zutaten. Betrug und Schöntuerei sind bei den aromatisierten Honigen noch häufiger als sonst, und sie haben eine lange Tradition.

Im «Krünitz», einem enzyklopädischen Lexikon aus dem 18. Jahrhundert, findet sich ein unterhaltsamer Artikel über Honigverfälschung: «Weil das narbonnische Honig den Ruhm hat, daß er die Substanz und kräftigsten Theile des Rosmarines in sich habe, so pflegen einige Kaufleute, die das weiße und gemeine Honig, welches wohlfeil ist, verfälschen, und für narbonnisches, welches weit theurer ist, ausgeben wollen, Rosmarinsträuche darein zu legen, und einige Tage liegen zu lassen, damit es einen solchen Geruch bekomme und sie ihren Betrug verbergen können.» Ein Beispiel aus Südfrankreich, getrickst wird überall in Europa. Manch einer streckt damals den Honig mit Roggenmehl oder Erbsmehl. Zur Enttarnung der wüstesten Schummeleien gibt das Lexikon mancherlei Rat. Heute sind Falschdeklarationen oder Verlängerung mit industriellem Zuckersirup nur im Labor festzustellen.

Auf einem Volksfest im russischen Kaliningrad lernte ich kürzlich eine neue Mode kennen: Honig in schrillbunten Farben. Zuerst dachte ich, einen Eisstand vor mir zu haben. Flammend rot und giftgrün, himmelblau und quittengelb koloriert, einer war tiefschwarz und glänzend wie Schuhcreme. Jede Sorte war mit künstlichen Aromen versetzt, und alle, die ich probierte, schmeckten nach Gummibärchen. Ein Honig ohne Identität, wenn denn überhaupt Honig im Spiel war.

Beim Abendbrot in der Hästgatan reden wir mit den Freunden über «die Hölle». Mit am Tisch sitzt Frida, Walters Filmehefrau, klein und hübsch und undivenhaft, wie wir sie aus den Krimis kennen. Die Stockholmerin ist die Einzige, die Visby im Sommer persönlich erlebt hat, und gibt ein paar Anekdoten zum Besten. Von einem sturzbetrunkenen jungen Mann zum Beispiel, der ihr am Bankautomaten über die Füße kotzt und sich vielmals entschuldigt.

«Mardröm!» Das bedeutet auf Schwedisch Albtraum.

«Visby ist wie Venedig», sagt Walter. «Erst haben die Schiffe der Serenissima die Weltmeere beherrscht, jetzt ist es umgekehrt.»

Walter entpuppt sich immer mehr als halber Gotländer. Alle Drehzeiten zusammengerechnet, hat er fast zwei Jahre hier verbracht. An seinen freien Tagen schleppen er und Sigrid uns überallhin. Zu viert wandern wir über die Klippen von Högklint und durch die umliegenden Kiefernwälder, wo gerade die Leberblümchen blühen. Inseln von Blau, die aus dem Braun vertrockneter Blätter und Ästchen leuchten, jeden Tag intensiver und zahlreicher. Mal nehmen wir das Auto, um auf der Ostseite der Insel geräucherten Lachs zu essen. Wir fahren zu den Fischerhütten, in denen sich laut Drehbuch in der vorvorletzten Folge ein flüchtiger Mörder verstecken musste. Für Walter sind diese Orte viel mehr als Kulissen. Er öffnet uns die Augen für die Armut der Insel, sie ist keineswegs nur Vergangenheit, für die verborgenen Relikte der Wikingerzeit und die beschwiegenen Kapitel der jüngsten Geschichte. Noch nie hatten wir von «Lagerlingen» gehört, dem Lager, in dem 1945 baltische Wehrmachtsangehörige interniert waren. Sie hatten aufseiten Hitlers gegen die Sowjetunion gekämpft und waren bei Kriegsende nach Gotland geflüchtet – auf Verlangen Stalins wurden sie ausgeliefert. «Und keiner ward mehr gesehen.»

Wir sind gar nicht so weit von Russland entfernt! Im Kalten Krieg zwischen Ost und West war Gotland ein strategisch wichtiger Posten. Die Demilitarisierung nach 1989 war nur ein kurzes Intermezzo, Schweden rüstet gerade auf und stationiert wieder Einheiten hier, die Annexion der Krim und Putins Ukrainepolitik haben alte Ängste geschürt. Eine Insel ist kein sicherer Ort, auch wenn es einem manchmal so vorkommt.

Farö ist so ein Platz, die kleine Insel vor der Nordspitze Gotlands. An einem Sonntag setzen wir mit der Fähre über. Farö ist noch einsamer, noch karger. Stundenlang begegnen wir niemandem, und immer ist das Meer in Sicht. An der Küste nur noch Wacholder, windschief, ins Gestein gekrallt. Walter und Sigrid führen uns zu den «Rauken» – gigantische Kalksteinsäulen am Strand, die an die Moai, die Steinskulpturen auf den Osterinseln, erinnern. Mit dem Unterschied, dass hier Wasser und Wind die Schöpfer waren. Totempfähle, ein buckliger Riese, ein Dromedar, ein Hund, jeder geheimnist etwas anderes in sie hinein. Schon bei Linné finden sich solche Assoziationen, er notierte Pferde, allerhand Geister und Teufel.

Bienen sind übrigens nicht unterwegs an diesem sonnigen Tag, wir können überhaupt keine fliegenden Insekten entdecken. Hier und da krabbelt etwas über die von Flechten überzogenen Steine, ein Käferchen, eine Spinne. Wir sind betrunken vom gotländischen Licht. Und vom Wind, der uns stark und stetig entgegenbläst oder zwischen die Schulterblätter fährt. Fliegen müsste man können …

«Öppet» steht auf dem Schild an der Landstraße, «Elsie's Café» ist geöffnet, das einzige im April auf ganz Farö. Ein französisch angehauchtes Etablissement in Rot und Pink, der Kontrast zur Natur, dem fast monochromen Graubraungrün, könnte nicht stärker sein. Thomas, der Wirt, streckt uns zum Willkommen beide Hände entgegen und führt uns in eine Art Chambre séparée. Die Männer nehmen auf roten Sesseln Platz, wir Frauen auf einem kanariengelben Plüschsofa, von dem aus man in einen goldgerahmten, fast blinden Spiegel blickt.

«Tee? Champagner?», fragt Thomas. «Wir haben auch Eclairs!» Seine Stimme ist warm und vertraulich. «My Friends» nennt er uns.

«Eclairs! Und Cappuccino!»

Wir schauen ihm zu, wie er hinter dem roten Vorhang verschwindet und wieder erscheint, jeden Teller, jede Tasse einzeln herbeiträgt. Riesenhände hat dieser Thomas, wie der heilige Christophorus, der das Kind über den Fluss trägt, wahre Pranken, die mit allergrößter Vorsicht und unendlicher Langsamkeit hantieren. Wie ein Schlafwandler, und immer noch hat er die Schlägermütze auf dem Kopf. Mitte sechzig ist er schätzungsweise, ein ganz und gar ungewöhnlicher Mensch. Kindlich «naiv» könnte man ihn nennen, wäre das in unserer Welt nicht fast ein Schimpfwort. Möglicherweise ist er auch ein klein wenig dement. Er wirkt irgendwie geheimnisvoll, wie jemand, der viel durchgemacht hat und nicht gern über sich spricht.

«Wer ist Elsie?»

«Elsie ist meine Mutter gewesen. Ich habe sie sehr geliebt. Sie hat mich nie am Träumen gehindert. Als Kind habe ich im Norden Schwedens gelebt, wo es noch weniger Menschen gibt als hier.»

Mit dreizehn Jahren schon habe er Holz gefällt, erzählt Thomas, und jetzt sei er auf Farö. «Meine Frau hat französische Wurzeln, ist aber hier geboren.»

«Ich kann mir vorstellen, dass Sie mal Bienen hatten.»

«Hatte ich.» Mehr erfahren wir nicht.

Sollte die Welt untergehen, wäre ich an diesem Tag gern in «Elsie's Café».

Grönt Centrum

Wir wollen unbedingt Åke Lyberg finden. Er sei meistens unerreichbar, hatten wir von Simon und auch von anderen gehört, «überall und nirgends». Auch seinetwegen fahren wir wieder nach Roma, diesmal zur Landwirtschaftsschule. Sie ist das Herz des agrarischen Gotland – «Grönt Centrum», «Grünes Zentrum», heißt es neuerdings.

«Åke? I really don't know!» Anders Ljung lacht. Der Fachlehrer für Imkerei kann uns keinerlei Hoffnungen machen. «Außerdem ist Åke einer der wenigen Gotländer, die kein Englisch sprechen.»

Anders führt uns durchs Gelände, in die Ställe für Kühe und Schweine, nimmt uns dann in seinem Van zu den Schafen und auf die Felder mit. Das Grönt Centrum ist eine moderne bäuerliche Lehrwerkstatt, der Unterricht findet in einem praktisch-schönen Flachbau statt. Von der Kantine schaut man auf einige Bienenstöcke. Bei Kaffee und Kardamomgebäck erzählt Anders Ljung von der Schule und von sich, was so ziemlich ein und dasselbe ist.

«Mit Bienen hatte ich eigentlich nichts am Hut.»

So beginnen heutzutage viele Imker-Biographien. Auch Anders Ljung ist ein Beute-Gotländer, ein Stockholmer, der in Malmö aufwuchs. Ein Lehrer, der Anders zugetan war, riet ihm, Farmer zu werden. Offenbar wirkte der Junge schon damals, Anfang der siebziger Jahre, wie ein Bauer, wie er im Buche steht, kräftig und zupackend, im Reden nicht gerade ein Held. Da nirgends ein Ausbildungsplatz frei war außer in Roma auf Gotland, meldete er sich dort an. Und er verliebte sich bald, wie das auf Landwirtschaftsschulen häufig geschieht, in eine gotländische Bauerntochter und Hoferbin.

Ursprünglich eine Winterschule für die Landjugend, 1946 gegründet, streng getrennt nach «boys» and «girls», wobei die Mädchen vor allem Nähen, Weben, Kochen und sparsame Haushaltsführung (in Deutschland sagte man «Puddingakademie») lernten. Zur Zeit von Anders Ljung gab es bereits einen einheitlichen Studiengang, er wurde hier auf die industrielle Landwirtschaft vorbereitet: Flächenwachstum, Produktion, die auf den Weltmarkt reagieren muss, gesteuert von Subventionen aus Stockholm und seit 2001 auch Brüssel. Preise, die Achterbahn fahren, Milch runter, Schweine rauf, Schulden machen für den neuen Traktor. Nach der Einheirat war dies sein Leben, er sagt: «Ich habe es geliebt.»

Weil das so war, gab er später sein Wissen in Sachen Viehwirtschaft gern an Landwirtschaftsschüler weiter.

«Und dann, vor elf Jahren, hat mich mein Chef verdonnert, die Lehrvölker der Schule zu betreuen.» Anders schaut belustigt auf seine Hände, deutet damit an, dass Feinmotorik nicht seine Stärke ist. «Wie sollte das gehen? Bienen waren mir total fremd.»

Anscheinend war die traditionelle Imkerei schon so weit niedergegangen, dass man Quereinsteiger als Lehrer rekrutieren musste. Die Zeiten, als jeder Hof zwei, drei Bienenstöcke hatte, waren längst vorbei, die letzten Großväter, die sie versorgten und manchmal ihre Enkelsöhne dafür begeistern konnten, gestorben. Wie bereits erwähnt, hatte die Varroamilbe selbst die Tapfersten unter den Hobbyimkern entmutigt. Man musste neu anfangen!

Die Schule reagierte auf einen Trend, der aus den Städten kam, auch auf der Insel wollten junge, umweltbewusste Leute plötzlich Bienen halten. Das Gotland-Experiment dürfte auch eine Rolle gespielt haben. In der Imkerwelt war die Insel in aller Munde, da wäre es blamabel gewesen, der Schicksalsfrage «Was wird mit den Bienen der Welt?» auszuweichen.

Damals hat Anders Ljung – zunächst skeptisch – einen Imkerkurs besucht und schnell Feuer gefangen. Bald hatte er nicht nur die Schulbienen unter sich, sondern auch eigene.

«Wie würden Sie Ihre Beziehung zu den Bienen beschreiben? Sie hatten ja vorher nur Großtiere.»

«Viel enger als zu Kühen oder Schafen! Das hat mich selbst

überrascht. Man ist in Kontakt mit einem Organismus, und jedes Volk ist anders, es riecht anders. Und was da passiert, ist nicht immer zu verstehen.»

Mittlerweile, sagt Anders, sind die Imkerkurse der Hit im Grönt Centrum, ständig überbucht. Landwirtschaftsschüler sind die wenigsten, fast alle haben andere Berufe – Schreibtischhocker, Gastronomen und Waldberufler, die nur saisonal beschäftigt sind, Polizisten. Manche suchen den Ausgleich zum Stress, andere mehr ein Zubrot.

«Wir haben eine Genossenschaft gegründet, die den Honig aufkauft und in Visby und Stockholm vermarktet. ‹Honung Gotlandica› ist sehr begehrt. ‹Das ist mein Sommer›, sagen die Leute. Viele Supermärkte haben Extra-Regale mit gotländischen Trademarks.»

Sein eigenes Honiggeschäft wird Anders demnächst, wenn sein Sohn den Hof übernimmt, verdoppeln, von fünfzig auf hundert Völker. Und neue Trachtgebiete ausprobieren, etwa die aufgelassenen Truppenübungsplätze und die steinigen, von wildem Thymian überzogenen Küstenstreifen. Neulich hat er per Zufall ein Waldstück entdeckt, auf dem sich nach einem Brand eine besondere Flora entwickelt hat. «Das kennt noch niemand.»

Unterwegs zum Schulbienengarten fängt Anders an zu rennen, der Hüne legt ein ziemliches Tempo vor. «Mats!» Der kleine weißhaarige Mann, der gerade die Bibliothek verlässt und offenbar in dieselbe Richtung will wie wir, dreht sich um. Die beiden begrüßen sich herzlich.

«Hej Mats, was machen die Ameisen?»

«Gefahr im Verzug. Ich hab Plastikfolie vor die Einfluglöcher gelegt.»

Anders und Mats öffnen gemeinsam das hölzerne Tor des Zauns. «Nichts passiert!»

«Glück gehabt!»

Rufen sie und knuffen einander kumpelhaft in die Seite.

Die Waldameiseninvasion ist bislang ausgeblieben. «Die können ruck, zuck einen ganzen Bienenstock niedermachen. Honig und Larven, die fressen alles, nur das Wachs lassen sie übrig.» In diesen Frühlingstagen muss man sehr aufpassen, die Bienen fliegen noch nicht, weil es zu kalt ist, die Ameisen sind schon aktiv und «extrem hungrig».

Mats ist der Imkerpate von Anders, von dem er fast alles gelernt hat. Mats Norrby war damals die Schlüsselfigur des Neubeginns an der Landwirtschaftsschule. Wegen seiner dreißigjährigen Erfahrung hat man ihn nach allen Regeln der Kunst angeworben, um nicht zu sagen «zwangsrekrutiert». Ein Imker des Typs, wie er früher in Europa häufig vorkam, Lehrer von Beruf. Einer in der langen Reihe von imkernden Schulmeistern, die das Bienenvolk erforschten und ihr Wissen mündlich, oft auch schriftlich weitergaben. Gebildeter als die meisten Bauern und so schlecht bezahlt, dass sie ohne Gartenfrüchte und Honig nicht hätten überleben können. Dazu die langen Sommerferien, genug Zeit also für die anfallenden Imkeraufgaben.

Das Finanzielle, sagt Mats, habe bei ihm keine allzu große Rolle mehr gespielt, aber die Faszination sei vergleichbar, und auch die Freude an Manipulation. «Jede Imkerei ist manipulativ.» Seine Schulfächer waren Sozialkunde und Psychologie, «die Biene ist ein soziales Insekt, das herausfordert, sie mit menschlichen Gemeinwesen zu vergleichen». Was passiert im Volk, wenn man die Königin austauscht? Oder durch gezielte Zucht den Männeranteil vermehrt?

«Und manchmal frage ich mich: Wer manipuliert hier wen? Die Bienen machen oft etwas ganz anderes, als ich will. Leonard Bernstein, der berühmte Dirigent, hat mal über seine Arbeit mit einem besonders störrischen Orchester geäußert: ‹What am

I conducting? And who is the boss?› Wer ist der Boss? Genau das ist es. Ein Imker hat immer viele Fragen! Das gefällt mir am meisten.»

Der Mann mit den vielen Fragen ist schon eine Weile im Rentenalter. Inzwischen ist Anders Ljung verschwunden, er hat es seinem Lehrer überlassen, uns durch den Bienengarten zu führen. Vor uns ein Dutzend Kästen in Braun und Gelb, schlichte, zweistöckige Magazine, hochgebockt und mit wasserblauer Plastikfolie unterlegt. Die Umgebung allerdings ist besonders: eine Vielfalt von Bäumen und Büschen, winterlich kahl, wie sie sind, erkennen wir sie nicht gleich.

«Das ist eine Änget.» Wir kennen das Wort schon von Walter, er hatte von der schwedischen Tradition der Laubwiesen erzählt, die nur noch auf Gotland zu besichtigen sind. Mats Norrby ist sichtlich stolz darauf.

«Wir halten sie instand, so gut es geht, in der historischen Form. Eiche, Linde, Esche, Hasel, Schlehe, eine ganz bestimmte Mischung. Die Änget wurde früher vom ganzen Dorf genutzt.»

Anger, wie man uns sagte, oder im Westfälischen, wo ich zu Hause bin, «Gemeinheit». Ein gemeinschaftlicher Platz am Siedlungsrand, wo jede Familie ihre Haustiere weiden lassen durfte, wo geschlachtet wurde und das Dorf tanzte. Doch eine Änget ist noch mehr, erklärt Mats Norrby, eine intensive, ausgeklügelte Ökonomie. Im Frühjahr wurde zunächst das verrottete Laub weggeharkt, die Ästchen gesammelt und verbrannt, damit das Gras wachsen konnte. Gemäht wurde spät, Ende Juli, wenn die Samen des Klappertopfs rasseln. Einige Wochen darauf begann die Nachweide, das Vieh durfte aufgetrieben werden, sein Kot war Dünger, die Hufe drückten die Samen tief in die Erde. Laub wurde geerntet als Streu und Futter, im Herbst das Holz geschlagen. Je nach Baumart diente es verschiedenen

Zwecken – Gebäude, Zaunpfähle, Werkzeugstiele und Radfelgen, Heizmaterial und vieles mehr. Mindestens zweitausend Jahre alt ist das System, erst im 19. Jahrhundert begann die Laubwiese zu verschwinden und mit ihr die Rechtsform des gemeinschaftlichen Eigentums.

«Und natürlich gehörten Bienen dazu, sie fanden dort vom Frühjahr bis zum Herbst Nahrung und bestäubten Pflanzen und Bäume.» Mats, der Lehrer, ist in seinem Element. Dieser Vortrag über die Änget ist Teil seines Imkerkurses, morgen fängt wieder einer an.

«Wissen Sie, wo wir Åke Lyberg finden können?», frage ich, bevor wir aufbrechen.

«Nein. Ich hab ihn schon Jahre nicht gesehen.»

Mein Wunsch, ihn zu treffen und zu hören, wie er das Sterben der Bond-Bienen erlebt hat, geht nicht in Erfüllung.

Mir bleibt der nüchterne Forschungsbericht, dieser beschreibt ein interessantes Phänomen: Bei einer hohen Belastung durch die Varroa kommt es zu einem Massenexodus von Bienen. Sie verlassen den Stock und tragen die Milben, die an ihrem Leib sitzen, heraus und kehren nicht zurück. Und eröffnen damit dem geschrumpften Volk eine Chance zu überleben. Ein neuerlicher Beleg dafür, dass es als Gesamtorganismus agiert, und trotz aller Erkenntnisse ein Rätsel – immer noch.

Bei Lars Gustafsson, einem der bedeutendsten Dichter Schwedens, habe ich zum ersten Mal darüber gelesen, in seinem Roman «Der Tod eines Bienenzüchters». In diesen Tagen, als wir auf Gotland sind, ist er gestorben. Und so lese ich es hier noch einmal. Ein Klick, und es ist auf meinem E-Book-Reader. Es ist fast eine Elegie. Skizzenhaft, ohne große Worte, erzählt ein alter Lehrer, der unheilbar erkrankt ist, von seinen letzten Monaten. Dieser Lars Lennart Westin, das Alter Ego des Autors, ist ein Imker. Bei den Bienen zu sein tröstet ihn, und zugleich hat er keine Kraft mehr für die nötigen Arbeiten. Weil er vor dem Winter die Teerpappe auf den Dächern der Stöcke nicht erneuert hat, sind drei, vier Völker erfroren. Er macht sich Vorwürfe: «Dann sterben lebendige Geschöpfe, und das tut mir irgendwie weh.»

Und er räsoniert über seine Gefühle gegenüber der Biene und dem Bienenvolk, stellt Vermutungen an, wie dieses selbst mit dem Tod umgeht: «Wenn ein Bienenvolk stirbt, ist das ungefähr so, als wäre ein Tier gestorben. Man vermisst eine Persönlichkeit, fast wie bei einem Hund oder zumindest wie bei einer Katze.

Eine tote Biene ist einem völlig gleichgültig; man fegt sie einfach weg.

Das Sonderbare ist, dass die Bienen genau die gleiche Einstellung haben. Einen so totalen Mangel an Interesse für den Tod der anderen gibt es nicht bei vielen Tierarten. Zerdrücke ich ein paar Bienen, wenn ich einen Rahmen zu nachlässig einsetze, dann schleppen die anderen sie weg, als handele es sich um irgendwelche kaputten Maschinen. Aber zuerst holen sie sich immer die Pollen, wenn welche da sind.

Und wenn sie es nun selbst auf die gleiche Art empfinden? Dass es der Schwarm ist, der die Individualität, die Intelligenz darstellt?»

An diesem unserem letzten Abend geht die Sonne um 19.47 Uhr unter. Wir stehen mit Walter und Sigrid an der Steilküste bei Visby und schauen, wie der rote Ball in die Ostsee eintaucht. Am anderen Tag fliegen die Bienen, die Wärme hat sie herausgelockt. In der Ruine von St. Hans sehen wir die ersten, noch etwas taumelig, auf kleinen gelben Blüten.

Up anner Siet

Die Bienen und der Todesstreifen

Es passierte bei dem Behördenparcours, den ein Neubürger zu durchlaufen hat.

«Und? Was machen Sie beruflich?», fragte die blonde Dame, während sie das dritte Formular ausfüllte.

«Autorin», antwortete ich, kurz und amtlich.

«Und was ist das?»

«Na ja, schwer zu erklären.»

Mir war nicht nach Antworten, ich war einfach nur hundemüde. Mein Mann und ich waren von Stuttgart nach Lüneburg umgezogen, in der Schwebe noch zwischen den Welten. Im Traum und morgens beim Aufwachen in der alten, an Rhein und Neckar, wo wir die längste Zeit unseres Lebens verbracht hatten. Tagsüber in der kleinen, fremden Backsteinstadt an der Ilmenau, die unweit von hier in die Elbe mündet, unserer neuen Heimat im Norden, wo die Leute sich kurz mit «Moin!» grüßen. Wir waren heimwehkrank und wenig unternehmungslustig. Bislang hatten wir uns nur mit den Gewässern anfreunden können, den Flüssen und Seen, in denen man schwimmen kann, kalt und klar und fischreich, wahre Vogelparadiese.

«Versuchen Sie es doch», ermunterte mich die Beamtin.

«Ich interviewe zum Beispiel Imker.»

«Imker?» Sie schien wie elektrisiert, und als ich davon zu erzählen begann, fand sie mein Interesse überhaupt nicht seltsam und hörte gebannt zu. Nach einer guten halben Stunde erfuhr ich, warum.

«Ich habe da auch eine Geschichte.»

Und was für eine! Sie handelt von einem dreizehnjährigen couragierten Mädchen, das in den siebziger, achtziger Jahren in der DDR groß wurde und sich Zutritt zum scharf bewachten Sperrgebiet an der Elbe verschaffte, um einen Schulkameraden zu treffen, der dort wohnte und in den es verliebt war. Es kam auf die glorreiche Idee, sich als Helferin eines Imkers auszugeben, dessen Bienenvölker den Sommer über im Grenzstreifen standen, weswegen er einen Passierschein hatte und das Fräulein, ein halbes Kind noch, mitnehmen konnte.

«Haben Sie mal von Vockfey gehört?» Sie buchstabierte mir den Namen. «Das Dorf liegt gleich hinter dem Deich. Es existiert nicht mehr.»

Die Erzählerin schien sichtlich bewegt. Sie deutete noch Verschiedenes an, das ich nur halb verstand, nahm dann den Stempel, den sie zwischenzeitlich beiseitegelegt hatte, wieder in die Hand. Sie sei bald nach der Wende auf die linke Seite der Elbe gewechselt, «up anner Siet», nach Lüneburg.

«Sie müssen die Fähre nehmen», sagte sie zum Abschied, als wüsste sie, dass ich bereits Feuer gefangen hatte.

Unterwegs ins Imkerparadies

Vielleicht war ihr der Exkurs ins Private später peinlich? Schauplatz der Geschichte ist das Amt Neuhaus, der Streifen jenseits des Stroms, der historisch zu Lüneburg gehörte und 1945 der sowjetischen Besatzungszone zugeschlagen worden war. Zwei Monate nach Kriegsende hatten die Engländer es mir nichts, dir nichts den Russen überlassen, weil es keine Brücke gab, die erlaubte, das rechtselbische Gebiet zu kontrollieren und zu versorgen. Ich hatte keine Ahnung davon, dass durch den Landkreis Lüneburg die deutsch-deutsche Grenze verlief.

Die erste Lektion in Sachen Heimatkunde beflügelte meine Phantasien. Wie mochte die Bienenweide in der Grenzzone beschaffen gewesen sein? Womöglich waren Imker des Amtes Neuhaus, die sie betreten durften, um nach den Bienen zu schauen, Augenzeugen und sogar Komplizen der mutigen Leute, die schwimmend oder per Schlauchboot in den Westen flohen? Ich stellte mir vor, dass die Bienen bei Sonnenschein die Elbe überquerten, hin und her zwischen Ufern flogen, unbehelligt von Stacheldraht, Patrouillen und Scharfschützen. Sobald die letzte Umzugskiste ausgepackt ist, würde ich meine Expeditionen zu den Imkern Europas wiederaufnehmen.

An einem sonnigen Junimorgen fahre ich über Land, nordostwärts, Richtung Elbe. Ich staune, wie viele Wälder es gibt, über die uralten Eichen. Und über die anmutigen Hügelrücken – Spuren der Eiszeit, Grundmoränen, Endmoränen, «Geest» sagt man hierzulande. Wenigstens ist die neue Heimat nicht völlig platt, flüstert mein süddeutsches Herz.

Die kleine Fähre hat gerade angelegt. «Tanja» heißt das motorisierte weiß-blaue Floß, eine ziemlich alte Tante. Ein Schild weist darauf hin, dass sie in ihrem früheren Leben holländische Gewässer querte. Außer mir sind nur noch zwei weitere Autofahrer, drei Radler und ein Fußgänger an Bord. Ein paar Minuten Nichtstun, von Neu-Darchau bis zum Anlegen in Darchau. Während die anderen, geübte Pendler vermutlich, sich die Zeit mit ihren Smartphones vertreiben, stehe ich an der Reling und schaue auf den ruhig dahinfließenden Strom, beobachte die Wasservögel, die sich in den sandigen Buchten zwischen den Buhnen tummeln. In der Mitte des Stroms verlief einst die Grenze, wir befinden uns quasi im Schussfeld. Vor uns, keine hundert Meter entfernt, ein fensterloser grauer Wachtturm. Es ist elf Uhr, viel Zeit noch bis zu meiner Verabredung mit dem langjährigen Vorsitzenden des Imkervereins Reinhold Flint – «Genosse Flint», wie die Kollegin, die ihn mir empfahl, hinzufügte.

«Dat geef Leegwater», unkt ein Mann im blauen Overall, bevor er in seinen Bulli steigt. Niedrigwasser in Sicht, befürchtet er, das hieße: keine Fähre.

Vom Ufer führt die Straße in einem Bogen bergauf, bis zu einem Gasthaus namens «Von Rautenkranz». Jenseits der Deichkrone flaches, junigrünes Land. Um den Fluss nicht zu verlieren, biege ich links ab, in eine schmale Seitenstraße. Zu beiden Seiten alte Obstbäume, zum Deich hin reetgedeckte Niedersachsenhöfe mit den typischen gekreuzten Pferdekopfgiebeln. Einer neben dem anderen, wie eine Perlenschnur, sorgfältig restauriert, umgeben von Gärten, die noch richtige Gärten sind. Ein ungewöhnlich gut erhaltenes Marschhufendorf, sogar ein turmförmiges rotes Trafohäuschen gibt es noch. Popelau heißt der Ort, er geht über in den nächsten, Konau, der ebenso idyllisch erscheint. Kaum ein Mensch ist unterwegs.

Auf den Schildern der geparkten Autos stehen meist Hamburger Nummern. Neben den Eingangstoren werden auf dekorativen Schildern verschiedene Dienstleistungen angepriesen: Jazzkonzerte, Filzhandwerk, Bed and Breakfast, ein Ökorestaurant mit zwei Schaubienenstöcken davor. Nur einer der Höfe beherbergt einen Bauernhof, dort, wo die Straße endet, betreibt jemand eine große Milchwirtschaft.

Zu Fuß erklimme ich den Deich, auf dem heute ein Spazier- und Radweg verläuft. Von der Höhe des Erdwalls kann man aus nächster Nähe die Schauseiten der Höfe betrachten. Ihre Giebel präsentieren sich auf Augenhöhe – hellblaue Pferdeköpfe, kunstvolles Fachwerk, Inschriften in goldenen, gotischen Lettern, die von bäuerlichem Gottvertrauen erzählen:

«Wer nur den lieben Gott lässt walten und hoffet auf ihn alle Zeit, den wird er wunderlich erhalten in aller Not und Traurigkeit.» Wunderlich oder wunderbar, es gibt beide Versionen, die Zeile des Kirchenliedes aus dem 17. Jahrhundert findet sich auf nahezu jeder Fassade. Es scheint, als hätte es die DDR nie gegeben.

Erst auf der Rückfahrt zur Hauptstraße bemerke ich die Tafel vor der renovierten Scheune: «Zwangsaussiedlungen an der innerdeutschen Grenze». Die Tür ist angelehnt, ich trete in die Dunkelheit des Raums, plötzlich gehen Lichter an. Eine kleine unbewachte Ausstellung, Tafeln mit Fotos, Texten, Skizzen, und was da berichtet wird, trifft mich wie ein Schlag. Mir wird vor Augen geführt, was es bedeutete, auf der östlichen Seite des Stroms zu leben. Beginnend im Juni 1945, als die Briten abzogen und das Amt Neuhaus an die Sowjetmacht übergaben und damit, nach sechs Jahren Krieg und zwölf Jahren Diktatur, eine neue Tragödie ihren Lauf nahm. Das Abscheulichste war eine Maßnahme, die sich «Aktion Ungeziefer» nannte, 1952. Es war das Jahr, in dem sich der Ost-West-Konflikt zuspitzte, die Bundesrepublik steuerte auf die Europäische Verteidigungsgemeinschaft zu, und im Gegenzug forderte Stalin von der DDR eine «Demarkationslinie», das heißt die Verstärkung der deutsch-deutschen Grenzbefestigung.

Ein dreifach gestaffeltes Sperrgebiet, eine Karte zeigt das Szenario: ein 10 Meter breiter Kontrollstreifen, ein Schutzstreifen von 500 Metern und eine 5 Kilometer breite Sperrzone. Neben baulichen Maßnahmen, die dafür nötig waren, sollten Anwohner zwangsweise umgesiedelt werden. Und dies geschah umgehend: Insgesamt achttausend Menschen waren es, von der Ostsee bis Thüringen, die packen mussten, binnen 48 Stunden, ohne Angabe von Gründen und Zielort. Sie wurden ins Innere Mecklenburgs deportiert, aus dem Amt Neuhaus 63 Familien, insgesamt 248 Personen, auch aus Konau und Popelau. Am stärksten betroffen war Vockfey, das Dorf, dessen Namen ich bereits gehört hatte.

Knapp und fast kommentarlos wird aus den Akten der Stasi zitiert, die nach der Wende gesichtet werden konnten, in denen sich Hinweise auf die Auswahl der Opfer fanden: «Ausbeuter», «Reaktionär», «hat das Ablieferungssoll nicht erreicht», «führt negative Diskussionen». Damit waren Großbauern und Gegner des Regimes gemeint, aber nicht nur, Denunziation und Willkür konnten jeden treffen. Die «Aktion Ungeziefer» war nicht die einzige, 1961 wurden im Zuge der Verstärkung der Grenze weitere Anwohner zwangsausgesiedelt, in den 1970er Jahren hat man viele ihrer Häuser abgerissen.

Auf einem Monitor kann man Zeitzeugeninterviews aufrufen. «Haben Sie schon mal einen Bauernhof eingepackt?» Die alte Frau, die das fragt, schluchzt, vor lauter Weinen sind ihre Worte schwer zu verstehen. Nach fünfzig Jahren und mehr ist die Vertreibung für sie immer noch unfassbar. «Warum?»

Ich fahre weiter, kreuz und quer durchs Land. Am Ortsrand von Haar eine leerstehende Kaserne der Grenzwacht, ansonsten erinnert fast nichts an die Albträume der Vergangenheit. Auf den Äckern wächst das Übliche, Mais vor allem, Weizen und Roggen, allenfalls ihre enorme Größe erinnert an die DDR. Ich passiere Sumte, das Hundert-Seelen-Dorf, auf das kürzlich die ganze Welt schaute, die New Times berichtete, Al-Dschasira, sogar das chinesische TV, weil es von jetzt auf gleich siebenhundertfünfzig Flüchtlinge unterzubringen hatte. Dellien, Rosien, klangvolle Namen slawischen Ursprungs, dort ist man schon fast in Mecklenburg, jenseits der Rögnitz beginnt es. Die Kirchlein aus rotem Backstein sind zum fünfhundertsten Jahrestag der Reformation herausgeputzt, ihre Türme sind genauso stämmig wie auf meiner Seite der Elbe.

Meine Augen verfolgen noch den Milan, der hoch über einer Kuhweide kreist. Seinetwegen bin ich ausgestiegen, und beinahe hätte ich bei der Himmelsguckerei das Klapptischchen an der Straße übersehen. Eine angerostete Büchse mit Schlitz und drei Honiggläser stehen darauf. Kein Etikett, kein Name, nur ein Zettel, der den Preis ansagt: 4 Euro. Der Farbe nach Rapshonig, so günstig habe ich ihn selten gekauft. Während ich mich entferne, höre ich hinter mir ein lautes Geräusch. Jemand schüttet die Münzen aus der Kasse. Ein alter Mann in Trainingshose und Pantoffeln, der eilig zurück ins Haus will.

«Moin! Wie lange imkern Sie schon?»

«Ich bin jetzt siebenundsiebzig, also mehr als sechzig Jahre. Mit dreizehn hab ich angefangen.»

«Und wie kam das?»

«Ich hab einen Schwarm gefangen. Und dann ging es weiter.» Er lacht spitzbübisch, anscheinend freut er sich, dass jemand was von ihm wissen will.

«Bienen im Sozialismus, das war prima. Die DDR war ein Imkerparadies. Damals hatte ich hundert Völker.»

«Und jetzt?»

«Noch sechs. Nach 1989 war das alles vorbei.»

Damit ich nicht denke, er sei traurig über die Wende, fügt er hinzu: «Im Grunde hätte die DDR schon 1953 untergehen müssen, nach dem Aufstand vom 17. Juni.»

Ich höre ihm noch eine Weile zu und verstehe, sein Leben hätte eigentlich anders verlaufen sollen. Ihm war bestimmt, den elterlichen Hof zu erben. Schon als Kind, nach Kriegsende, hat er im Stall und auf dem Feld mitgearbeitet. Dann kam die Enteignung, schrittweise und unaufhaltsam, erst das Land, dann das Vieh, die Familie ging zum spätestmöglichen Zeitpunkt in die Landwirtschaftliche Produktionsgenossenschaft, kurz LPG. Und er wurde Facharbeiter in der «Tierproduktion», für ihn persönlich nicht das ganz große Desaster, er war noch jung genug, sich anzupassen, auf ein anderes Pferd zu setzen. Und zu diesem Plan B gehörte, warum auch immer, das Imkern.

«Reinhold Flint? Klar kenne ich den. Der hat nach 1989 den Imkerverein in Schwung gebracht.»

Karriere mit Bienen

Stapel heißt der Ort. Ein gummibereifter Handwagen mit Segeltuchdach, unter dem ein Dutzend Honiggläser aufgereiht sind, signalisiert: Hier bin ich richtig. Der Gartenzaun, in futuristischem DDR-Design, wurde vor nicht allzu langer Zeit frisch gestrichen – in den Farben Schwarz-Rot-Gold. Das niedrige, wellblechgedeckte Haus ist hinter Nadelbäumen gut versteckt. Sein Eingang scheint sich auf der Hofseite zu befinden, das Tor steht offen.

Die grüne Oase zieht mich sofort in ihren Bann. Bekanntlich hat der Sozialismus solche Nischen hervorgebracht, diese hier hat offensichtlich eine noch ältere Geschichte, ist wohl schon um 1900 eine Kleine-Leute-Ökonomie gewesen. Stallungen, diverse Schuppen, das meiste wird noch genutzt. Direkt gegenüber der Einfahrt ein Depot mit bunten Bienenkästen. Rechts ein offenes Werkzeuglager, in dem sich Rähmchen türmen und allerhand Imkergerät untergestellt ist. Hier und dort frisch geharkte Roseninseln, Blumenampeln und asiatische Windspiele. Nach hinten erstreckt sich ein ausgedehnter Obstgarten, im Kirschbaum hängt eine Kinderschaukel. Arbeit und Freizeit nebeneinander, wohlgeplant und geordnet, und zwischen allem, wie verirrte Soldaten, mannshohe, preußisch gerade Königskerzen, die sich nach eigenem Belieben angesiedelt haben.

Zum ersten Mal sehe ich einen Bienenwanderwagen! Zwei

sind es, wohl schon länger außer Dienst. Veteranen der Arbeit aus solidem Holz, türkisblau und lindgrün angemalt, sie erinnern an alte Zirkuswagen. Beide sind an der Längsseite aufgeklappt, auf der Ladefläche, die früher etwa fünfzig Bienenkästen Platz geboten haben dürfte, stehen nur noch einige wenige, und die sind unbewohnt.

«Willkommen!», ruft eine weibliche Stimme aus der Tiefe des Gartens. Das Ehepaar Flint tritt aus einer Laube. «Hierher! Der Tisch ist gedeckt.» Doch erst mal muss der Teich besichtigt werden. «Wir haben Kois und Karpfen», sagt Reinhold Flint stolz, «und sogar einen 1 Meter 40 langen Stör.» So verwundert es nicht, dass zur Ausstattung der Laube ein Räucherofen gehört. «Aale!» Mit seinen achtzig Jahren hat er noch Passionen, er lächelt verschmitzt.

Dieses Lächeln scheint im Laufe des Nachmittags immer wieder auf. Es kommt und verschwindet, phasenweise wirkt er verschlossen, wie abwesend, überlässt seiner Frau Margarete das Wort. Sie ist deutlich jünger als er, eine kräftige, vitale Mittsechzigerin mit grauem Bubikopf. Und sie hat ihre eigenen Themen, wie sie gleich zu Anfang klarmacht.

«Gestern hab ich hier im Garten eine Eidechse gefunden. Wissen Sie, dass Gott die Eidechse erschaffen hat und der Teufel die Schlange?»

«Nein. Wirklich?»

«Wir leben in der Zeit der Umwandlung. Überall gibt es Zeichen.» Sie deutet auf einen Apfelbaum. «Über der Krone habe ich neulich meinen Engel gesehen.»

Von der Stapeler Kirche St. Marien möchte sie reden, von «unserem Pfarrer» und der letzten Auferstehungsfeier, an der sie maßgeblich mitgewirkt hat.

«Das ist Ihre Taufkirche, Herr Flint. Oder?» Mein Versuch, ihn ins Gespräch zu ziehen, gelingt.

«Die Kirche war früher anders. Da saßen vorne die wohlhabenden Leute und ganz hinten die Armen.»

Und dann erzählt er von seiner Dorfkindheit. Geboren 1937, im Mai, «hier, in meinem Elternhaus», als siebtes von acht Kindern, von denen zwei schon als Säuglinge starben und mindestens eines infolge von Mangelernährung an Rachitis litt, der sogenannten «englischen Krankheit». Der Großvater war Mollenhauer, einer, der Mulden aus Baumstämmen haut, Alltagsdinge wie Futterwannen, Backtröge, Vorratsbehälter. Der Vater war, je nach Saison, Holzarbeiter und Maurer, die Mutter Tagelöhnerin.

«Daglöhner. So hett man seggt.»

Ab und zu verfällt er in seine plattdeutsche Muttersprache. «Gutsbesitzer, Großbauern, Mittelbauern, Kleinbauern, Köthner, Knechte und Mägde, Tagelöhner», zählt er auf, die ganze bäuerliche Hierarchie von damals. «Nach den Tagelöhnern kamen nur noch die Schnitter aus Polen, die waren noch tiefer unten als wir.»

Die Art und Weise, wie der Honig in sein Leben kam, war so traurig wie die sozialen Verhältnisse. Der Bauer, bei dem die Mutter ihre einzige Kuh grasen lassen durfte und dafür tageweise auf dem Feld half, schenkte ihr eines Tages ein Glas mit dieser süßen Köstlichkeit. «So hat das angefangen.» Es war ein nahezu leeres Glas, nur eine zähe, fingerdicke Schicht klebte noch an Boden und Wand. Und davon bekamen die Kinder am Sonntagmorgen ein kleines bisschen aufs Brot.

«Gibt es noch frühere Kindheitserinnerungen?»

«Nein.» Nicht dass er wüsste, vor dem sechsten Lebensjahr war da nichts. Spiele? Weihnachten? Irgendein Ereignis? «Nein.» Die Entdeckung des Honigs ist die erste und einzige Erfahrung, die ihm im Gedächtnis geblieben ist. Ihr folgte bald danach die Einschulung, ebenso einprägsam, nur negativ. Eine der üblichen Dorfschulen, Klasse eins bis acht in einem Raum, erzählt Reinhold Flint, «dem Lehrer saß die Hand locker.» Später sei noch einer in SA-Uniform gekommen. «Ein richtiger Fanatiker. Wenn wir nicht auf Kommando den Arm zum deutschen Gruß erhoben haben, triezte der uns eine ganze Stunde lang: Setzen! Auf! Setzen! Auf!»

Der Nöte waren viele: Hochdeutsch lernen, Hunger und Kälte, der Vater im Krieg. «Und dann kamen die Tiefflieger.» Ab April 1945 war die Elbe Frontlinie, von jenseits feuerten die Amis, im Mai marschierten die Tommys ein, zwei Monate später die Russen, die sie «in fliegendem Wechsel» als Besatzer ablösten. Ob sowjetische Zone oder britische, «ganz egal, Hauptsache, der Krieg war zu Ende.» Bis heute, so scheint es, sind diese Ereignisse ein unentwirrbares Knäuel, albtraumhaft und unverstanden.

«Und wann wurde es besser?»

«Nach der Bodenreform. *Junkerland in Bauernhand* hieß das. Auch unsere Mutter hat 1948 gesiedelt.»

Damals wurde auf Beschluss der Alliierten Grundbesitz über hundert Hektar entschädigungslos enteignet und verteilt. Und da sogenannte Junker in dieser Gegend rar waren, reichte der Boden nicht, um die Landlosen sowie die zahlreichen Flüchtlinge aus dem Osten zu versorgen. Mutter Flint erhielt siebeneinhalb Hektar aus der aufgelösten Domäne Groß Kühren. Ihr Mann, der im Januar 1949 krank und schwach aus der Gefangenschaft in Jugoslawien heimkehrte, stieg ebenfalls in die Zwergwirtschaft ein.

«Die Selbstversorgung klappte dann ganz gut. Nach der Schule mussten auch wir Kinder aufs Feld. Barfuß.»

«Bienen?»

«Da war nicht dranzukommen. Ich hätte gern welche gehabt. So ein Kasten und alles, viel zu teuer.»

«Wir haben das später zusammen angefangen.» Margarete Flint schaltet sich ein. «Als ich meinen Mann kennenlernte, hat der sich manchmal Bienen auf den Arm gesetzt, damit sie ihn stechen. Er wollte immun werden gegen das Gift, bevor er mit dem Imkern loslegt.»

Sie lacht so laut, dass die Spatzen vom nahen Gemüsebeet auffliegen. Dieser Reinhold Flint hat ihr wohl sehr imponiert, nicht nur wegen dieser mannhaften Demonstrationen.

«Wir lernten uns im Kuhstall kennen.»

Von der Liebe zu erzählen ist ihr Part. «Er war mein Chef, und ich war ein Küken, gerade siebzehn.» Die Geschichte spielt Ende der sechziger Jahre und hört sich an wie aus einem Roman des populären, linientreuen Schriftstellers Erwin Strittmatter. Der fünfzehn Jahre ältere Mann, für den die junge Melkerin zu schwärmen begann, hatte schon allerhand auf dem Buckel. Eine veritable Karriere: vom Fliesenleger und Ofensetzer zum Fachwirt für Rinderzucht, ein gesellschaftlicher Aufstieg, der durch den «sozialistischen Frühling auf dem Lande» weiter beflügelt wurde. So nannte man den letzten Akt der Kollektivierung, 1960, als man die noch widerstrebenden Bauern in die LPG zwang. Und dort brauchte man tüchtige und loyale Kader. Darüber hinaus hatte Reinhold Flint eine gescheiterte Ehe hinter sich, war Vater von vier Kindern.

«Ich mochte ältere Männer», bekennt sie, «und hab das nie bereut.»

Mit achtzehn Jahren ist Margarete Flint zum ersten Mal Mutter geworden, September 1968, zwei Töchter und zwei Söhne hat das ungleiche Paar. Bienen zu halten war eins ihrer ehelichen Projekte, erzählen sie – im Duett.

«Ich war Reinholds Assistentin, mehr nicht.» Wahrscheinlich untertreibt sie.

«Ein Imker braucht eine Frau, sonst geht das nicht. So eine

wie dich», schäkert er. «Am Anfang hatte ich so gut wie keine Ahnung.»

«Na ja, doch, das meiste haben dir die Bienen beigebracht.» Sie macht ihm schöne Augen.

«Ich wollte das eben!» Da blitzt der Teufelskerl auf, in den sie sich verguckte – seinerzeit.

Mit der Heirat Nummer zwei wurde Reinhold Flints Kindheitstraum Wirklichkeit. Der Zufall wollte es, dass gerade ein Bahnwärter starb und sein Nachfolger an dessen vierzehn Bienenvölkern kein Interesse hatte. Flint konnte sie günstig erwerben. Kaum hatte er sie bei sich aufgestellt, fuhr ihm ein älterer Imker aus Stapel in die Parade: «Die schaff man gleich wieder aff.» Er wollte keinen Konkurrenten in der Nachbarschaft. Der Neuling ließ sich jedoch nicht einschüchtern. In diesem Geschäft wurde zuweilen mit harten Bandagen gekämpft, da ging es um etwas.

«Als Imker waren wir in der VKSK organisiert. Das war prima.»

VKSK war der «Verband der Kleingärtner, Siedler und Kleintierzüchter», sein Hauptziel Erholung und Volksgesundheit, zweitens die Erzeugung pflanzlicher und tierischer Produkte für den Eigenbedarf und darüber hinaus. Beinahe alles hatten die Flints hinter dem Haus: Kartoffeln und Gemüse, Karnickel, Hühner und Gänse, Ziervögel wie Papageien und Kanaris, Sporttauben, am wichtigsten waren die Bienenvölker. Diese geflügelten Nutztiere hatten einen Sonderstatus. Einerseits waren sie Privateigentum des Imkers, andererseits so etwas wie Staatsbedienstete.

Reinhold Flint erklärt mir das System: Die Trecker der sozialistischen Kollektivwirtschaft zogen den Wanderwagen des Imkers auf die Felder und Obstplantagen. Dafür wurde eine Bestäubungsprämie gezahlt, in guten Erntejahren noch eine

Prämie obendrauf. Der Honigertrag aus den Massentrachten war privat, der Staat wiederum kaufte ihn zu Festpreisen auf.

«Wir füllten den Honig in Milchkannen, 20 Kilo passten da rein. Und der ging dann mit dem Zug nach Meißen, ins volkseigene Kombinat Bienenwirtschaft.»

«Aber nur Raps, Klee und Obstblüte», präzisiert sie. «Den Lindenhonig im Juni haben wir für uns behalten.»

Die Honigernte in der DDR hat sich zwischen 1949 und 1989 vervierfacht, hatte ich irgendwo gelesen und notiert, von 2500 auf 10 000 Tonnen. Auch die Flints stockten immer wieder auf, in den achtziger Jahren hatten sie um die hundert Völker.

«Wieviel Kilo pro Volk und Jahr hatten Sie im Durchschnitt?»

«Kann ich mich nicht erinnern.» Margarete Flint zieht die Stirn kraus. Solche Fragen stellt man Imkern nicht, das sollte ich eigentlich wissen. Die offizielle Statistik der DDR gibt 23 Kilo an. Der stolze Preis, den sie zuletzt, kurz vor ihrem Untergang, an die Imker zahlte, lag bei 14 Mark pro Kilo. So wichtig war der Honig als Devisenbringer, dass man ihn kräftig subventionierte. Hochgerechnet auf die Spitzenzeiten von Imker Flint: 23 × 14, das ist bei 100 Völkern 32 200 Mark Umsatz, Privatverkäufe nicht mitgerechnet, abzüglich der Unkosten …

«Viel Arbeit. Wie haben Sie das geschafft, so neben dem Beruf?»

«Mit Gottes Hilfe!» Margarete Flint entschwebt wieder in andere Sphären. «Die Bienen und der Himmel gehören zusammen, deswegen mag ich das so.»

Honigkunst. Kunsthonig. Erinnerungen an die DDR

Es fing mit Selbstversuchen an: Wenn eine Kuh sie geknufft hatte, was bei Melkerinnen häufig vorkam, bestrich Margarete Flint die Prellungen mit Honig – und sie verschwanden schneller. Im Laufe der Zeit hat sie viele Erfahrungen mit der heilenden Wirkung des Honigs gemacht. Unter Freunden und Nachbarn ist sie als Spezialistin für kleine Wehwehchen bekannt.

In der DDR haben sich die Traditionen der Volksmedizin ziemlich lange erhalten. Ein Phänomen der Mangelwirtschaft: Man nimmt, was da ist, wendet es auf altbewährte Weise an oder experimentiert damit. Honig war eines der klassischen Hausmittel und forderte zu immer neuen Erfindungen heraus. Meine Freundinnen und Freunde, die in Ost-Berlin, Sachsen oder Thüringen aufgewachsen sind, erinnern sich an fiebersenkende Honigquarkverbände, selbstangerührte Gesichtscremes mit Honig und Wachs, Honigwasser gegen Schlafstörungen, Honigmehlpampen, die Fersensporne zum Verschwinden brachten. Oder antirheumatische Bienengiftsalben, die der Imker um die Ecke nach rumänischem Rezept zauberte. Heilkunst, gepaart mit Lebenskunst – und viel Scharlatanerie, die wohl keinen großen Schaden anrichtete.

Allerdings war auch Honig Mangelware. Für den

medizinischen und kosmetischen Bedarf waren nur kleine Mengen nötig. Fürs Frühstücksbrötchen und zum Backen war er zu teuer. Ein Luxus, den man im «Deli», den Delikat-Läden für gehobenen Bedarf, kaufte, der im normalen Einzelhandel oft gar nicht oder nur als «Bückware» zu haben war. Glücklich, wer einen Imker wie Reinhold Flint kannte, der unter der Hand das eine oder andere Glas vertickte.

Weil er so kostbar war, aß man den Honig meistens pur. Zum Backen nahm man den billigen Kunsthonig, abgefüllt in Pappbechern. Ein Produkt der Zuckerwarenfabrik «Elbdom», die sich in Meißen befand, derselben Stadt, wo die VEB «Bienenwirtschaft» den echten Honig von Imkern aus der ganzen DDR sammelte, um ihn gegen Devisen nach Westdeutschland zu verkaufen.

DDR-Kochbücher oder die Frauenzeitschrift «Für Dich» empfahlen Kunsthonig für Lebkuchen, Honigkuchen, die gesamte Weihnachtsbäckerei. Und manche Kinder aßen ihn lieber auf Brot als alles andere und hegen bis heute nostalgische Gefühle für ihn.

Eine besondere Spezialität in den Bäckereien waren «Honigscheiben», die den Florentinern nachempfunden waren. Ein geniale Idee, die aus der Not – kein Honig, keine Mandeln – eine Tugend machte. Über das Rezept wird im Internet viel orakelt, offenbar haben die volkseigenen Backkombinate ihr Geheimnis mit ins Grab genommen. Von den Versuchen, die geliebten Honigscheiben nachzubacken, scheint mir dieser der plausibelste:

150 Gramm Butter und 200 Gramm Kunsthonig in einem Topf bei kleiner Hitze schmelzen. 350 Gramm kernige Haferflocken hinzugeben und 200 Milliliter süße Sahne. Etwa 5 Minuten köcheln lassen, dabei immer schön rühren. Den heißen Brei auf ein Backblech (belegt mit Backpapier) geben, runde Klekse von 10 Zentimeter Durchmesser und 1 Zentimeter Höhe formen. Bei 200 Grad Ober-Unterhitze backen, bis sie goldbraun sind und am Rand ein wenig knusprig. Im Erkalten erst werden sie fest. Dann bestreicht man eine Seite mit dunkler Kuvertüre.

Ich hab es probiert. Es schmeckt (noch besser allerdings mit echtem Honig). Und sättigt enorm. Und ähnelt gewissem Backwerk aus den heutigen Naturkostläden.

«Haben Sie eigentlich immer mit der *Carnica*-Biene gearbeitet?»

«Ja, immer.» Für die harten Fakten ist er zuständig. «Wir kriegten die Königinnen von Bantin. Das Bienenzuchtzentrum dort kaufte welche in Österreich, bei Singer, und züchtete sie nach.»

Firma Singer in Kärnten, die erste Adresse für die sanfte Hochleistungsbiene! Während in der Bundesrepublik quasi jeder Imker züchtete, was er wollte, und die *Carnica* sich nur langsam verbreitete, gab das Landwirtschaftsministerium der DDR diesbezüglich eine klare Marschrichtung aus. Auch die

Beuten – es gab Dutzende von Kastentypen, von der Marke Eigenbau ganz zu schweigen – wurden schon 1952 vereinheitlicht. Man wählte eine, die gut geeignet fürs Bienenwandern war, einfach und handlich, stapelbar und von hinten zugänglich, «Normbeute 52» genannt. Zudem wurden die Imker regelmäßig zu Schulungen zitiert und dort mit neuesten Kenntnissen der Wissenschaft ausgestattet.

«Einmal im Jahr mussten wir nach Güstrow zur Weiterbildung. Die einzige Veranstaltung ohne Rotlichtbestrahlung.» Das heißt politikfrei. «Wir waren den Imkern im Westen überlegen, besonders in puncto Zucht.»

«Warum eigentlich war die Bienenhaltung nicht Teil der Kollektivwirtschaft, so wie in der Sowjetunion?»

«Irgendwie hat das nicht geklappt. Warum, weiß ich nicht.»

Etwas merkwürdig ist es schon, dass Kühe, Schweine und Hühner vergesellschaftet wurden und die Bienen nicht. Und das obwohl Staat und Partei ihre Bedeutung für die Landwirtschaft klar gesehen haben, viel früher als die Verantwortlichen in der BRD.

Vielleicht war es so: Von Hause aus waren es kleine Krauter, die die Imkerei als Nebenerwerb betrieben, schlecht verdienende Postler und Bahnwärter, Dorfpfarrer und Kleinbauern. Warum sollte man sie locken oder nötigen, Bienen in einer LPG zu halten, hauptberuflich, mit fester Arbeitszeit und Urlaubsanspruch? Von der Sache her war das nicht nötig, denn ein Imker braucht keine eigenen Ländereien und nur minimale Technik. Und diese Sonderlinge – eigenbrötlerische Tüftler, skurrile Hobbygenetiker, Sparsamkeitsfanatiker, Weltfremdlinge – in eine Großstruktur einzugliedern wäre ziemlich mühsam gewesen. Es schien weitaus günstiger, sie zu ködern und ihr Können in Dienst zu nehmen. Zudem auch Bienen wenig berechenbar sind, was Verhalten und Leistung angeht. Diese

Art Klientel, die menschliche wie die tierische, passte nicht so recht in Fünfjahrespläne. Und anscheinend ging das Kalkül auf: Die Aufbauarbeit nach dem Krieg hat die alte Garde der Nebenerwerbsimker bestens hingekriegt. Und nachdem die Kollektivierung für großräumiges Blühen gesorgt hatte, lockte das nun profitable Geschäft eine neue Imkergeneration an.

«Ohne die Bienen hätte etwas gefehlt», resümiert Reinhold Flint und versinkt erneut im Schweigen.

«Ja wirklich, wir hatten ein gutes Leben», sagt Margarete Flint. «Die im Westen dachten, wir wären hinterm Mond und arm.»

Die Grenze, so nah und so fern

In der Laube ist es angenehm kühl. Der Teich nebenan, die Kartoffeln, Möhren, Kohlrabi, Bohnen, Radieschen, Salate ringsum schaffen ein eigenes Mikroklima. Die Berge von Schnittchen auf dem Tisch vor uns sind kleiner geworden.

«Sie haben ja ganz nahe an der Grenze gelebt.»

«Die Grenze hat uns nicht gestört», antwortet sie.

«Stapel ist fünf Kilometer von der Elbe entfernt», erklärt er.

Das jenseitige Ufer war außer Sicht- und Hörweite. Dennoch ist der Grenzzaun ein schwieriges Thema. Anfangs, als Reinhold Flint ein Kind war, ist er noch ziemlich durchlässig gewesen. Da gab es einen Onkel, Bruder des Vaters, der Elbschiffer war und vielen zur Flucht verhalf und dann kurz vor seiner Verhaftung entkam. Die älteste Schwester ging ebenfalls mit Familie in den Westen, 1951. Margarete Flints Mutter lebte später in Hamburg. Fast jeder im Amt Neuhaus, das Mecklenburg-Vorpommern angegliedert worden war, hatte Verwandte und Freunde «up anner Siet».

«Haben Sie 1952 etwas von der *Aktion Ungeziefer* mitbekommen?»

«Ja, einige Kinder aus meiner Klasse wurden abgeholt.»

Ob der Lehrer das Verschwinden erklärt und die offizielle Parole der SED, es gehe hier um die «Bändigung des westdeutschen Militarismus und die Erhaltung des Friedens», eins zu eins weitergegeben hat, weiß Reinhold Flint nicht mehr. Fünfzehn war er, stand kurz vor der Schulentlassung. Ein Alter, in dem man Veränderungen der Großwetterlage spürt, aber nicht unbedingt versteht.

«Ungeziefer, was sollte das heißen?»

«Wenn man einen Hund prügeln will, findet sich immer ein Knüppel.» Reinhold Flint zitiert eine alte Volksweisheit, über Einzelheiten will er sich nicht auslassen. Seiner heutigen Meinung nach diente die Aktion mit dem fürchterlichen Namen vor allem der Vorbereitung der ersten LPG. In Vockfey sollten die wohlhabenden Bauern verschwinden und der neuen Zeit Platz machen.

«Mit der LPG in Vockfey, das ist aber erst mal schiefgegangen. So war das.»

«Was hat die Kirche zu den Umsiedlungen gesagt?»

«Die war nicht einverstanden. Wir kannten den Pastor Beste natürlich, er hat mich konfirmiert. Ich weiß noch, wie wir als Kinder nachts im Garten vom Pasturnhaus Regenwürmer gesucht haben für unsere Angeln. Der Pastor hat uns manchmal die Sternbilder erklärt.»

Die Geschichte von Axel Beste habe ich später in einem Erinnerungsbuch gefunden, das vor einigen Jahren erschien. Der Pfarrer von St. Marien in Stapel hielt seinerzeit Kontakt zu den Zwangsverschleppten aufrecht. Briefe gingen hin und her, obwohl das gefährlich war, und diese offenbarten, wie schlecht es den Familien in der Fremde ging. In Güstrow, Teterow, Dargun und sonst wo landeten sie in Dachkammern aufgesiedelter Güter, auf verlassenen Hofstellen. Sie litten an Heimweh, trauerten um ihre verlorenen Gärten und Pferde und Bienen, hatten Albträume und Magengeschwüre. Nicht mal auf Familienbesuch durften sie ins Amt Neuhaus kommen. Sich auf dem Friedhof begraben zu lassen, wo die Vorfahren ruhten, war ebenfalls verboten.

Unter anderem bin ich auf eine Passage über Bienen gestoßen. Ein Helmut Wacker, Kleinbauer und Maurer, berichtet von den zehn Völkern seines Vaters, die ihm – o Wunder! – nachgesandt wurden. Im Exil brachten sie im ersten Sommer, von Wildblüten und Klee, so viel Honig ein wie nie, sensationelle vierzehn Zentner.

Damals, nach der Konfirmation, scheint Reinhold Flint den Kontakt zur evangelisch-lutherischen Gemeinde verloren zu haben. «Wir hatten in der DDR keine Zeit, in die Kirche zu gehen.»

«Wir waren immer unpolitisch.» Margarete Flint sagt es mit Verve.

«Hatten Sie mal Bienenvölker in Vockfey stehen?»

«Auch da. Wo die LPG sie brauchte.»

Solange Stapel zur Sperrzone gehörte, erzählen die Flints, konnten sie ohne Probleme nach ihren Bienen sehen, die Kühe der LPG grasten ja auch in diesen Bereichen. Später brauchten sie dafür einen Passierschein. Die Bienenweide dort war anscheinend nicht schlecht: alte Obstbäume, Gärten, eine Zeitlang auch die verwilderten der Zwangsausgesiedelten. Es gab kleinere Rapsfelder. In Grenzzaunnähe, wo das Gras kurz gehalten wurde, für gute Sicht und freies Schussfeld, wuchs Weißklee.

«Vor dem hohen Zaun war zusätzlich noch Stacheldraht angebracht, freundwärts, also auf unserer Seite.» Einem Menschen von der anderen Seite muss man die Terminologie der DDR erklären.

«Man unterschied freundwärts und feindwärts. Verstehen Sie?»

«Wir waren dran gewöhnt, und wir kannten die Grenzsoldaten», erzählt Margarete Flint. Morgens um drei habe sie manchmal Kühe zum Melken holen müssen. «Wenn ich sie nicht gleich fand, haben die Soldaten für mich 'ne Leuchtkugel in die Luft geschossen.»

«Ja, ja. Der antifaschistische Schutzwall.» Er spricht das Wort mit einer gewissen Distanz aus.

«Und als er sich öffnete, 1989?»

«Wir waren fassungslos.» Beide unisono.

«Sind Sie gleich los?»

«Nein! Da war plötzlich eine Fähre, aber wir haben abgewartet. Die Kinder haben dann gedrängt, alle ihre Schulkameraden waren schon drüben gewesen, bloß sie nicht.» Sie sagt es leichthin. Als wäre sie nicht Teil dieses deutschen, europäischen und weltgeschichtlichen Dramas gewesen.

Von Freudentaumel keine Rede – Jubelrufe und Blasmusik, die tränenreichen Umarmungen an der Elbe, all das ging offenbar an ihnen vorüber. Sie mögen die bittere Wahrheit nicht aussprechen: Ihre Welt ging in jenem November unter.

«Was war die beste Zeit in Ihrem Leben?»

Sie: «Die beste Zeit ist immer. Wir hatten ein Traumleben.»

Er: «Die VKSK-Zeit war die beste.» Also von 1968, als er zum zweiten Mal die Ehe schloss und dem Verband der Kleingärtner, Siedler und Kleintierzüchter beitrat, bis 1989.

Die Epochenwende erfasste natürlich auch die Bienenhaltung. Es fing damit an, dass Imker von drüben im Frühjahr 1990 Bienenkästen am Elbufer aufstellten, das noch zur DDR gehörte. Später, nach der Wiedervereinigung, erschien eine Abordnung des Imkervereins Lüneburg zu einem Sondierungsbesuch.

«Die haben gestaunt, wie groß unsere Schläge waren, die Rapsfelder vor allem. Und ihre dritte oder vierte Frage war, wie viel Geld wir in der Kasse haben.»

So richtig vom Leder ziehen will er nicht, doch er macht keinen Hehl daraus, dass er viele Urteile über den kapitalistischen Westen bestätigt sah. Vom Gegenbesuch in Lüneburg ist Reinhold Flint in Erinnerung geblieben, dass die versammelten Imker «um Kleinigkeiten stritten wie die Teufel». Schwierige Begegnungen, deutet er an, Missverständnisse, Kränkungen.

Das Hauptproblem sei jedoch ein anderes gewesen. Die besondere reglementierte Struktur der DDR-Imkerei brach mit einem Schlag zusammen. Kostenlose Bienenwanderung, staatlicher Honigaufkauf, Schulungen, «da war nichts mehr». Das Szenario kann ich mir gut vorstellen: Mancher Imker in der DDR hatte wie die Made im Speck gelebt, das war nun aus und vorbei! Seine Zeitinseln, die er für die diversen Verrichtungen am Bienenstock brauchte, lösten sich in Luft auf. Frühmorgens eine Stunde die Waben checken, mal kurz nach dem Abendbrot schauen, ob die neue Königin von ihrem Volk angenommen wurde, das ging jetzt nicht mehr. Die LPG entließ einen Großteil ihrer Mitarbeiter, wer anderswo Arbeit fand, musste oft pendeln. Jeder hatte mit sich selbst mehr als genug zu tun.

Infolgedessen setzte, von der Öffentlichkeit kaum bemerkt, ein Bienensterben ein, eines der größten der Geschichte. Die Zahlen kannte ich bereits, es ging beinahe so rasch wie in Kriegszeiten. In knapp drei Jahren schrumpfte im Gebiet der ehemaligen DDR der Bienenbestand um etwa zwei Drittel, von 350 000 auf 130 000 Völker. Viele Imker verzweifelten und gaben auf.

Mit Bienen aufhören, wie geht das? Entweder man verkauft

seine Völker, bei Überangebot wie in diesem Falle spottbillig. Oder man tötet sie, indem man sie «abschwefelt», Imker sind da nicht zimperlich. Oder man lässt sie verwahrlosen, die Völker schwärmen fort, gehen an der Varroamilbe zugrunde.

Nicht nur die Bienen, «viele Errungenschaften der DDR wurden ins Jenseits befördert», so Reinhold Flint.

Da er mit Mitte fünfzig vor dem beruflichen Aus stand und ihn die Welt jenseits der alten DDR nicht sonderlich reizte, hatte er plötzlich viel Zeit. Gut für die Bienen! Er konnte sich ihnen weiterhin widmen, den neuen schwierigen Bedingungen zum Trotz. Reinhold Flint erzählt, wie mühsam es war, mit dem Honig von Markt zu Markt zu ziehen. «Honig aus Niedersachsen» – ab 1993 gehörte das Amt Neuhaus wieder zum Kreis Lüneburg – zog bei den Kunden in Schwerin nicht, und den meisten waren 2,50 DM für ein Glas zu teuer.

Reinhold Flint investierte viel Energie und Geduld, um die letzten Mohikaner zusammenzuhalten, der Imkerverein nach BRD-Recht war mehr oder weniger sein Werk. Aber die Wiedervereinigung mit den Lüneburger Kollegen hat bis heute nicht stattgefunden. Auf den Gläsern der Hobby-Imkerei Flint, die der Sohn mit Hilfe der Eltern weiterführt, steht: «Honig aus Mecklenburg-Vorpommern».

«Ich hab kürzlich den Vorsitz an einen jungen Imker weitergegeben. Der macht vieles anders. Die Sparkassenstiftung Lüneburg um Geld anbetteln, das hätte ich niemals getan. Neulich hat der Verein die Landwirte eingeladen, um mal zu fragen, was sie für Gift spritzen.»

Natürlich, auch die LPG hat bienenschädliche Chemie eingesetzt, und das nicht zu knapp, an das berüchtigte Herbizid Wofitox erinnert sich wohl jeder. Aber in diesem System, dessen Teil Reinhold Flint war, gab es Wege, das Thema anzusprechen, etwa zu erwirken, dass nur nachts gespritzt wurde. Heute stehen den Imkern im Kreis Neuhaus internationale Konzerne gegenüber – das holländische Agrarimperium Straathof, der Biogaskonzern EnviTec, die Danone GmbH.

«Wir sind ein Lichtchen, das keinen Schein gibt.»

«Des Menschen Engel ist die Zeit», tröstet ihn Margarete Flint.

Freiheit – ohne Bienen

Am nächsten Morgen schauen die Pendler auf der «Tanja» gut gelaunt auf den Strom. «Na endlich!» In der Nacht hat es Bindfäden geregnet, der Wasserstand ist gestiegen. «So is dat hier», erklärt mir der Kassierer, «Leegwater, Hoogwater, im Winter noch Eis, da reden die Leute drüber. Und alle ärgern sich schwarz, dass es immer noch keine Brücke gibt.» An jedem 3. Oktober feiere man am Fähranleger in Darchau das Brückenfest. Deutsche Einheit? Nicht ohne Brücke!

Vockfey ist nur auf einem Umweg zu erreichen. Merkwürdigerweise gibt es ein Ortsschild, obwohl das Dorf nur noch aus wenigen Häusern besteht. Wer von der Vergangenheit nichts weiß, empfindet die Leere nicht – links der Elbstraße Getreidefelder, vermutlich zum Imperium Straathof gehörig, irgendwo rechts müsste das Kolepanter Brack liegen, in das die Überreste der abgerissenen Höfe gekippt wurden, «Vockfeys nasses Grab». Die Nummer 14 ist ein Haus in Alleinlage, «Sie können es gar nicht verfehlen», hatte Hans Ebeling am Telefon gesagt.

Ein stattlicher Niedersachsenhof, Baujahr 1914, direkt am Elbdeich. Man versteht sofort, dass so ein Großbauernhof der DDR ein Dorn im Auge war. Wer hier zu Hause ist, hat andere Geschichten zu erzählen als die Flints. Und weil Hans Ebeling, der 85-jährige Hausherr, über sein Leben öffentlich gesprochen und geschrieben hat, kenne ich einige schon: Er ist in Hildesheim geboren und kam im März 1945 aus dem Feuersturm hierher nach Vockfey, zu seinen Großeltern, die Amerikaner beschossen bereits das östliche Elbufer. Seine beiden Onkel, die eigentlich den Hof weiterführen sollten, waren im Krieg geblieben, der eine war gefallen, der andere vermisst. Deswegen sollte der nicht mal dreizehnjährige Hans das Erbe antreten, und das möglichst bald. Mit zwanzig, nach einer landwirtschaftlichen Lehre, war er tatsächlich Herr über 35 Hektar, Pferde, Rinder und Schweine. Und im Grunde schon fast im Schlamassel, die Kollektivierung warf ihre Schatten voraus. Um dem Druck der SED zu begegnen, ist er frühzeitig der Ost-CDU beigetreten und nach der Enteignung, nachdem er alle Möglichkeiten, sich zu widersetzen, ausgereizt hatte, zum Vorsitzenden der LPG Zeetze aufgestiegen. 1989 hat er auf der Bürgerversammlung in der Stapeler St.-Marien-Kirche der DDR die Leviten gelesen, unter anderem zitierte er in seiner Rede Gorbatschow: «Wer zu spät kommt, den bestraft das Leben.» Nach der Wende trat er vehement für die Rückgliederung nach Lüneburg ein, eroberte Ämter und Ehren. Zuletzt, nach dem Jahrhunderthochwasser von 2002, leitete der Siebzigjährige den Neubau des Deiches, war Deichverbandsvorsteher. «Deichgraf», wie ihn manche nannten, respektvoll und bewundernd, bisweilen ironisch – diesen Titel hatten seine Vorfahren getragen.

Hans Ebeling steht schon in der Tür, ein großer, kräftiger Mann mit kantigem Gesicht. «Na, dann kommen Sie mal rein.» In Norddeutschland ist man selten förmlich, was mir so gut gefällt wie die Flüsse und Seen. Kein Jackett, keine Floskeln, und es geht zur Sache. «Bei Bienen muss ich passen. Da sollten Sie meinen Schwiegersohn und meine Tochter Wiltrud fragen. Aber die kommen erst spät nach Hause.»

Und so sitzen wir in der großen Wohnstube, an einem langen

Tisch, wie sie früher auf Bauernhöfen üblich waren, und reden von Vockfey, das es nicht mehr gibt. Hans Ebeling holt Ordner und Fotoalben heraus, alles und jedes hat er dokumentiert, wer wo gewohnt hat, Grundbesitz, Datum der Deportation.

«Wir haben uns nach 1989 jedes Jahr getroffen, meistens hier bei uns. Viele Vockfeyer hatte ihre Heimat seit damals nicht gesehen. Ja, das war traurig, heute sind die meisten schon nicht mehr da.» Auf den Fotos sehe ich Versammlungen auf freiem Feld, Kaffeetafeln, Umarmungen. Nach Vockfey zurückgekehrt sei kaum jemand. Es hat viele Jahre gedauert, bis die Zwangsverschleppten als Opfer anerkannt und entschädigt wurden, berichtet Hans Ebeling. «Das war eine große Aufgabe.»

Warum seine Familie verschont wurde? Er weiß es nicht, welchen glücklichen Umständen und guten Engeln sie das verdankt. Auch das Bleiben war nicht leicht. «Wir haben immer Angst gehabt, dass wir auch drankommen. Während der *Aktion Ungeziefer* hatte das Organisationsbüro bei uns sein Quartier aufgeschlagen. Unser Haus ist so gelegen, dass wir alles abkriegten.»

Eine strategische Position, könnte man sagen. Den Grenzzaun direkt vor der Nase. Wenn jemand über die Elbe floh, hatten die Ebelings das Haus voller Soldaten, auf ihrem Dach war für solche Fälle eine Sirene montiert. Das Telefon wurde abgehört, und gern hätte die Stasi den tüchtigen Mann, den sie überwachte, zum Bundesgenossen gemacht. «Ich habe abgelehnt, und dann ging es von vorne los. Wieder abgelehnt.» In seiner Stasiakte hat er später manches nachlesen können.

Und dann die üblichen Sperrgebietsregeln, er spricht davon kühl und gelassen, fast wie von einem anderen Sonnensystem.

«Vockfey gehörte zum 500-Meter-Schutzstreifen. Wer uns besuchen sollte, brauchte einen grünen Passierschein. Unsere drei Kinder konnten ihre Freunde nicht einladen. Ausgangssperre nach 21 Uhr. Man hat sich immer mehr in die Familie zurückgezogen.»

Sie waren gewissermaßen Insulaner. «Und dann saßen wir vor dem Fernseher, und Schabowski sagte: Die Grenzen sind offen.» Bewegung kommt in seine Züge, er kann nicht gleich weitersprechen. «Wir waren überwältigt. Endlich frei. Ohne Blutvergießen.» Was wäre gewesen, wenn? Das Haus am Grenzzaun wäre mitten im Kampfgeschehen gewesen. Ich verstehe gut, warum die Familie unbedingt und sofort mit den Menschen «up anner Siet» vereinigt sein wollte. Hans Ebeling muss mir unbedingt den Kalender zeigen, in dem er damals notiert hat, wann die ersten Fähren fuhren: «Bitter am 19. November 1989, Neu Bleckede am 26. 11. und Darchau am 25. 11.», liest er vor. «Um 13.15 kam die Fähre bei uns in Darchau an.» Der Jubel von damals beseelt ihn offenbar noch immer.

Im Dezember 1989 die erste Versammlung der CDU im Hotel Lindenhof in Neuhaus. «Unsere Frauen haben Niedersachsenfahnen vorbereitet. Achtzig alte DDR-Fahnen, die Geschäfte haben sich gewundert, dass sie die noch loswurden. Das Emblem rausgetrennt, Hammer und Zirkel im Ährenkranz, und das weiße springende Ross aufgenäht.» Zurück in den Landkreis Lüneburg war die erste Forderung der Anwesenden. Was sich als gar nicht so einfach erwies, unter anderem weil die Landesherrschaft in Niedersachsen 1990 an die SPD fiel. Ebeling wird die Worte des Ministerpräsidenten Gerhard Schröder nie vergessen: «Der hat zu uns in der Gaststätte *Utspann* in Strachau gesagt: ‹Ihr habt wohl nicht alle Tassen im Schrank.›»

Das Leben des erfolgreichen und geschundenen Hans Ebeling, damals siebenundfünfzig Jahre alt, ist mit dem Jahr 1989 weit und turbulent geworden. «In der Freiheit hat alles Spaß gemacht. Ich hatte neben meinem Beruf achtzehn Ehrenämter.»

Hansdampf in allen Gassen, erst mit achtzig hat er das meiste abgegeben.

Und die Bienen im Hause Ebeling? Sie flogen davon! Einige Wochen später, an einem Sonntag, erfahre ich wie und warum. Wir sitzen zu dritt im Garten der Elbstraße 14, im Schatten einer alten Kastanie. Mir gegenüber der Ex-Imker Bernd Tewes und seine Frau Wiltrud, Ebelings jüngste Tochter. Anfang fünfzig sind die beiden, groß und schlank, Menschen, die ausstrahlen, das und das ist für uns richtig und das nicht.

«Mögen Sie Blaubeerkuchen?»

«Ja. Wirklich schön haben Sie es hier. So allein.»

Der Garten ist mehr oder weniger Wiese, Teil der Elblandschaft. Keine dreißig Meter entfernt verläuft der Deich, auf dem hin und wieder einige Radler vorüberflitzen. Ohne die Spatzen wäre es ganz still. Nachts ist es wahrscheinlich so dunkel, dass man die Sternschnuppen fallen sieht.

«Das war eben in der DDR so. Man wollte etwas dazu verdienen.» Bernd Tewes weiß nicht so recht, wo er anfangen soll.

«Da war ein Tischlermeister gegenüber, der hatte Bienen.» Lehrling sei er damals noch gewesen, kurz vor dem Abschluss seiner Ausbildung zum Elektriker.

«1983 fing das an, ich war noch keine zwanzig. In der DDR dachte man in diesem Alter schon daran, eine Familie zu gründen.»

Tradition spielte auch mit. «Mein Opa Wilhelm in Rosien hatte Bienen und einen Wanderwagen, den ich erben konnte.» Auch Wilhelm Tewes war ein Großbauer gewesen, den die DDR auf ein anderes Gleis gesetzt hatte. Der erwähnte Tischlermeister versorgte den Jungimker mit Basiswissen und Kästen, seinerzeit Mangelware. Und so fädelte sich Bernd Tewes in ziemlich kurzer Zeit in das lohnende Geschäft ein, hatte bald 36 Bienenvölker.

«Und 1985 hab ich Bernd kennengelernt.» Wiltrud Tewes lacht. «Und auch seine Bienen.» So ganz geheuer waren sie der Siebzehnjährigen anscheinend nicht, aber es gab auf dem Weg zu einer festen Verbindung schwierigere Fragen als diese.

«Er wollte nicht ins Sperrgebiet ziehen.» Sie lächelt ihn an. «Das war schwer für ihn.»

«Biste verrückt, haben meine Freunde gesagt. Da kann man doch nicht leben.»

«Ich kannte das ja, solange ich denken kann. Wenn nachts ein Reh in den Spanndraht lief, ging Leuchtmunition hoch. Ich hatte immerzu Angst. Ich hab heute noch Angst, wenn ich Uniformierte sehe.»

Als jüngstes der drei Ebeling-Kinder wollte sie die Eltern nicht alleinlassen. «1988 war unsere Hochzeit, wir haben auf dem Hof gefeiert. Da war es schon lockerer mit den Passierscheinen.»

Der Bräutigam brachte seine Bienenvölker mit auf den Hof. Die Imkerei war ein kurzes Intermezzo, eine vielleicht typische Geschichte aus der späten DDR – ein kleiner tragikomischer Epilog. Das Land der Schwiegereltern, das kleine Stück, das noch ihnen gehörte, erwies sich als brauchbarer Standort. Vor allem in den ersten Frühlingswochen, dann flogen die Bienen über den Grenzzaun ins Elbvorland, wo die Weiden blühten, von «freundwärts» nach «feindwärts» und zurück. Bis nach drüben gelangten sie übrigens nicht – Bienen überqueren in aller Regel keine Gewässer, wie ich mittlerweile weiß.

«Einer von den Grenzoffizieren hatte auch Bienen. Wir kannten uns von den Imkertreffen. Was ihn nicht daran gehindert hat, mich zu verhaften, als ich bei einer Kontrolle keinen Ausweis dabeihatte.»

«Gab es keine Imkersolidarität?»

«Nein.» Selbst als der Wind der Freiheit wehte.

Wiltrud Tewes tat, was alle Imkerfrauen tun. Mitgefangen, mitgehangen, für die Haushaltskasse springt immer was raus. Das gute Honigjahr erlaubte sogar einen besonderen Luxus.

«Wir haben uns für 5600 Mark einen Farbfernseher gekauft.»

Die beiden verdrehen die Augen. Eine absurd hohe Summe, wenig später hätten sie das Ding für einen Bruchteil bekommen. «Das war Anfang 1989! Wir haben ja immer Westfernsehen geguckt, ARD und ZDF.»

Und so sahen sie dank der fleißigen Bienen die Bilder aus Prag und Budapest in Bunt, das Glück in den Gesichtern, die Supermärkte, wie die Außenminister von Ungarn und Österreich Ende Juni gemeinsam den Grenzzaun durchschnitten. Fast hätte das junge Ehepaar Vockfey doch noch verlassen. «Wir dachten, wir bleiben hier ganz alleine zurück.» Er wollte es vor allem, sie weniger. Sie war damals hochschwanger, Tochter Katja wurde am 40. Jahrestag der DDR geboren, am 7. Oktober 1989.

«Und was passierte nach der Wende mit den Bienen?»

«Ich habe aufgehört.»

Fürs Erste hat Bernd Tewes die Völker seinem Großvater Wilhelm Tewes übergeben in der Hoffnung, der Sechsundsiebzigjährige würde schon damit fertigwerden.

«Sich mit den kleinen Gläsern abgeben?» Wiltrud Tewes schüttelt den Kopf. «Wir wollten uns selbständig machen, mein Mann und ich.» Ein eigenes Elektrogeschäft, sie war gelernte Kauffrau.

Seitdem waren sie in Eile. Achtstundentag ade, Reisen mussten nachgeholt werden, Dänemark, Cote d'Azur, Österreich, Kroatien. Selbst Opa Tewes zog es vor, statt sich um seine geliebten Bienen zu kümmern, mit dem Trabbi durch die Gegend zu gondeln, mal eben «up anner Siet», zu seinem Bruder in

Sittensen oder zum Apotheker nach Hitzacker, der den besten Schwedenbitter der Welt mixt.

«Bis er hundert war, ging der auf Tour.»

«Noch länger, mein ich. Bis hundertzwei.»

Bienen gehörten zur Welt von gestern. In Bernd Tewes' Leben waren sie ohnehin nur eine Episode. Und vielleicht, wer weiß, waren auch die vierzig Jahre DDR in der Familiengeschichte nur eine Episode? Für den 1912 geborenen Wilhelm Tewes zumindest. Im Februar 2017 ist er 105 Jahre alt geworden.

Ein Imker von 105 Jahren

Ich kann nicht widerstehen, ich muss ihn in Lobetal besuchen. Ein Gespräch kann man es nicht nennen, der Mann in der dicken Strickweste, der sich im Rollstuhl vor dem Haus sonnt, ist inzwischen dement. Aber da ist noch Energie, irgendwie wirkt er vergnügt. Im grünen Innenhof des Diakonissenhauses sind wir fast ungestört. Ich brülle Fragen in seine schwerhörigen Ohren, meist antwortet er irgendwas, aus mir unbekannten Zusammenhängen.

«Wenn's nottut, mach ich das wieder.» Oder: «Darüber darf man nicht reden.»

Manche Sätze lassen mich schaudern. «War ja nicht hinzukriegen, dass alle ja sagten. Wenn man an der Krippe sitzt, muss man mithausen.»

Meint er sich? Immer wieder kommt der Krieg vor, Bruchstücke von Frontereignissen, irgendwo in Italien. Und als ich frage, wann er denn zu Ende war, sagt er: «1918.» Und ob er sich erinnere, wann die Mauer gebaut wurde und wann sie gefallen ist. Wieder «1918!». Das Jahr, in dem er zur Schule kam – es scheint das Einzige zu sein, was Wilhelm Tewes noch kennt.

«Und wann haben Sie mit den Bienen angefangen?»

«1918!»

Bei diesem Thema blüht er auf. «Ich wollte immer was Neues lernen. Mit den Bienen, das ist eine Arbeit für sich. Das kann nicht jeder.»

Er legt die Schachtel Pralinen beiseite, die er seit unserer Begrüßung umklammert hielt, und bewegt die Hände. Eine klassische Geste, ich erkenne sie sofort, so zieht der Imker Rahmen aus dem Kasten. Wie agil seine Finger sind! Die Augen folgen allen ihren Bewegungen.

«Von der Pike auf muss man das lernen.»

Er tut, als kehre er Pollen vor dem Einflugloch weg. Es muss ein Gänseflügel sein, so zart, wie er das Werkzeug fasst, das ist kein Handfeger. «Ssst, ssst», imitiert er den Flugverkehr, «sssssssst!», verzieht kurz die Miene und schnippt einen Stachel von der linken Wange. Und sackt dann weg in einen kurzen Schlaf oder Traum.

Die Pantomime des 105-jährigen Imkers werde ich nicht vergessen. Und auch nicht die beiden Sätze, die er an diesem Nachmittag völlig klar und zornig hervorbringt:

«Kommunist wollte ich nicht werden. Das war das einzige Programm, das ich hatte.»

Ich schiebe ihn zurück durch den nach Urin stinkenden Gang in sein Zimmer. Elf Tage später, am 13. Juli 2017, ist Wilhelm Tewes gestorben.

Tagebuch einer Entdeckung

Ein imkernder Lokführer macht Geschichte

Mit den Bienen sind Bilder und Wörter aus meiner westfälischen Kindheit zurückgekehrt. Oft haben sie mit der Landtierarztpraxis meines Vaters zu tun, zum Beispiel «Bullo». Ein Begriff, der damals aufkam und uns sehr beschäftigte. Ich erinnere mich, dass es eine Zeit vor «Bullo» gab und eine Zeit danach. Unsere Eltern sprachen anfangs nur im Flüsterton davon. Doch da wir Kinder oft ans Telefon gingen, wenn Kundschaft anrief, mussten wir wohl oder übel eingeweiht werden. Wir führten die Gespräche bald völlig souverän. Wenn der Bauer um den Brei herumredete: «Gestern guckte die Kuh schon so dämlich», oder: «Dat muss ich deinem Vadder selber seggen», fragten wir ungeniert: «Brauchen Sie Bullo?» Und mit einem kleinen teuflischen Unterton: «Max oder Anton?»

Alle acht bis zehn Tage holte unser Vater am Expressschalter das tiefgekühlte Sperma ab. Ich sehe ihn noch den Holzkasten in die Garage tragen, den Behälter auspacken, in dem sich mit Stickstoff gekühlte Ampullen befanden. Die kostbare Flüssigkeit kam aus der Nähe von Soest, von Zuchtbullen, die Namen hatten. Der absolute Favorit der Bauern war Anton. Später gab es immer mehr Kandidaten, einen ganzen Katalog voll. «Große, starke Tiere, damit auch die Kinder groß und stark werden», erklärte man uns. Nicht, dass wir sexuell aufgeklärt gewesen wären, aber wir konnten natürlich Kühe von Bullen unterscheiden. Jeder von uns, die Mädchen zuerst, weil wir älter waren, hatte mal zugeschaut, wie auf einer Weide so ein Riesenkerl mit Nasenring seine lange rote Rute ausfuhr und eine Kuh besprang. Wir verständigten uns untereinander in dem Sinne, dass dies seltsame Tun jetzt unser Vater besorgte – mit seinem Arm. Er nahm dafür extralange Gummihandschuhe mit.

Anfang der sechziger Jahre wurden wir, als eifrige Telefonisten, Mitwirkende der «Bullomania», einer neuen Epoche in der Milchviehzucht. Hochleistung, «die beste Kuh der Welt», das war das Ziel, via künstliche Befruchtung. Zuerst boten die Samenbanken noch Sperma der hiesigen Schwarzbunten an, züchterisch optimiert, versteht sich. Später verdrängten die Holsteiner alle regionalen Rassen, nicht nur bei uns in Westfalen. «Die sind doch bekloppt!», ereiferte sich unser Vater, der für den Fortschritt in der Medizin grundsätzlich aufgeschlossen war.

Die Einheitskuh war auf dem Vormarsch. Und sie war sichtbar, auf den Weiden, in den Ställen. Bei den Bienen hingegen fiel mir und den meisten Zeitgenossen nichts auf, sie schienen immer gleich zu bleiben: klein, geringelt, mit einem Stachel bewehrt. Ein Irrtum, wie ich jetzt weiß! Es erging ihnen nicht anders als den großen Nutztieren. Die Biene, die mich neulich im Garten meiner Mutter stach, war eindeutig eine graue Biene, gehörte der Unterart *Apis mellifera carnica* an – eine Gebirgsbiene, die ursprünglich südlich der Alpen zu Hause war. Während die erste Biene, die meinen Arm zum Schwellen brachte, 1957, im Jahr meiner Einschulung, eine (vermutlich nicht ganz reinrassige) schwarze Biene war, eine Vertreterin der damals noch vorherrschenden *Apis mellifera mellifera.* Ihr Territorium, das sie nach der letzten Eiszeit besiedelt hatte, war riesig, es erstreckte sich nördlich der Alpen, zwischen Atantikküste und Ural. Innerhalb weniger Jahrzehnte hat die graue *Carnica* Deutschland erobert, die schwarze *Nigra* ist heute so gut wie ausgestorben. Was war geschehen?

Manche Anhänger der unterlegenen schwarzen Biene nennen es «Völkermord». Im Internet kursieren die wildesten Räuberpistolen über Schuldige, Strippenzieher und ihre Komplizen. Ein Komplott, ein groß angelegter Plan, in dem Adolf Hitler und seine Rassengenetiker Regie führten? Ein Kampf zweier Linien in der Imkerschaft, Schwarz gegen Grau? Bisweilen soll er kriegsähnliche Formen angenommen haben.

Die tieferen Gründe jedenfalls für den Sieg der Grauen scheinen ähnliche gewesen zu sein wie beim Holsteiner Rind. Angesichts der komplizierten Paarungsbiologie der Biene muss die Sache jedoch bedeutend schwieriger zu bewerkstelligen gewesen sein.

Armchair travel: Die Paarungsbiologie der Biene

Zu Hause in Lüneburg, ein nasskalter Januar. Ich tauche in die verrückte, für Nichtbiologen schwerverständliche Welt des Bienenvolks ein. Eine abenteuerliche Reise im Sessel, armchair travel, wie man in England sagt. Um mich herum Lehrbücher für Imker aus anderthalb Jahrhunderten, ihr Kernstück ist die Paarungsbiologie.

Also: Ein, zwei Wochen nachdem die junge Königin aus der Zelle geschlüpft ist, begibt sie sich auf Hochzeitsflug und entschwindet dabei den Blicken des Imkers. Nach einer Weile trifft sie, hoch in der Luft, auf eine Wolke von Drohnen. Hunderte von männlichen Bienen, angelockt von ihrem Duft, stürzen sich auf sie. Der Schnellste kommt zum Zuge, stülpt seinen Begattungsschlauch nach außen und dringt in den Hinterleib der Königin ein. Im Liebesakt wird ihm sein Geschlechtsteil abgerissen, und während er sterbend zur Erde taumelt, ist bereits der nächste Drohn im Anflug. Ein Dutzend Mal und öfter wiederholt sich dieser Vorgang, am Ende hat die Königin bis zu acht Millionen Spermien in ihrer Samenblase gespeichert. Der Vorrat reicht ihr für ihr ganzes Leben, drei Jahre, bisweilen sogar fünf. Aufgrund der Mehrfachpaarung haben die Bienenkinder eines Volkes viele Väter. Und sie sind unbekannt – Vagabunden, die aus einem Umkreis von zwei, drei Kilometern zusammenkommen, von den Bienenständen anderer Imker, sie können sogar verschiedenen «Rassen» angehören. Die Biene, heißt es, bevorzugt die genetische Vielfalt, Fremdpaarung ist ihre Natur.

Wenn der Mensch eingreifen will, muss er außerdem wissen, dass die Königin sowohl befruchtete als auch unbefruchtete Eier legt. Aus Ersteren entstehen Arbeiterinnen. Aus Letzteren Drohnen, die männlichen Bienen haben also keinen Vater. Jungfernzeugung, *Parthenogenese*, hat Jan Dzierzon es genannt, der schlesische Dorfpfarrer und Bienenforscher, der 1853 dieses Geheimnis der Biologie entdeckte, nachdem er gelbe Italienerbienen eingeführt hatte. Wann immer er seine schwarzen Königinnen mit gelben Drohnen kreuzte, waren die Arbeiterinnen – den Mendel'schen Erbgesetzen entsprechend – mal so, mal so, die Drohnen hingegen immer schwarz. Die Schlüsse, die er daraus zog, konnten einige Jahre später unter dem Mikroskop bewiesen werden: Im Hinterleib existiert eine Art Kläppchen, das die Königin öffnet für den «männlichen Zeugungsstoff» oder verschließt, wenn sie ein Drohnenei legt.

Den Züchter stellt die besondere Fortpflanzungsweise vor äußerst knifflige, kaum lösbare Aufgaben: Das Superweib und seine Freier im Luftraum unerreichbar, das Treiben im Stock größtenteils im Dunkeln. Ach, könnte man doch wie bei Kühen den Max zur Liese führen! Oder noch besser: eine künstliche Befruchtung durchführen! Die Imkerliteratur seit Dzierzon ist reich an solchen Phantasien, und an Versuchen hat es nicht gefehlt.

Verblüffenderweise sind die meisten Autoren Praktiker, keine studierten Leute. Einer der erfinderischsten ist der Schwarzwälder Schuhmachersohn Wilhelm Wankler, geboren 1855, acht Klassen Schule, von Beruf Uhrmacher. Als Imker ist er Autodidakt, erst mit fünfundzwanzig Jahren hat er angefangen. Wie ich später herausfand, ist er wegen seiner trunksüchtigen Frau zu den Bienen geflüchtet. «Die Königin» heißt sein 1903 erschienenes Buch, geschrieben für Anfänger. Die halbe Nacht und noch einen Tag verbringe ich damit, es ist unterhaltsam wie ein Roman. Dieser Wankler ist ein Geistesverwandter Alexander von Humboldts, ein Forscher und Abenteurer. Nur dass seine Expeditionen nicht in die Anden und an den Orinoco führen, sondern sich auf einen Mikrokosmos beschränken, rund um Sulzburg, was für sein Thema vollkommen ausreichend ist.

Der Honig interessiert ihn kaum, ihn treibt der Wissensdurst. In meiner Phantasie sehe ich ihn stundenlang dem Treiben an den Fluglöchern zuschauen. Wie «Der Bienenfreund», den Hans Thoma, auch er ein Schwarzwälder, malte, ganz ins Beobachten versunken. Noch lieber blickt Wankler ins Innere des Bienenhauses. Mal zieht er eine Wabe und hält sie gegen das Licht, seine Uhrmacherlupe hilft ihm, die Wege der Königin zu verfolgen, wie sie Ei für Ei in eine vorbereitete Zelle legt. Täglich verfolgt er das Wachstum der Larven, die Arbeiterinnen, die sie füttern und die kleinen Kammern mit Wachs verdeckeln. Er berauscht sich geradezu an den Metamorphosen dieser kleinen Wesen. Die Minuten, in denen eines herauskrabbelt, sind heilige Momente. Doch letztlich ist Sinn und Zweck der Übung: die Zucht.

«Die Königinnenzucht ist die Poesie der Bienenzucht.» Wankler kennt seine Königinnen persönlich. Manche «sind phlegmatisch und haben wenig Temperament». Es gibt «flatterhafte Dämchen», schreibt er, zu dumm, nach dem Hochzeitsflug den eigenen Stock wiederzufinden. Anscheinend hat er eine gefühlvolle Beziehung zu ihnen, was ihn nicht daran hindert, sich im nächsten Augenblick in einen kühlen *homo faber* zu verwandeln. Instrumente raus, jetzt wird operiert! *Umlarven* ist das große Zauberwort. So wie ein Pfarrer kürzlich in einer Bienenzeitschrift beschrieben hat, das muss er unbedingt selbst ausprobieren.

Und siehe da, er kann es – und sogar besser. Es ist «leichter als das Okulieren von Rosen», prahlt er in seinem Lehrbuch. Er entwickelt ein eigenes Umlarvbesteck, eine Kombination von Messerchen, Häkchen und Pinselchen. Als Uhrmacher hat er mit Feinmechanik Erfahrung, ein geschultes Auge und eine ruhige Hand. Der Eingriff gehört bis heute, etwas abgewandelt, zu den züchterischen Standards. Man schneidet die noch nicht verdeckelte Königinnenzelle ein wenig auf und biegt die Wände auseinander. Mit dem Häkchen wird die Königinnenlarve entfernt, dann eine Arbeiterinnenlarve aus dem Volk eingesetzt, das der Züchter für würdig befunden hat. Diese wird vorsichtig mit dem Haarpinselchen, «das wie ein Zünglein arbeitet», in den königlichen Speisebrei eingebettet. Den Rest übernehmen die Arbeiterinnen des Gastvolkes, sie füttern die fremde Larve königlich, mit *Gelée royale*. Wieder eines dieser seltsamen Gesetze der Biologie der Gattung *Apis*: Durch die besondere Nahrung wird die Arbeiterin zu einer Königin umgepolt, und das macht sich der Imker zunutze. Nach einigen Tagen nimmt er das Näpfchen heraus, das Volk schafft sogleich ein neues. Der Züchter wiederholt den Vorgang und so weiter und so fort, Wanklers Rekord liegt bei fünfundachtzigmal. Um die Produktion weiter zu erhöhen, versucht er es mit selbstgefertigten Wachszellen, und auch das gelingt. Die wertvollen Königinnen setzt er in andere Völker ein. Mal spielen die Bienen mit, mal lehnen sie eine neue Stockmutter ab, sie wird getötet.

Von moderner Vererbungslehre scheint der imkernde Uhrmacher nicht allzu viel zu wissen. Die Gesetze von Gregor Mendel, die dieser 1866 in die Welt trug, kennt er allenfalls vom Hörensagen, Dzierzons Theorie von der Jungfernzeugung der Drohnen hingegen schon. Ein Bastler vor allem, der sich mit dem «Würfelspiel der Natur» arrangiert, womöglich interessiert ihn das Regelwerk dahinter nicht wirklich. Das genetische Zeitalter ist noch jung, ein Züchter wie Wankler wäre nicht in der Lage gewesen, die graue Biene in seiner badischen Heimat zu verbreiten.

Allein der Gedanke wäre ihm fremd gewesen. Beim Lesen kommt es mir vor, als hätte dieser Schwarzwälder keine wirklich klaren Zuchtziele. Nur ganz allgemeine wie Sammeleifer, Vitalität und Sanftmut, was Imker eben an einer Biene schätzen. Er experimentiert mehr oder weniger drauflos, per Post lässt er sich Königinnen aus fremden Ländern schicken, aus Kärnten (ja, die graue *Carnica* ist schon im Spiel), Zypern, Palästina. Wie Dzierzon ist er verliebt in die Italienerbiene, die *Ligustica*, wegen ihrer goldgelben Farbe und Eleganz kreuzt er sie häufig ein. Sein Ideal ist der Mischmasch, darin sieht er das Geheimnis für Kraft und Gesundheit. Wankler, der einen Kaiser-Wilhelm-Bart trägt und treu zur Monarchie steht, wendet sich mit Verve gegen den zeitgenössischen Trend, der die schwarze Biene propagiert, «mit einem selbstgefälligen Anschein von Patriotismus, unsere deutsche Biene ist die beste». Schwarz gleich deutsch gleich rasserein, davon hält er gar nichts.

Vielleicht wird damals sein Genie auch wegen seiner Außenseiterposition verkannt? Seine zahlreichen Erfindungen für den Bienenzüchter – Königinnenzuchtstöckchen, Schlüpfkäfige, Wachsschmelzapparate, Operationsbestecke – sind nicht gerade ein Renner. Wegen seines «Bienenrüsselmessapparats» wird er auf einer Versammlung badischer Imker fürchterlich ausgelacht. Erst ein Gast aus Amerika, der auf Europatour ist, um Novitäten auszuspionieren, verhilft ihm schließlich zum Erfolg. Rüssellänge – ein neues Zuchtkriterium, bei den meisten Bienen ist nämlich der Rüssel zu kurz für Blüten mit tiefen Kelchen, besonders beim nektarreichen Rotklee.

Für ein Problem hat auch das Multitalent Wankler keine Lösung: Wie kontrolliert man die Väter? Da hat man eine fabelhafte Königin, gekauft oder selbstgezüchtet, und dann paart sie sich mit irgendeinem Typen von Gott weiß woher. Er denkt an einen einzigen Drohn, dass es mehrere sind, wie man fünfzig Jahre später entdeckt, hätte ihn in noch größere Verzweiflung getrieben. Mit der ihm eigenen Akribie schildert Wankler seine missglückten Versuche. Die Geschlechter in der Brunstzeit zusammenzusperren funktioniert nicht, sie wollen partout nicht in einem geschlossenen Raum Hochzeit machen. Mehrfach stellt er Völker, deren «starke, feurige Dröhneriche» er als Liebhaber ausgewählt hat, an Plätze, die er für günstig hält, hockt stundenlang daneben und imitiert mit einer «Schilfhupe» den Lockruf der Bienenmänner. «Sie pfiffen auf meine Kuppelei.» Gerade noch, dass er nach tagelangem Warten vor dem Flugloch die italienische Königin sichtet. Er rennt ihr wie toll hinterher, weg ist sie. Slapstick, eine dörfliche Chaplinade! Mit der Stoppuhr misst er die Zeit bis zu ihrer Rückkehr. «Die längste Brautfahrt hat 35 Minuten gedauert», notiert Wankler frustriert. Am Aussehen der Nachkommen kann er erkennen, da war ein «schwarzer Galan» im Spiel. O Graus!

Und so entsteht aus dem Scheitern die Vision von der künstlichen Befruchtung. Als einer der Ersten entwickelt Wankler ein Besamungsgerät. Ich mag es nicht beschreiben, seine Anwendung ist Folter, keines der ausgewählten Versuchstiere überlebt.

Bis die Bienenzucht wieder einen großen Schritt vorwärtsmachen kann, ist Kaiser Wilhem II. im Exil, ein diktatorisches Regime im Anmarsch. Und da müssen erst Leute wie Hans Peschetz kommen, der umtriebige imkernde Eisenbahner aus Kärnten. Sein Name begegnet mir in diesem Winter zum ersten Mal.

Eine heiße Spur: Sankt Veit an der Glan

Ende Februar. Der erste warme Tag in Lüneburg, die Bienen sind wieder da. Sie fliegen die Weidenkätzchen an, man sieht sie auf Haselwürstchen und den lila Krokussen im Garten. Graue Bienen? Ich klingle beim benachbarten Imker, um mich zu vergewissern, ob meine Vermutung stimmt. «Peschetz», sagt er, «*Carnica*, Stamm Peschetz, aus Österreich. Die ist typisch hier bei uns.» Als sei es das Selbstverständlichste von der Welt, dass eine Biene aus dem tausend Kilometer entfernten Alpenraum im Norden heimisch wurde.

Angefangen hat alles an einem 14. Juni vor fünfundsiebzig Jahren, so das Ergebnis meines Lesewinters: 1941, mitten im Zweiten Weltkrieg, genau eine Woche vor dem Einmarsch der deutschen Wehrmacht in die Sowjetunion. Damals trafen sich in Sankt Veit an der Glan, einem schönen alten Städtchen in Kärnten, zwei Männer. Der eine, ein Hiesiger, war der Imkermeister Hans Peschetz, der andere Reichskörmeister Dr. Gottfried Goetze, Mitglied der NSDAP, verantwortlich für die politische Marschrichtung in Sachen Bienenzucht. Beide waren deutsche Staatsbürger, denn Österreich gehörte seit dem Anschluß 1938 zu Hitler-Deutschland. Es war nicht ihre erste Begegnung, an diesem besagten Tag, der laut Wetteraufzeichnung äußerst schwül gewesen sein soll, kam ein schon länger laufendes Prüfungsverfahren zum Abschluss: Die von Hans Peschetz gezüchtete Biene wurde mit höheren Weihen versehen, sprich «gekört», und damit für nachzuchtwürdig befunden. «K-Peschetz 332» lautete ab jetzt ihr Name, K für Kärntener Rasse, Peschetz für den Urzüchter, 332 die laufende Nummer der Belegstelle im Reich, was später noch zu erklären sein wird.

Goetze, einer der herausragenden Fachleute für Genetik und Zuchtideologe, hatte eine Fülle von Kriterien für die Leistungsprüfung von Bienen entwickelt: Sammeltrieb, Fruchtbarkeit, Krankheitsfestigkeit, Schwarmträgheit, Langlebigkeit, Flugtüchtigkeit, Wetterfestigkeit, Spürsinn, Tempo der Frühjahrsentwicklung, Sanftmut, Rüssellänge. Für die Peschetzbiene wurde bei der Körung eine entsprechende Standardbeschreibung festgelegt, eine Art Charakteristik, die sie auch künftig beizubehalten hatte, bis in die kleinsten Details, etwa das Flügelgeäder.

Für den Imker war der Akt fast wie eine Krönung. 98 von 100 Punkten im System Goetze, mehr Ehre ging kaum. Und sie war Gold wert, geschäftlich standen Peschetz nun im Großdeutschen Reich viele Türen offen. Ein Glückspilz, könnte man durchaus sagen.

Fotos zeigen einen markanten Mann um die vierzig, ein ernstes, kantiges Gesicht, dunkles, zurückgekämmtes Haar. «Dinarischer Typ», so hätte ihn ein Rasseanthropologe wohl damals eingeordnet. Im Hauptberuf war der 1901 in Osttirol geborene Hans Peschetz beamteter Lokomotivführer. Eisenbahnerei und Imkerei, eine ziemlich häufige Paarung: Als Zuschlag aufs karge Gehalt stellte die Bahn ihren Beschäftigten entlang der Gleise ein wenig Land für Gemüse und Kleintierhaltung zur Verfügung.

Seinen ersten Bienenstand hatte Peschetz im Görschitztal,

etwa zwanzig Völker, das seinerzeit übliche Gemisch aus heimischer *Carnica* und italienischer *Ligustica*. Dass aus der Imkerei mehr wurde, ist einem Erfolgserlebnis zu verdanken. Ansonsten nicht gerade auskunftsfreudig, was sein Leben anbelangt, hat er diese Geschichte zu Werbezwecken an die große Glocke gehängt: In einem Dorf im Hochgebirge, unweit des Großglockner, hatte er 1926 einen Schwarm aus einem reinen *Carnica*-Volk gekauft, das sich als besonders sanftmütig erwies und einen unglaublichen Ertrag von 56,5 Kilo Honig erbrachte, trotzdem noch eigene Vorräte für den Winter hatte. Um diese Eigenschaften zu erhalten, lernte er die Technik der Königinnenzucht, und damit die Väter nicht alles vermasseln, schuf er als einer der Ersten eine «Belegstelle». Das heißt einen Platz in einem abgelegenen Hochgebirgstal, wo Paarungen ohne Fremdeinfluss stattfinden konnten. Dorthin brachte er einige ausgewählte Völker mit zuchtwürdigen Drohnen und immer wieder Jungköniginnen, mitsamt einem Hofstaat von Arbeitsbienen, die er für den Transport in Kästchen einlogierte. Ein mühsames Geschäft! Er musste sie mit der Kraxe bergaufbefördern, was Stunden dauerte. «Beinvogelbucker» riefen die Bauern ihm hinterher, sie hielten die kleinen Kisten für Vogelhäuschen.

Im Jahr 1933 legte er in Wien seine Imkerprüfung ab und fuhr von nun an zweigleisig, als Lokomotivdienstleiter der Österreichischen Bundesbahnen und als Bienenzüchter und -exporteur. Inwieweit er mit der Logistik des Terrors zu tun hatte, in der die Eisenbahn eine wichtige Rolle spielte, wissen wir nicht. Seine reinrassige *Carnica* jedenfalls machte in diesen finsteren Zeiten Karriere. Während des Zweiten Weltkriegs versandte er Tausende Königinnen, viele davon nach Norddeutschland.

Kärnten, Anfang September. Während Lüneburg im Matsch

versinkt, ist hier noch Sommer. Sankt Veit an der Glan empfängt mich mit Tschingderassabum. Schon von weitem höre ich die Marschmusik. «Melde gehorsamst …», Satzfetzen aus südlicher Richtung, «warte auf weitere Befehle.» Ich folge der schneidigen Stimme bis zum historischen Marktplatz. Da ist der Zapfenstreich fast schon vorüber. Soldaten, Trommler, Fanfarenbläser und Fahnenträger formieren sich zu kleinen Zügen, nach Regiment und Waffengattung. Pelzmützen, Federbüsche, Pickelhauben defilieren im Dämmerlicht an mir vorbei, gefolgt von schwarzen goldbetressten Mützen, offenbar aus dem slowenischen Landesteil. Die halbe k.u.K. Monarchie scheint vertreten zu sein. Zwischendrin Grüppchen von Frauen in langen Gewändern, die zur jeweiligen Epoche passen, Damen mit Spitzenschirm, Marketenderinnen im frivolen braunen Mieder. Und plötzlich sitzen sie alle in den Straßenrestaurants, wo auch ich unbedingt hinwill. Den letzten freien Platz verteidigt ein uralter Dragoner, demonstrativ legt er den Säbel über den Stuhl «für einen Kameraden».

Zwei Stunden später ist der Mummenschanz vorbei, der Platz wie ausgestorben. Ich bleibe auf der Marmorbalustrade zu Füßen des Obelisken sitzen, mit leerem Magen – und einer Dose Pils, mehr war nicht zu erobern. Außer mir keine Menschenseele, und das am Samstag. Doch, da ist jemand! Aus einer dunklen Gasse tritt eine zierliche Gestalt mit weißem Kopftuch, schaut sich vorsichtig in alle Richtungen um. Auf ein Signal von ihr erscheint eine ganze Familie, ein bärtiger Vater, fünf oder sechs größere und kleinere Kinder. Syrer? Sie tappen wortlos über den Platz, bleiben zusammen wie eine Gänseschar. Eine stille nächtliche Promenade. Vielleicht haben sie damit gewartet, bis die Luft rein war? Von der Fremden, die in die spätgotischen und barocken Fassaden vertieft ist, scheint keine Gefahr zu drohen.

Ein bemerkenswertes Ensemble, teils trutzig, teils luftig. Ein Provinznest, das mal bedeutend war und offenbar viel durchlebt hat. In meinem Rücken Sankt Rochus, der Pestheilige, selbst in der Dunkelheit sind er und das Hündchen gut zu erkennen. Vor genau dreihundert Jahren hat der schwarze Tod die Stadt das letzte Mal heimgesucht. Und sie nicht untergekriegt, das prächtige Rathaus dürfte in seiner jetzigen Gestalt bald danach entstanden sein. Sankt Veits Geschichte, heißt es im Reiseführer, war ein dramatisches Auf und Ab. Auch im 20. Jahrhundert, Hans Peschetz hat wohl beides erlebt.

Denkbar, dass er hier am Abend des 14. Juni 1941 zur Feier des Tages mit Dr. Goetze ein Bier getrunken hat. Möglicherweise stand er auch am 22. März 1938 hier auf diesem Platz in der jubelnden Menge, die Hitlers Wehrmacht, SS und Polizei begrüßte. Danach fragen kann ich ihn nicht mehr, er ist 1968 gestorben. Sicher ist, dass Hans Peschetz glimpflich davonkam, mit einem Einsatz in Südfrankreich, kurz vor Kriegsende, und einer nicht allzu schweren Verwundung, die ihn, 44-jährig, vom Eisenbahndienst befreite und ihm ermöglichte, sich voll und ganz dem Bienenbusiness zu widmen und einen Bestseller zu schreiben.

«Den Peschetz, den haben bestimmt noch eine paar ältere Imker gekannt», hatte der Vorsitzende des Imkervereins Sankt Veit, Herbert Hoebling, am Telefon gesagt. «Kommen Sie einfach zu unserer Jahreswanderung am ersten Septembersonntag. Das könnte sich lohnen.» Morgens holt er mich im Hotel ab, der soeben pensionierte Rettungssanitäter ist der jüngste der Wanderer, der älteste ist vierundachtzig. Sieben Imker, zwei Ehefrauen und ich.

«So wenige sind wir nie. Die Jungen haben was anderes vor heute.» Hoeblings Enttäuschung ist spürbar.

Der Waldweg ist hell, die Steigung sanft. Im feinen Gras unter den Fichten sprießen massenhaft Pfifferlinge. Einer zückt das Messer und klappt es wieder zu. «Ach, nein. Oben gibt's Brotzeit.»

Ich gehe mal mit diesem, mal mit jenem. Wie war die Honigernte, Probleme mit der Varroa, Imkerthemen wie überall.

«Hans Peschetz? Erinnern Sie sich?»

«Von ihm gehört hab ich, ja. Ein angesehener Mann.» Niemandem fällt mehr ein, zum 14. Juni 1941 schon gar nichts, der illustre Besuch von Reichskörmeister Goetze scheint nicht in die Annalen des Imkervereins eingegangen zu sein.

«Schwierige Zeit.»

«Hitlerbiene», erinnert sich ein Imker im karierten Buschhemd. «So nannte man damals die schwarze Biene, die war unser Feind. Wir haben hier die graue, bis heute.»

Die milde Herbstsonne wärmt uns den Rücken, silbrige Spinnweben segeln durch die Luft und verfangen sich in unseren Haaren. Ein Tag wie Samt und Seide. Ein Tag, an dem ich keine Antworten finden werde. Ob die Pilze immer noch radioaktiv belastet seien, frage ich, als jemand eine Handvoll Pfifferlinge in ein Taschentuch packt. Ganz kurz ist von Tschernobyl die Rede.

«Da wurde viel vertuscht. Sankt Veit war sehr belastet, und die Bienen, der Honig, das Wachs wurden nicht kontrolliert.»

Nach einer Stunde stehen wir auf einer Lichtung mit kilometerweitem Blick über grüne Matten und Bergrücken, vor uns eine Alm. Auf der nächsten Anhöhe warten Michael und Margit Schlintl, das gastgebende Imkerpaar. Schön ist es hier, wie Kärnten nur sein kann! Ein Altenteilerhaus in Traumlage, am Rand des kleinen Plateaus ein Dutzend blau-gelbe Bienenkästen, die Fluglöcher zur Talseite gerichtet. Kalter Schweinsbraten und steierischer Käse, Roggenbrot und Butter stehen auf dem Tisch, selbstgemacht.

«Kosten Sie doch den Fichtenhonig, Ulla, frisch geschleudert. Deswegen sind Sie doch hier.»

Er ist herb und intensiv karamellig. Ich lasse ihn aufs Butterbrot tropfen, später auf den Schweinsbraten. Bald macht der Zirbelschnaps die Runde, ich lausche dem Imkersmalltalk nur noch mit halbem Ohr.

«Das Jahr war zu nass.»

«Der Honigpreis müsste steigen.»

Anscheinend haben sie alle die Imkerei aus der bäuerlichen Familie mitgebracht, vom Vater, vom Großvater. Und obwohl sie moderne Berufe hatten, konnten sie irgendwie nicht umhin, die Tradition fortzusetzen.

«Früher war das mit den Bienen reine Spielerei!» Eine erregte Stimme reißt mich aus der wohligen Trägheit. «Viel, viel weniger Arbeit. Die Wiesen blühten. Kaum Krankheiten. Im August haben wir noch mal geschleudert, dann erst war Schluss.» Mitte siebzig dürfte der Mann sein. «Angefangen hat das Elend mit den Amerikanern, mit dem DDT.» Als Junge wurde er im ersten Jahr der Besatzung in der Schule mit dem giftigen Pulver bestäubt, erzählt er. «Der Ami hat uns das reingesetzt.»

Kriegsende 1945, die große Wende zum Schlechten? Einige nicken, erinnern sich: erst die Pestizide am Bahndamm, später überall. Vielleicht hat Hans Peschetz es ähnlich gesehen? Um die Schatten zu vertreiben, zaubere ich die klassische Frage aus dem Hut, die ich auf meinen Reisen immer stelle:

«Und was ist das Schönste am Imkern?»

«Das Schleudern!», trompetet der älteste Imker in die Runde und lacht. Der Mann, der mal eine Tankstelle hatte, dann mit Heizöl handelte und zuletzt Hausmeister in einem Supermarkt war, ist sich ganz sicher: «Das Schönste ist, wenn der Honig fließt.»

«Das Schönste? Die Königinnenzucht!», sagt Herbert Hoebling. Der Vorsitzende des Imkervereins sieht sich in erster Linie als Genetiker – wie Dzierzon, wie Wankler, wie Peschetz.

Zwei Antworten, wovon die erste mehr Zustimmung findet. In Europa habe ich diese beiden Imkertypen immer wieder gefunden: den Honigschlecker und den Genetiker, nicht immer in Reinkultur natürlich. Und als dritten, seltener vorkommenden: den Philosophen, dem das pure Betrachten «des Biens» die größte Lust verschafft und zu Gedanken über Gott und die Welt anregt.

An diesem Spätsommertag, auf 1100 Meter Höhe, herrscht noch reger Flugbetrieb. Beim Aufstellen fürs Gruppenbild sehe ich zu unseren Füßen einige Arbeiterinnen mit grauen Pelzchen auf zerplatzten, gärenden Äpfeln.

«Enttäuscht?», fragt der Vorsitzende. «Besuchen Sie Erhard Smoly. Da könnten Sie mehr Glück haben.»

Sauerhonig – ein Zaubertrank aus Kärnten

Imkerin und Kräuterhexe, das passt zusammen. Am Ende der Wanderung führt uns Gastgeberin Margit zum Wallfahrtsort Dreifaltigkeit am Gray. Eine kleine charmante Kirche in Blockbauweise, die einst von Bergleuten gegründet wurde. Davor ein Kräutergarten, den Margit Schlintl vor ein paar Jahren mit anderen «Freunden naturgemäßer Lebensweise» geschaffen hat. Eine Vielfalt, wie es sie früher auf Almwiesen gab, größer noch und dichter. Borretsch,

Oregano, Salbei, Färberkamille und mindestens ein Dutzend verschiedene Minzen, Brennnessel, Beinwell, Beifuß und Johanniskraut, manches schon struppig und braun. Auf den noch blühenden Kräutern schwirrt und summt es, Bienen, Schmetterlinge und sonstige. Das Ganze ist geordnet nach Heilwirkung: für Darm und Magen, Nieren und Blutreinigung, für die Psyche.

Und so nehme ich ein Rezept mit, in dem Kräuter und Honig die Hauptrolle spielen, «Sauerhonig» genannt oder «Oxymel». Es gibt verschiedene Variationen, je nach Jahreszeit und Belieben.

Minze, Basilikum, Rosmarin, Triebspitzen von Tannen oder Fichten sehr fein schneiden oder mörsern, mit Essig bedecken, am besten ist ein naturtrüber Apfelessig. In einem Schraubglas an einem sonnigen Ort ausgiebig ziehen lassen. Nach drei Wochen die mazerierten Kräuter abseihen, 1 Teil Essig mit 3 Teilen Waldhonig mischen.

Davon isst man möglichst alle Tage einen Löffel – das stärkt und regt die Verdauung an. In einem Glas Wasser oder Soda verdünnt, ist Sauerhonig ein Sporttrunk für Wanderungen und Skitouren.

Dasselbe mit Frühjahrskräutern wie Brennnessel, Schlüsselblume, Scharbockskraut, Giersch, Gundermann, Gänseblümchen, Löwenzahn, das entgiftet und vertreibt die Wintermüdigkeit. Entweder solo verspeist oder als Beigabe zur Salatmarinade.

Zur psychischen Aufmunterung empfiehlt Margit Wermut. «Wermut gegen Schwermut», sagte man früher. Eine genauere Indikation findet sich bei dem berühmten Kräuterpfarrer Künzle: «Ist einer grün wie ein Laubfrosch, mager wie eine Pappel, nimmt täglich an Gewicht ab und Humor und wirft keinen Schatten mehr, der probiere es mit einem Teelöffel voll Wermuttee alle zwei Stunden.» Sauerhonig mit Wermut ist auch ein starkes Dufterlebnis, es erinnert mich an die kasachische Steppe.

Seinen Ursprung hat der sauersüße Mix vermutlich im Orient. Womöglich haben ihn die christlichen Heere bei ihren Kreuzzügen entdeckt und mitgebracht. Es kann aber auch sein, dass bäuerliche Kulturen unabhängig voneinander auf ähnliche Ideen gekommen sind.

In Persien kennt den Sauerhonig noch heute jedes Kind als «Sekanjabin».

2 Tassen milden Honig mit 2 Tassen Wasser in einem schweren Topf 15 Minuten köcheln, dann eine halbe Tasse Weißweinessig dazugeben und weitere 30 Minuten köcheln. Ganz zuletzt eine Handvoll frischer Minzeblätter in die dickflüssige Masse legen. Abkühlen lassen, abseihen. Der Sirup hält im Kühlschrank einige Wochen. Bei sommerlicher Hitze wird er mit Eiswasser aufgefüllt, ein Stängel frischer Minze und ein Stück Zitronenschale dazu – und, wer mag, hauchfein geriebene Gurken (ohne Kerne).

Sankt Veit, anderntags. In den Morgennachrichten geht es wieder um Flüchtlinge. Heute demonstrieren Bauern, Fischer und LKW-Fahrer vor dem Kanaltunnel, um die Räumung des sogenannten «Dschungels» zu erzwingen. Sie sollen endlich verschwinden, die zehntausend Flüchtlinge, die auf eine Gelegenheit warten, nach England zu kommen. Zum Hotelfrühstück im «Bienenland Kärnten» gibt es wieder Allerweltshonig im Plastikcup, Herkunft laut Etikett Argentinien, Kuba, Ungarn. Also zweimal Seeweg, einmal Landweg, zurückgelegte Strecke mehr als 20 000 Kilometer, und ab in die große Suppe, gerührt und abgefüllt bei Salzburg.

Kommen Sie gleich vorbei, sagt Frau Smoly am Telefon. St. Michael am Zollfeld liegt ein paar Kilometer südlich, Richtung Klagenfurt. Ein Industriedorf, das große gelbe Haus befindet sich unterhalb der Kirche. Auf der Bank davor wartet ein altes Ehepaar, der Mann mit dem kleinen Strohhut hat den Kopf an die Schulter der grau gelockten Frau gelegt. Bei der Begrüßung wird mir klar, er hat sich bereits von der Welt entfernt – die Ohren, der Geist, ich bin zu spät für ein Gespräch über Peschetz.

Und wie das so ist, man bleibt in der Sonne sitzen und erlebt einen unvergesslichen Vormittag. Das Leben des Imkers Erhard Smoly – einige Jahre früher wäre das *die* Geschichte gewesen. Ich hätte dafür Peschetz in die Wüste geschickt. Statt des braunen Kärnten hätte ich das sozialdemokratische Kärnten kennengelernt, die Bienenliebe der hiesigen Arbeiterklasse.

Dies und das weiß der 87-jährige noch. «Ohne die Bienen hätte ich unser Haus nicht bauen können.»

«Das war 1952.» Frau Smoly bringt die Sätzes ihres Mannes in Zusammenhänge.

«Mein Bienenhaus. Schau, dort. So, ja.» Er deutet auf sein Wasserglas.

«Lass gut sein.» Sie erzählt an seiner Stelle.

Als kleiner Junge, in den 1930er Jahren, hat Erhard Smoly in den Bergen die Bienen seines Vaters gehütet. Eines Dorfschullehrers, der aus politischen Gründen entlassen wurde, die Mehrheit war damals schon braun, und daraufhin ins Tal zog, hierher, nach St. Michael am Zollfeld. Der heranwachsende Smoly wurde Eisenbieger, nach dem Krieg boomte der Straßen- und Brückenbau. Er war Gewerkschafter und später, nachdem er «zum Funder», einem Holzplattenfaserwerk, gewechselt hatte, jahrzehntelang Betriebsrat.

«Und eben seine Bienen. Ich mochte das nicht. Zehn Stiche im Gesicht, beim Schleudern kommt das oft vor.»

Sie will nicht klagen, sie wusste ja von Anfang an von seinem Hobby. Vielleicht nicht, wie exzessiv es war: Der Mann wanderte alljährlich mit seinen Bienen auf die Alm, kruschelte nach Feierabend stundenlang im Bienenhaus herum. Das Zubrot versöhnte, dreißig, vierzig Kilo pro Volk in guten Jahren konnten die Smolys verkaufen. Dazu *Carnica*-Königinnen, sie hatten Stammkunden in Bayern, die diese in Regenschirmen versteckt über die Grenze schmuggelten.

«Erhard wollte nie verreisen, auch später, als wir uns das leisten konnten. Er wollte immer nur bei den Bienen sein.»

Da ist er schon wieder unterwegs zum Bienenhaus, sie folgt ihm mit den Augen, bis die kleine Gestalt in der grünen Joppe darin verschwindet. «Jetzt hat er nur noch fünfzehn Völker. Der Sohn hilft viel.»

Schon lange wollte ich ein traditionelles Bienenhaus aus der Nähe sehen. Es ist selten geworden, selbst im Alpenraum, wo es kalt werden kann. Die stabile und gut isolierte Bauweise erleichtert den Völkern im Winter das Überleben. In der Regel baute der Imker das Haus selbst, und zwar um eine Anzahl von Kärntner «Bauernkastln» herum, niedrige, langgezogene

Stöcke, die gestapelt wurden, sechs nebeneinander und drei übereinander, es konnten auch mehr sein. Die Vorderseite mit den Fluglöchern zeigte zum Obstgarten oder zur Wiese hin, vor Wind und praller Sonne geschützt. Die Rückseite, die eine Tür hatte, war drinnen, die Welt des Imkers sozusagen, wo er die Völker kontrollieren konnte, bequem im Sitzen, und seine Werkzeuge aufbewahrte. Oft gab es noch einen kleinen Nebenraum zum Schleudern.

Dieses hier, Baujahr 1952, ist ein Schmuckstück. Es erinnert ein wenig an die hölzernen russischen Sommerhäuser in Peredelkino, der grün gerahmte Glaserker wäre als Dichterstube geeignet. Erhard Smoly stört es nicht, wenn ich ihm zuschaue. Gerade schließt er die Tür einer Rückwand und öffnet die nächste. Durch eine Glasscheibe sieht man eine Wabe mit wuselnden Bienen. Konzentriert beoachtet Smoly ihre Bewegungen und trägt etwas in die Stockkarte Nr. 28 ein. Buchführung für jedes Volk, Gesundheitsdaten, Ertrag, besondere Bemerkungen, eine Routine, die er immer noch vollkommen zu beherrschen scheint. Augen und Hände in präziser Koordination, er bemerkt sofort, dass am Scharnier ein Nagel locker ist. «Später!», murmelt er.

Alles ist in guter Ordnung. Die Werkzeugkiste picobello, die Gläser auf der mintfarbenen Kommode, ein ausrangiertes Küchenmöbel der fünfziger Jahre, stehen in Reih und Glied. Ein Stuhl für die Dame – mit rosa Polster, jemand hat auf die Farbkomposition des Interieurs geachtet, so scheint es. Im obersten Regalbord sind die Begattungskästchen abgestellt, uralte Dinger, wie sie Peschetz mit seiner Kraxe zur Belegstelle geschleppt hat. Fast nichts ist neu, warum auch. Nur die Plastikeimer mit dem Zuckersirup für den Winter, die Dosen mit Chemie gegen die Varroa.

Wie viele Stunden mag Erhard Smoly hier verbracht haben,

unter einem Dach mit seinen Bienen? Solch eine Nähe gibt es in der modernen Imkerei nicht mehr, wo man mit mobilen Kästen hantiert und sie durch die Gegend karrt. Ein geradezu gemütliches Zusammenleben von Mensch und Tier, fehlt nur noch eine Liege zum Ausruhen. Später, im Isergebirge, werde ich Bienenhäuser mit Bett und Couch kennenlernen. Das Schönste ist der Duft, die warme Süße, die aus den Kästen strömt. Honig, Wachs, Pollen einzuatmen, gemischt mit dem Parfum verbrannter Kräuter aus dem Raucher, dem alten Holz und was da sonst noch ist. Ölfarbe? Leder? Spinnweben?

«Bleiben Sie doch!» Nichts lieber als das. «So ist die Zeit vergangen.» Smoly schaut mich an, aus hellblauen, fröhlichen Augen, und bittet mich, ihm zu folgen. Nach der Arbeit drinnen will er auf seinen Außenposten, einen grünen Klappstuhl, von dem aus er den Flugverkehr der Bienen beobachtet. Wie immer halte ich Abstand.

«Weiße Pollenhöschen», stellt Smoly fest. «Das indische Springkraut blüht.» Und dann hält er einen kleinen Vortrag über diese fremde Pflanze, die zum Ärger der Naturschützer von Jahr zu Jahr mehr die heimischen Bachläufe besiedelt und manchen Imker erfreut. «Eine gute Winternahrung für die Bienen. Aber kein interessanter Honig, eher ...» Ihm fällt das Wort nicht gleich ein. «Lau. Ja. Wissen Sie, was ich meine?»

«Charakterlos?»

«Ja.»

Seine Frau hat sich wieder zu uns gesellt. «So sitzt er stundenlang und guckt. Fernsehen interessiert ihn nicht.» In beiden Händen hält sie ein Honigglas. «Für Sie! Der gelbe ist vom Löwenzahn, der dunkle ist Waldhonig, der bleibt lange flüssig.» Sie lächelt, den Blick liebevoll besorgt auf ihren Mann gerichtet, der an seinem Hörgerät herumfuhrwerkt. Ich muss an Philemon und Baucis denken, das alte Paar, dem die Götter für ihre

Gastfreundschaft den Wunsch erfüllten, gemeinsam zu sterben. Wer weiß, vielleicht wird auch Herr Smoly eines nicht allzu fernen Tages in eine Eiche, Frau Smoly in eine Linde verwandelt werden?

Von Westen her ziehen Wolken auf, am Bienenhaus wird es ruhiger. Einige Wochen später trägt mir ein Heimatforscher aus dem nahen Görschitztal noch ein interessantes Detail über Hans Peschetz zu: Er habe sich gewünscht, in seinem Bienenhaus aufgebahrt zu werden, und so ist es geschehen, im Jahr 1968. Es muss so geräumig gewesen sein, dass genug Platz war für den Verstorbenen und für Familie und Nachbarn, die Totenwache hielten.

Bieneninstitut Celle: «Der Rassechef spricht.»

Kurz nach Herbstbeginn. In der Bibliothek des Bieneninstituts Celle ist es still, ich bin der einzige Gast. Auf etwa vierzig Quadratmetern ist hier die einschlägige Literatur über Bienen vereinigt, Forschung und Dichtung, Lexika und Handbücher. Ein «Katechismus der Bienenkunde», der theologischen Eifer verspricht. Imkerzeitschriften vor allem, viele Regalmeter, jede Region hatte früher ihr eigenes Journal: «Die Imme», «Mein Bienenmütterchen», «Bienenvater», «Märkische Bienenzeitung», «Rheinische Bienenzeitung». Nach einer Stunde ziellosen, lustvollen Schmökerns mache ich mich auf die Suche nach Hans Peschetz und jenem Juni 1941 in Sankt Veit an der Glan. Die Geschichte könnte in «Der Deutsche Imkerführer» eine Spur hinterlassen haben, dem Zentralorgan der «Reichsfachgruppe Imker». Alle Ausgaben sind tatsächlich da, das Tausendjährige Reich ist komplett, von 1933 bis 1944/45. Die Nazis hatten damals den Deutschen Imkerbund, den Zusammenschluss der zahlreichen Vereine, wie alles andere im Reich gleichgeschaltet, unter dem der Bienenwelt entnommenen Motto «Ich dien!», Schriftleiter der Zeitschrift, die die Imker monatlich mit Propaganda versorgte, war der Lehrer und Parteisoldat Karl Hans Kickhöffel.

In der Aprilausgabe 1938 schreibt er: «Am 12. März erfüllte der Führer einen alten deutschen Traum: Er führte Österreich heim ins Reich.» Nach dem Leitartikel folgen andere in derselben Tonart, es liest sich, als hätten die Imker sehnlich darauf gewartet, dass ihnen das großartige Bienenland zufällt. Und die «Imkerkameraden» aus Österreich, das heißt ihre Vorstände, antworten genauso freudig und grüßen mit «Heil Hitler!». Sie rufen dazu auf, den bereits erfolgten Anschluss bei der Volksabstimmung am 10. April zu bekräftigen. 99,75 Prozent Ja-Stimmen waren es angeblich, an diesem Tag wurde Hans Peschetz offiziell Bürger Großdeutschlands und Mitglied der Reichsfachgruppe Imker. Was ihm durch den Kopf ging, wissen wir nicht.

«Den Sudetendeutschen zum Gruß!», heißt es einige Monate später, Kickhöffel gibt die Losung aus: «Der Führer vergrößerte den Staat. Wir vergrößern den Stand.» Jeder Imker ein Volk mehr! Mehr Honig, mehr Wachs! Im Dienste der Volksernährung und des Krieges, der da kommen soll: «Deutsche Imker, wir werden den Sieg erkämpfen, hört ihr, unbedingt erkämpfen!» Jahrgang für Jahrgang blättere ich durch, ab und zu gehe ich kurz vor die Tür zum Luftschnappen. Was ich lese, ist nicht völlig überraschend. Warum sollten die Imker dem totalitären Regime entgangen sein? In fast jeder Nummer findet sich ein Beitrag zum Thema «Der deutsche Imker und die Juden». Diese Schmarotzer sind zum Imkern zu faul, steht da, typischerweise nur im Handel zu finden. «Eine Landplage waren die jüdischen Honigaufkäufer in den Heidegebieten Nordwestdeutschlands, die von Dorf zu Dorf fuhren.»

Die Nazis werten die kleinen Krauter auf, weisen ihnen einen wichtigen Platz an der «Ernährungsfront» zu. «Rapswandern ist nationale Pflicht!» Schon vor dem Krieg haben sie diesbezügliche Maßnahmen getroffen. Und als die Wehrmacht ein Land nach dem anderen überfällt und auch «viele Bienenväter den feldgrauen Rock tragen», mobilisieren Kickhöffel und Co. die Reserven in der Heimat. Jetzt sind die Imkerfrauen gefragt, die halbwüchsigen Kinder, bald werden Kriegsversehrte umgeschult. Jedes ungenutzte Fleckchen Land, das brachliegt, soll Bienenweide werden, Wegraine, Friedhöfe, Sportplätze. «Man darf uns Imkern gern nachsagen, daß wir für die Aufrüstung seien. Wir setzen unsere Ehre darin, eine Riesenarmee stachelbewehrter Flieger zu schaffen.»

Interessant sind die Artikel, die Imker aus den besetzten Ländern schicken, hin und wieder sogar mit Fotos. Da berichtet ein Major von der Rückständigkeit der Bienenwirtschaft am Don, «hohe Erträge, weil so viel Unkraut blüht». Mal ein neugieriger Feldwebel, der jede freie Minute in Feindesland nutzt, um seine Nase in die dortigen Bienenstöcke zu stecken. Kolchosimkerei in der Sowjetunion funktioniert eher nicht, ist sein Eindruck, die kleine private schon. In Wehrmachtsuniform bleiben die Soldaten Imker und manchmal empathiefähige Zivilisten. Bei Gomel findet zum Beispiel ein Leutnant Gabriel ein «Bienenparadies und tadellose Bienenväter, das hätte ich den Russen nicht zugetraut». Und er registriert – mit einem Anflug von Mitleid – die Zerstörung der Bienenhäuser entlang der Marschrouten.

Der Imker an der Front ist Experte für zusätzliche Marschverpflegung. Honigraub will gelernt sein! In einem weiteren Sinne ist er zuständig für die Frage: Was ist fürs Reich zu holen? Wie es scheint, haben Bienenprofis den Osten nicht systematisch durchforstet – wie die Pflanzengenetiker in Uniform, die Expeditionen unternahmen, um Saatgutbanken zu plündern und sich wissenschaftlicher Forschungen zu bemächtigen. Doch vereinzelt findet man so etwas schon, Auflistungen etwa der reichen Tracht, Raps und Buchweizen, der Melonenkulturen am Dnjepr, genauestens lokalisiert von einem Wachtmeister namens Karl Spieß. «Eine sehr gute Bienenweide sind die Schneeschutzhecken entlang der Bahnlinien», fügt er hinzu. Ebendieser Wachtmeister hat auch die Bienenrassen am Dnjepr genauer unter die Lupe genommen, «Bastardvölker mit Italienereinschlag». Er versteht sogar etwas vom «Kubitalindex», der Vermessung des Flügelgeäders, die gerade erst erfunden wurde und eine genaue Unterscheidung der Rassen ermöglicht.

Gewiß hätte auch Hans Peschetz diese Gelegenheit zu forschen genutzt und ein paar Instrumente dafür im Tornister gehabt. Seinen Namen suche ich im «Deutschen Imkerführer» vergebens, die Körung der «K-Peschetz 332» scheint im Schlachtgetümmel untergegangen zu sein. Reichskörmeister Gottfried Goetze allerdings ist Autor des Kampfblattes, nicht sehr häufig und ausschließlich auf seinem Spezialgebiet Zucht. «Was ist die beste Biene?» ist sein Leib- und Magenthema. Eine Debatte, die schon vor 1933 begonnen hatte, hochkontrovers und mit nationalen Akzenten. Ist die deutsche Biene schwarz oder grau? *Nigra* oder *Carnica*, welche ist die bessere? Für Goetze war diese Frage sekundär, er positionierte sich damals ähnlich wie sein berühmter Kollege und Lehrer Professor Ludwig Armbruster: Die deutsche Biene sei diejenige, die durch Vereinsbeschluss dazu gemacht werde, und basta.

Armbruster war als «Judenfreund» längst aus der Humboldt-Universität Berlin entlassen worden. Unter anderem waren es seine Kontakte zu Bienenkundlern in Palästina, die ihn den Lehrstuhl kosteten. Während Dr. Goetze als NSDAP-Mitglied seinen Weg fortsetzen konnte, mit Rückenwind von ganz oben. Seine Zuchtziele verfolgen konnte: zuvorderst die

Rassereinheit, kurz «Reinzucht». Schluss mit den Kreuzungen, dem wilden, beliebigen Mischmasch! Ein Parteisoldat, zeigt die Lektüre einiger Artikel, zweifellos. Er scheint eine gewisse Vorliebe für die *Carnica* gehabt zu haben, fördert jedoch auch die schwarze Biene, Hauptsache, sie hat einen Ahnenpass und ist staatlich geprüft. Sehr geschickt preist er seine eigene Arbeit an. «Im Kriege erst recht kören!», schreibt er 1944, die Alliierten sind bereits in der Normandie gelandet. Und er räsoniert darüber, warum edle Bienenstämme «kriegswichtig» sind, plant unbeirrt weiter für die Zeit nach dem Sieg: erstens Paarungskontrolle in immer mehr Belegstellen, zweitens feste «Rassebilder», denen sich kein Züchter entziehen kann.

Derweil heizt Schriftleiter Kickhöffel den Wahnsinn an: «Bomben beantworten wir mit immer größerer Honigabgabe.» Feiert die Biene als Vorbild des deutschen Menschen: «Du bist nichts, dein Volk ist alles.» In der Wirklichkeit sterben die Bienen, sterben die Menschen. Im Herbst mobilisiert Hitler für den *Volkssturm* alte Männer, damit sind die letzten Imker, die die Völker versorgen und beschützen, fort. In Europa ist der Tod überall.

In diesem großdeutschen Szenario bewegt sich damals der österreichische Bahnbeamte und Bienenzuchtlehrer Hans Peschetz. Vielleicht hat er anderswo publiziert? Nach Kriegsende jedenfalls verbreitet er sein Wissen im deutschsprachigen Raum, 30 000 Auflage hat sein Erstling «Der Weg zur besten Biene», das 1947 erscheint. In der Celler Bibliothek steht es zwischen anderen hochkarätigen Werken, gleich neben dem des Nobelpreisträgers Karl von Frisch, der die Tanzsprache der Bienen erforschte. Alles, was Rang und Namen hat, ist hier versammelt, der von den Nazis geschasste Ludwig Armbruster wie sein Schüler, der Parteisoldat Gottfried Goetze, auch die Brüder Ruttner aus Linz, die damals gerade im Kommen waren.

Peschetz hat die Chuzpe, mit Dankbarkeit auf die Ursprünge seines Erfolgs zu verweisen: «Wenn heute meine Zucht in Deutschland Allgemeingut zu werden verspricht, so nur deshalb, weil die während des Krieges immer wieder und auf Tausenden von Bienenständen ihr hervorragendes Können gegenüber allen anderen Bienenstämmen unter Beweis gestellt hat.» Mit solchen Äußerungen ist er in bester Gesellschaft. In den Nachkriegszeitschriften finde ich dieselben Namen wie vor 1945, Züchter, Wissenschaftler, Bieneninstitute. Das Archiv des Deutschen Imkerbundes ist verbrannt, das schützt vor Nachforschungen. Soweit ich weiß, sind die Imker eine der wenigen Zünfte, deren braune Vergangenheit noch niemand erforscht hat.

Ab 1949 hat Peschetz ein eigenes Publikationsorgan: «Der Carnika Züchterring. Größtes Fachblatt aller Bienen- und Königinnenzüchter». Liebhaber dieser Biene in Österreich und im Ausland haben sich zusammengeschlossen, um sie weiterzuverbreiten. Hans Peschetz fungiert als «Rassechef», mit einer eigenen Rubrik «Der Rassechef spricht». Manche Begriffe bleiben. Ex-Reichskörmeister Gottfried Goetze ist mit von der Partie. Ein offenbar gut organisiertes Trüppchen, das am erfolgreichsten in Norddeutschland agiert. Während des Krieges schon sind erste Kontakte entstanden, Peschetz-Königinnen importiert worden, und nun geht es weiter.

Es wird gefachsimpelt, für die «beste Biene» geworben. Die «Weltbiene», wie Peschetz sie auch nennt, er will hoch hinaus. In jeder Nummer Loblieder auf die *Carnica*: das Kind der Berge, das sich überall akklimatisiert, die Honigerzeugerin ersten Ranges, Frühbrüterin und ach, so friedlich, «Imker, welche früher wie Tiefseetaucher bei ihren Bienen arbeiteten, arbeiten jetzt in Filzpantoffeln und Hemdärmeln.» Oft sind die österreichischen Züchter (neben der Peschetz-Biene gibt es noch zwei andere populäre Zuchtlinien, Sklenar und Troiseck) im Norden unterwegs und rühren die Trommel. Ein Reinzuchtgebiet soll hier in Zukunft entstehen anstelle des herrschenden «fürchterlichen Durcheinanders». Zur kontrollierten Paarung hat man die Inseln in der Nordsee, genial geradezu für Belegstellen, viel besser geschützt vor unerwünschten Drohnen als jedes Alpental.

So fängt Modernisierung an, teils planvoll, teils von Zufällen getrieben. Wer kann schon wissen, ob die norddeutschen Sturköppe, die verschlossenen Heidjer oder die zur Anarchie neigenden Friesen, überhaupt mitziehen? Um sich besser verständlich zu machen, bemühen die Pioniere der *Carnica* Vergleiche mit anderen Haustieren. Wir haben doch auch die knochig-magere Ardennerkuh abgeschafft, schreibt ein namhafter Züchter aus Luxemburg. Wer will schon Hausgockel der «Mistkratzerrasse», wenn er Hochleistungsgeflügel haben kann? Rassechef Peschetz führt bei jeder Gelegenheit die erfolgreichen Holsteiner ins Feld und suggeriert, dass diese Herden bereits zur Heimat gehören. «Liegt in der bewußten Einheitlichkeit der Rinder nicht auch eine gewisse Geborgenheit, eine Sauberkeit nach planmäßiger Zucht.» Bei den Bienen, hofft er, wird es bald genauso sein.

Das Bieneninstitut, in dessen Bibliothek ich sitze, hat übrigens zur *Carnica*-Offensive beigetragen. Bereits 1949 hat es eine Untersuchung veröffentlicht, die den Honigertrag der drei großen europäischen Bienenrassen miteinander vergleicht. Die Durchschnittsleistung mit 100 angenommen, erreicht die gelbe *Ligustica* 79,9 Prozent, die schwarze *Mellifera* 85,8 Prozent und die graue *Carnica* 146,1 Prozent. Solcher Erfolgsstatisk ist schwer zu widerstehen.

Wesermarsch: Ein junger Ingenieur macht Tempo

Anfang Oktober, Lüneburg. Wie jeden Morgen ein kurzer Blick ins Wetter, dann in den Computer. Hat er geschrieben? Er hat! Seit einiger Zeit mit Gilbert Brockmann, einem vielseitig interessierten Imker in Saarbrücken. Ohne sein enzyklopädisches Wissen, das er mir großzügig schenkt, die Geduld und Freundlichkeit, mit der er meine Fragen, auch die allerdümmsten, beantwortet, wäre ich oft verloren. Peschetz? Ausnahmsweise muss er passen, aber in dieser Nacht hat er ein Dokument für mich gescannt, das mich in die Nachkriegszeit und damit in die Nähe meines Themas führt: «Imker im KZ-Lager Auschwitz» heißt der halbseitige Artikel aus «Der Imkerfreund», Jahrgang 1946.

Ich lese ihn zweimal, dreimal, immer wieder, und jedes Mal erfasst mich der Schrecken aufs Neue. Da berichtet ein soeben entlassener Kriegsgefangener von Versammlungen mit seinen Kameraden, Imker wie er, wie sie einander, um Langeweile und Heimweh zu entrinnen, von ihren Bienenständen zu Hause erzählten. Heidebewohner, Ostpreußen, Älpler, viele deutsche Landschaften waren vertreten. Und weil es gar so interessant war, gingen sie dazu über, für andere Vorträge zu halten, über Stockformen, Wanderwagen, Fruchtfolgen, Heilsalben und vieles mehr, an denen «täglich bald 500 Zuhörer teilnahmen». Bekanntlich sind Lager – immer und überall – auch «Universitäten» gewesen, es gab Literaturvorlesungen und Theateraufführungen, Sprachkurse, Kolloquien über Geschichte oder Geometrie. Dass Imker ihr Wissen weitergaben, habe ich noch nie gehört, doch eigentlich hätte ich es mir denken können.

Erschreckend ist die Harmlosigkeit der Schilderung, der Autor tut so, als hätte es kein Vernichtungslager gegeben. Dabei lebten er und seine Kameraden, kurz nach der Befreiung der überlebenden KZ-Häftlinge, in denselben Baracken, sie lagen auf denselben Pritschen, hatten täglich die Gaskammern, Krematorien und Wachttürme vor Augen. Auch mein Schwiegervater war dort Kriegsgefangener, in jenem Frühsommer 1945, ich erinnere mich gut an seine Erzählungen. Hin und wieder schilderte er Einzelheiten, offenbar roch es nach verbranntem Fleisch, Zorn und Scham überwältigten ihn noch Jahrzehnte später. Vielleicht hat er einen der Vorträge über Bienen besucht, bevor er, anders als der früh entlassene Imker, von der sowjetischen Siegermacht für vier Jahre nach Karaganda, in die kasachische Steppe, gebracht wurde.

Nicht die leiseste Andeutung, was Auschwitz war. Der Artikel malt fast eine Idylle: «Und wie zum Lohne für unseren Eifer schickte der liebe Gott einen kleinen Schwarm ins Lager, der sich nach längerem Umherziehen an einen Ast der vier Bäume des Lagers, deren Rinde von den Männern schon verraucht war, anlegte. Aus zusammengesuchten Brettchen wurde eine Kiste genagelt und der Schwarm eingeschlagen. Erst am nächsten Tag erhielt er Rähmchen.» Nach einigen Wochen konnten die Imker grünlichen Honig – von Steinklee – ernten.

Die Imker waren wohl wie die meisten Deutschen: große Verdränger. Und als sie aus Krieg und Gefangenschaft heimkehrten, krempelten sie die Ärmel hoch und schafften wie verrückt. Der Artikel über Auschwitz lenkt meine Phantasien ins zerstörte Deutschland. Welche Rolle spielte die Honigbiene in den Trümmerlandschaften und Hungerwintern, im Überlebenskampf der Ausgebombten und Vertriebenen? Den Erzählungen alter Imker nach zu urteilen, eine große, ähnlich wie die Ziege, die «Armeleutekuh», die nach 1945 Schuppen und Schrebergärten bevölkerte. Glücklich, wer einen Schwarm entdeckte und ihn einfing, auf den Schwarzmärkten wurden Kästen angeboten, oder man zimmerte selber einen. Bienenköniginnen wurden gehamstert, getauscht und reisten in Hosentaschen von Besatzungszone zu Besatzungszone. Kriegsversehrte vor allem stürzten sich in die Imkerei, Institute wie Celle boten eigens Kurse für sie an. In den Notjahren wuchs die Zahl der Völker und Bienenhalter stark an, sogar in Städten. Was das für Bienenrassen waren, dürfte die wenigsten interessiert haben, ob schwarz oder grau oder gelb, mit wem sich die Königinnen paarten, war herzlich egal. Hauptsache Honig, süße Kalorien, eine kleine Weihnachtsfreude für die Kinder.

Ein Feldzug für die «beste Biene»? Die Nazis hatten das Terrain dafür vorbereitet, Rassedenken, Zucht und Auslese waren zum Allgemeingut geworden. Doch jetzt und bis auf weiteres herrschte Chaos, für das Vorhaben der *Carnica*-Freunde, Profis wie Peschetz, Goetze und Co., war die Zeit noch lange nicht reif.

Zwei Tage später in der Wesermarsch. Am Bahnhof Oldenburg wartet Friedrich-Karl Tiesler auf mich, der langjährige Zuchtobmann des Deutschen Imkerbundes. Ein überzeugter «*Carnica*-Mann», so war er mir empfohlen worden, ein Urgestein, «länger im Dienst als Kohl und Merkel zusammen». In seinen jungen Jahren, als Abiturient, ist er Peschetz begegnet.

Er hat sich verspätet, «die Firma» habe ihn aufgehalten. Mit Ende sechzig ist er immer noch im Bauunternehmen der Familie aktiv. Gegen die Fensterscheibe des Jeeps prasselt der Regen, wir fahren durch die flache, eintönige Wesermarsch. Äcker und Wiesen, die kreuz und quer von Drainagen durchzogen sind, geometrisch wie ein Schachbrett.

«Das war früher alles Moor.»

«Viel Heide?»

«Ja.» Irgendwie kommt unser Gespräch nicht in Gang.

Und so schaue ich ihn ab und zu von der Seite an. Energisch wirkt er, unter der kräftigen Nase ein stoppeliges, grau meliertes

Bärtchen. Dem ersten Eindruck nach ein Skeptiker, bärbeißig womöglich, wie ihn mir ein Imkerkollege beschrieben hat. Am Telefon hatte er mich ziemlich inquisitorisch gefragt, ob ich denn dieses und jenes Fachbuch kenne, und falls nicht, sollte ich diese vor unserem Treffen unbedingt studieren. «Schon mal was von der Süd-Ost-Expedition gehört?» Ich musste wahrheitsgemäß gestehen, dass nein. Auf der Liste meiner Hausaufgaben stand unter anderem das Standardwerk «Vom Anfänger zum Meister» von Hans Peschetz.

Tiesler ist ein Nachkriegskind, 1948 geboren, die Eltern Vertriebene, erzählt er kurz. «Sie hatten ein großes Baugeschäft, Stammsitz war Niederschlesien, mit Niederlassungen in Berlin und Breslau. Alles verloren, und in Elsfleth von null auf wieder angefangen.» In der Pampa, könnte man sagen, in Wald und Heide, und das war alles andere als leicht, deutet er an, auch nicht für die hier geborenen Kinder, für ihn und seine zwei Brüder. Bienen kamen in der Familiengeschichte nicht vor, nicht vor Mitte der 1960er Jahre.

«Ich war der Erste. Mit vierzehn!» Für einen Moment blitzt es in seinen Augen.

Unsere Teestunde in der repräsentativen Diele des alten Niedersachsenhofes, zwischen Jagdtrophäen und Bienenkundlichem, unter anderem Repliken slowenischer Stirnbrettchen, besteht darin, dass er mir ein Buch nach dem anderen vorlegt. Über Bienenzucht, was sonst, der Mann ist Genetiker durch und durch. «Und wie sind Sie dazu gekommen?», frage ich. Zweimal, dreimal. Hartnäckig weicht er aus, von seinem persönlichen Weg mag er nicht sprechen. «Gehen wir in mein Archiv!» In einem Dachzimmer hat er eine beeindruckende Menge von Schriften versammelt – die Höhle eines Wissenschaftlers. Anscheinend verbringt er viel Zeit in seinem Reich, das auch als Schreibstube dient. Tiesler ist Autor, publiziert zusammen mit Professoren der Apidologie, dabei ist er von Hause aus Bauingenieur.

«Eigentlich wollte ich Biologie studieren.»

«Und?»

«Wir Brüder mussten alle in die Firma einsteigen.»

Nach und nach erschließt sich mir die Geschichte. Sie handelt von der Sinnsuche eines jungen Mannes im Wirtschaftswunderland und vom Siegeszug der *Carnica* im deutschen Norden. Irgendwie war Friedrich-Karl Tiesler früh mit Bienen in Berührung gekommen und war noch als Schüler Anhänger der alpenländischen *Carnica* geworden.

«Das war nur logisch. Die *Carnica* hat einfach überzeugt.»

«Also kein Komplott?», frage ich halb scherzhaft.

«Unsinn! Das waren Sachzwänge.»

Die sich seines Erachtens aus der Industrialisierung der Landwirtschaft ergaben. Man brauchte eine Biene für die Massentrachten im Frühjahr. Genau darauf war die *Carnica* eingestellt. In ihrer Urheimat waren es die blühenden Südhänge der Gebirgstäler, die die Völker nach der Winterruhe herauslockten und zu rascher Brutentwicklung anregten. Eine Senkrechtstarterin, die sich im Norden scheinbar mühelos akklimatisierte und gern auf Raps ging, große Obstplantagen bestäubte und dank ihres langen Rüssels den Rotklee beflog – und dem Imker die Kästen füllte. «146 Kilogramm Honig vom Rotklee», meldete ein Imker bei Oldenburg, «pro Volk!», solche Rekordzahlen elektrisierten. Die heimische schwarze Biene hingegen war eine Spätbrüterin. Erst im Sommer hatte sie die nötige Volksstärke, den Reichtum der Wiesen, Ackerunkräuter und Heiden auszubeuten. Und die schwanden damals unaufhaltsam, inzwischen waren in der Wesermarsch die meisten Heideflächen unter den Pflug genommen oder mit Kiefern aufgeforstet worden, was viele der typischen Korbimkereien um ihre Existenz brachte. Die verbleibenden waren Widerstandsnester, die dem Trend zur *Carnica* trotzten.

«Imker Onken war so einer. Die schwarze Biene kommt mit der Heide eben am besten zurecht.»

Der progressive Tiesler hatte die Verlierer im Blick, seine jugendlich forschende Neugier galt auch ihnen. «Aus Spaß» ließ er einige seiner *Carnica*-Königinnen von den schwarzen Drohnen des Herrn Onken begatten. Um auszuprobieren, ob die Mischlinge wirklich so agressiv sind, wie in den Büchern steht. «Sie waren es.»

Und das war der zweite wichtige Grund, der für die reinrassige *Carnica* sprach: ihre Friedfertigkeit. In dem immer dichter besiedelten Land brachten stechlustige Völker den Imker in Schwierigkeiten. Bienenstiche wurden, ebenso wie Mistgerüche, nicht mehr als normal angesehen. Wer will schon Nachbarschaftsstreit, Prozesse? Die *Carnica* wurde als «urbane Biene» vermarktet. Dabei zogen viele an einem Strang, der Deutsche Imkerbund, die meisten Bieneninstitute, Agrarministerien. Alte Seilschaften mischten mit, Hans Peschetz und andere österreichische Züchter, der Goetze-Nachfolger Dr. Dreher. Wie bei der «Holsteinisierung» des Rindes war eine Lobby am Werk, die mit Erfolg eine Struktur schuf, die den Imker unterstützte wie reglementierte.

Heidjerfrühstück – als es die schwarze Biene noch gab

Heidehonig ist eine Kostbarkeit! Seine Farbe erinnert an Bernstein, im Duft ahnt man die spätsommerliche Erika. Sein Geschmack ist ziemlich herb, fast streng. Der erste Löffel schmeckte mir gar nicht, auch der zweite nicht. Manchmal braucht man eine Geschichte, um einen Genuss für sich zu entdecken: Heidehonig steht für eine untergegangene Welt, für die schwarze Biene und eine Ökonomie, in der ein Imker so wichtig war wie ein Schäfer und ein Bauer. Ausgerechnet ein Vertreter der Modernisierung, der dazu beitrug, sie zu verdrängen, Friedrich-Karl Tiesler, hat mir eine wunderbare Filmdokumentation ans Herz gelegt, in der die traditionelle Heideimkerei gezeigt wird.

Ende der Siebziger war es, als eine Gruppe von Wissenschaftlern Georg Klindworth bei der Arbeit gefilmt hat, einen Altmeister der Korbimkerei, Jahrgang 1907, in der Gegend von Sittensen. Alle wichtigen Abläufe des Jahres: Wie wird ein Bienenkorb geflochten oder repariert? Wie wird er für die Wanderschaft in die Heide reisefertig gemacht? Immer wieder sieht man einen «Immenzaun», auch «Lagd» genannt, in der Landschaft stehen. Die typische, zur Sonne hin ausgerichtete lange Reihe von Körben in überdachten zweistöckigen Regalen. Besonders faszinierend in der Schwarmzeit, wenn der Imker, Lehrlinge und Gehilfen auf ihren Schemelchen davorsitzen und Wache halten. Bei den ersten Anzeichen, dass ein Schwarm mit der alten Königin ausziehen will, binden sie einen langen Beutel aus Gaze vor das Flugloch. Aus der Ferne wirken sie wie riesige Kondome, und sobald die Bienen hineinbrausen, wird er prall, bewegt sich munter, von unglaublicher Energie geladen. Ob das Spektakel im Wonnemonat Mai schon früher sexuelle Assoziationen hervorrief?

Die achtteilige Dokumentation kann man googeln. Vor dem Genuss von Heidehonig empfiehlt sich Teil 6 und 7, der die Ernte zeigt. Einen Blick in den Naturwabenbau der Bienen zu tun und auf die Kunstfertigkeit des Imkers. Sein Raubzug hat etwas durchaus Respektvolles. Zuerst nimmt er das Allerbeste und Teuerste: Er schneidet den «Scheibenhonig» heraus, verdeckelte Zellen aus hellem, frisch ausgeschwitztem Wachs, in denen reifer Honig lagert. In dieser Form wurde er früher hauptsächlich genossen und in hübschen Schachteln in die großen Städte transportiert. Aus dem Rest macht der Imker Presshonig, dieser wird durch mechanischen Druck (Schleudern geht nur, wenn die Bienen in genormten Rähmchen bauen) befreit und enthält Partikel von Pollen und Wachs.

Ein klassisches, altes Rezept: Buchweizen-Pfannkuchen mit Heidepresshonig. Buchweizen, ein Knöterich-Gewächs, gehört auch in diese Landschaft und gedeiht in trockengelegten Mooren und auf anderen kargen Böden.

500 Gramm Buchweizenmehl, auch «Heidemehl» genannt, und einen ¾ Liter kalten schwarzen Kaffee vermengen und über Nacht, mindestens aber fünf Stunden, quellen lassen. Mit vier Eiern verquirlen und in Schmalz oder Öl ausbacken. Am Ende eine Schicht Heidehonig obendrauf, zusammenrollen – und an die Bienen denken, die im August die Besenheide befliegen …

Der Nachkriegsboom war längst vorüber, Honig gab es im Supermarkt, als Freizeitbeschäftigung war Imkern unattraktiv geworden, um ein Drittel war die Zahl der Völker und Bienenhalter geschrumpft. Als Friedrich-Karl Tiesler seine Leidenschaft entdeckte, war die Imkerei in der Krise. Wer weitermachen wollte, musste professionelle Anforderungen erfüllen, und das wiederum schreckte ab. Weiterbildung, Unkosten, all das. Der Kontrolle des Veterinäramts, Lieblingsfeind vieler Imker, zu entgehen, war kaum noch möglich, dann die EU mit ihren Regeln. Gemütlicher Schlendrian, Großväter, die ihre Enkel ganz traditionell in die Welt der Immen einführen, das war passé. Die Imkerei geriet unter Konformitätsdruck, und wer eine schwarze Königin wollte, fand nur noch wenige Lieferanten.

Dieser Ingenieurstudent mit dem unzeitgemäßen Interesse war ein Hoffnungsträger. In die Fußstapfen des Vaters zu treten schien unvermeidlich, daneben verfolgte Friedrich-Karl Tiesler mit großer Energie seine eigenen Ziele. In den Ferien reiste er nach Österreich, zu den bekannten Züchtern der *Carnica*. 1967, noch als Schüler, hat er den alten Hans Peschetz in Sankt Walburgen besucht.

«Ein freundlicher, leutseliger Mann. Ziemlich groß. Ein Jahr später ist er gestorben.» An viel mehr erinnert sich er sich nicht. Kärnten war nur eine Station von vielen, eine Pilgerreise «wie nach Mekka», manchmal reicht die Aura eines Ortes, um verzaubert zu werden. Für die politischen Verstrickungen des Hans Peschetz scheint er sich nicht interessiert zu haben.

Bald schrieb er in der Imkerzeitung «Die Biene» von seinen Exkursionen, einen Bericht – von 1970 – habe ich später gelesen. Seriös, belesen und ein bißchen naseweis war er mit seinen gerade zwanzig, zwischen den Zeilen: ganz viel Abenteuerlust. Ihn faszinierten besonders die bienenkundlichen Expeditionen der Altvorderen, zum Beispiel die noch nicht lange zurückliegende Reise von 1966 im VW-Bus über den Balkan.

Bekannt geworden ist sie als «Süd-Ost-Experiment». Ihr Chef, Dr. Karl Dreher, stellte sich ausdrücklich in die Tradition seines Vorgängers, jenes Dr. Goetze und seiner Suche nach der «besten Biene», seiner genetischen Forschungen im nationalsozialistisch besetzten Europa. «Auf der Suche nach der besseren Carnicabiene», so der Titel der groß angelegten Expedition, diesmal eine zivile. Einen ganzen Sommer lang zockelten Dreher und vier weitere Männer, darunter ein norddeutscher Züchter und ein Dolmetscher, über den Balkan, das mutmaßliche natürliche Verbreitungsgebiet der *Carnica*, von Österreich nach Slowenien und Kroatien, durch Bulgarien, Griechenland, Rumänien, Ungarn. Mit Hilfe der dortigen Kollegen schauten sie sich um und sammelten «Prüfköniginnen» ein, um sie später zu Hause zu testen und miteinander zu vergleichen. Ihre Impressionen von der ländlichen Welt in einem damals noch ziemlich unbekannten Teil Europas scheinen origineller als das Ergebnis. Es war nicht überraschend und ganz und gar im Sinne der

Erfinder: Nichts geht über die durchgezüchtete reine *Carnica* aus Österreich und Slowenien, die bodenständigen, vom Imker unbeeinflussten und unzähligen vermischten Varianten taugen nicht viel, am allerwenigsten die griechischen.

«Die ewige Sehnsucht des Imkers nach der idealen Biene», das heißt «einer Biene, die bei geringstem Aufwand und einem Mimimum an Unannehmlichkeiten den höchstmöglichen Ertrag liefert», schien befriedigt. Für den Sieg der veredelten *Carnica* fehlte nur noch eins: die instrumentelle Besamung. Und die ging 1969 an den Start. Der alte Traum der totalen Kontrolle von Königin und Drohn wurde wahr. An dessen Verwirklichung so viele gescheitert waren, der gute Wilhelm Wankler aus Sulzburg, Goetze hatte es 1938 vergeblich versucht, Hans Peschetz das Verfahren in seinem Standardwerk von 1954 ausführlich beschrieben. In Serie ging es erst jetzt, als am Bieneninstitut in Oberursel die erste Besamungsstation eingerichtet wurde. Eine technische Assistentin aus Arizona half bei der Einarbeitung, auf diesem Gebiet waren die Amerikaner absolut führend.

Tiesler war Zeitzeuge dieser Revolution, wie ich – auf naive Weise – der «Bullomania». Alles Neue saugte er in sich auf und wurde einer der Wortführer. Mit Anfang zwanzig war er bereits Zuchtobmann der niedersächischen Imker. «Verdrängungszucht» war die Parole, das ging ziemlich strategisch vor sich: Zusammenschluss der Imker, die aktive Zuchtarbeit trieben, also Paarungskontrolle und Selektion. Diese Elite, die etwa 5 Prozent ausmachte, verkaufte Reinzuchtköniginnen an eine zweite Gruppe von circa 20 Prozent, die den genetischen Fortschritt nutzen wollte. Und weil die Zuchtdrohnen einen Flugradius von mehreren Kilometern haben, beglückten diese «kostenfrei» die Königinnen der dritten und größten Gruppe von Imkern, der 75 Prozent, die nichts taten, ob diese nun wollten oder nicht. Nicht alle wollten Teil einer zentral gesteuerten Rassenpolitik werden. Nicht jeder bemerkte sie. Der Vorgang dauerte lange, der junge Spund Friedrich-Karl Tiesler wurde darüber eine graue Eminenz. Heute haben wir im Norden eine Landbiene mit überwiegend *Carnica*-Charakter.

Und weiter? Bei der Rückfahrt durch die nächtliche Wesermarsch erzählt der altgediente Zuchtobmann von den Russlanddeutschen im örtlichen Imkerverein. «Die züchten gern auf *Carnica*. Und fahren in die alte Heimat, nach Sibirien und Kasachstan, und nehmen Königinnen mit, bis zu tausend Stück.» Legal sei das nicht, sinnvoll schon gar nicht. «Die sollten dort lieber einheimische Bienen veredeln.» Ambitionen wie die des österreichischen Eisenbahners und Imkermeisters Peschetz, die *Carnica* zur «Weltbiene» zu machen, sieht er heute kritisch. Seit ein paar Jahren exportiert Tieslers Verband nicht mehr überall hin – Russland, Bulgarien, der Orient sind tabu.

«In Syrien stirbt die *Apis mellifera syriaca*. Das darf nicht sein.»

Zurück ins Regionale, zur Vielfalt der Bienenrassen?

Puan Klent: 62 Bienensommer auf Sylt

Lüneburg, im November. Meine neue Heimat gehört zum Peschetz-Gebiet, bestätigt die Vorsitzende des Imkervereins. «Ich hab sogar eine Inselkönigin», erwähnt sie mit Stolz, «von Puan Klent.»

Ohne Puan Klent, die Belegstelle auf Sylt, wäre die von Hans Peschetz gezüchtete erfolgreiche *Carnica*-Linie längst ausgestorben. In Kärnten gibt es sie schon Jahrzehnte nicht mehr, die Österreicher schicken seitdem ihre Peschetz-Königinnen auf die nordfriesische Insel, um sie begatten zu lassen. Vor

Jahren, bei einem Urlaubsspaziergang, habe ich zufällig diesen seltsamen Platz entdeckt: Hunderte bunter Kästchen auf Pfählen, «Schutzhütten», wie ich heute weiß, die verstreut in den Schwarzdünen stehen, jede mit einer Nummer. Übers Gelände stapfte eine alte Frau in Arbeitshosen, mit leuchtend weißem Bubikopf. Es muss Edith Muusz gewesen sein, die langjährige Belegstellenwartin. «Eine treue Seele» hatte Tiesler sie genannt, andere hatten ähnliche Worte benutzt. «In Imkerkreisen ist sie eine Legende! Sie müssen sich beeilen. Es heißt, sie sei ein bisschen verwirrt.»

Und so rufe ich im Altersheim in Elmshorn an. Ihre Stimme klingt munter, unverkennbar hamburgisch. «Ahlns klor. Kieken Se in», heißt sie mich willkommen und schaltet ins Hochdeutsche um.

«Peschetz? Der ist nicht wichtig!»

«Und was ist wichtig?»

«Puan Klent! Das fehlt mir. Ich muss doch kontrollieren, ob alles richtig läuft.» So ganz in der Welt scheint sie nicht zu sein.

«Waren Sie gar nicht empfindlich gegen Bienenstiche?»

«Nö. Ich kann Bienengift ab. Gegen den Schweinkram, der hier im Altersheim gespritzt wird, ist das nix.»

«Erzählen Sie mir mehr?»

«Wenn Sie genug fragen, dann kann ich antworten.»

Zwei Tage später die Nachricht, dass sie gestürzt ist, kein Besuch möglich.

Mir bleibt ein kleiner Text, den sie in den letzten Dienstjahren über ihre Arbeit geschrieben hat. Eine Art Chronik der Belegstelle, wahrscheinlich hat jemand sie damit beauftragt, und sie hat die ihr wichtigen Dinge notiert. Pflichtschuldig, kurz und knapp, von sich selbst Aufhebens zu machen, scheint nicht ihre Art gewesen zu sein.

Anfang Juni 1950 ist sie mit nach Sylt gefahren, im

Schlepptau einiger Züchter aus Hamburg-Bergedorf, einer von ihnen ist ihr Lehrherr. Imkergesellin ist sie seit kurzem, ziemlich ungewöhnlich für ein Mädchen. Die kleine verschworene, überwiegend akademische Männergesellschaft, die über Peschetz verbunden ist, seit Kriegszeiten, manche sogar früher, ist ihr nicht unbekannt. Schon 1946 haben sie auf der Hallig Hooge eine Belegstelle eingerichtet, doch dieses Eiland ist zu klein, nun also Sylt. Puan Klent, auf dem südlichen Nehrungshaken, scheint als «fremdbienenfreie Zone» bestens geeignet, an zwei Seiten vom Meer geschützt, zu Lande dürfen sich hiesige Imker mit ihren Bienenvölkern nur auf siebeneinhalb Kilometer nähern. Die zwanzigjährige Edith ist Teil des ehrgeizigen und mit äußerst bescheidenden Mitteln ausgestatteten Plans, die Biene des Kärntner Eisenbahners Peschetz im Norden heimisch zu machen.

Nach «drei Tagen strammer Arbeit» sind die Männer wieder abgefahren, und sie bleibt ganz allein zurück – mit einem «Gattenvolk», dessen edle Drohnen in den Dünen ausschwärmen sollen. Der grobgezimmerte Verschlag ist Unterstand für die Bienen und zugleich ihr Schlafzimmer. «Als Bett wurden Bretter von Wand zu Wand genagelt, es gab weder Schrank noch Tisch. Eine Petroleumlampe lieferte Licht. Weil die Hütte kein Fenster hatte, schlief ich bei offener Tür.» Zuweilen bekommt sie unliebsamen Besuch von einem Schaf, manches erinnert ein wenig an Robinson Crusoe. Die Brücke zur Zivilisation sind die Imker, die ihre «Einwabenkästchen», kurz EWK, anliefern. Mit je einer jungfräulichen Königin und einem Hofstaat von Arbeiterinnen, etwa «zwei Suppenkellen voll», so die Vorgabe, plus einem Vorrat an Futterteig. Manche EWKs kommen per Spedition, oft von weit her. Die junge Imkerin muss sie in die Schutzhäuschen einhängen und regelmäßig nachschauen, wie es den Bienen geht.

«Bei schönem, windstillem Wetter kann man das Brummen der Drohnen hören.» Ob die gewünschten Hochzeiten auch stattfinden, sieht sie natürlich nicht, sie kann nur die Zeichen beobachten. Spätestens wenn die Königin anfängt, Eier zu legen, zu «stiften», ist die Sache klar, dann darf der Besitzer sie heimholen. Die Erfolgsquote liegt bei gut siebzig Prozent. Es kann passieren, dass Königinnen sich in den Dünen verfliegen oder eine Möwe sie verspeist.

Zehn bis zwölf Wochen dauert der Paarungssommer in Puan Klent, Mitte August ist Schluss. Und was macht Edith Muusz dann? Sie arbeitet als Änderungsschneiderin, bis die Peschetz-Züchter sie im Mai wieder auf die Insel beordern. 1953 stellen sie eine alte Wehrmachtsbaracke mit drei Kammern auf, dann kann sie endlich selbst kochen, mit Propangas heizen. 1954 wird ein Plumpsklo gebaut, 1957 ein Brunnen gebohrt. Strom? Erst 1969, in dem Jahr, als andernorts die Hightechbesamung an den Start geht. Was bekommt sie von den gewaltigen Fortschritten in der Bienenzucht mit? In ihren Schilderungen bleibt das Thema außen vor, kein Wort von Genetik, kein Züchterlatein. Darüber räsonnieren und entscheiden andere, für ihr Tun genügten das kleine und das große ABC der Imkerei. Ihre Arbeit verändert sich über die Jahre kaum, wird allenfalls mehr. Die Zahl der Königinnen, die zu Gast sind, steigt, und nach der Entdeckung der Mehrfachpaarung durch die Wissenschaft, Mitte der Fünfziger, gibt es nicht nur ein Gattenvolk, sondern mehrere.

Soweit ich verstehe, ist sie vor allem eine treue, zuverlässige Hüterin. Ihr Alltag dem der Schafhirten vergleichbar, die nebenher noch tausend andere Dinge tun, anstreichen, Zäune ausbessern, Gebüsch auslichten. «Ein 24-Stunden-Tag reicht nicht aus.»

Wie erträgt sie bloß die Einsamkeit? Selbst als verheiratete

Frau macht Edith Muusz weiter. Ihren Ehemann, allergisch gegen Bienengift, lässt sie zu Hause in Hamburg, einige Male hat sie die kleine Tochter dabei. Das mondäne Sylt geht an ihr vorüber, ihre bescheidene Welt in den Dünen und die nur fünf Kilometer entfernte berühmte «Sansibar» liegen auf verschiedenen Planeten. Zweiundsechzig Sommer dient sie in Puan Klent, mit 84 Jahren hört sie endlich auf. 60 000 Königinnen hat sie in dieser Zeit versorgt, davon zwei Drittel erfolgreich befruchtet, schätzungsweise eine Million Paarungen ermöglicht. Die neumodische Bezeichnung «dating hot-spot» hat nichts an der lausigen Bezahlung geändert, die Wehrmachtsbaracke bleibt bis zum Ende unsaniert. Aber das Bundesverdienstkreuz hat Frau Muusz gekriegt und alle Ehrennadeln des Imkerverbandes, sie ist Deutschlands höchstdekorierte Imkerin. Selbst im 21. Jahrhundert hat der Fortschritt manchmal noch einen klassisch weiblichen Part!

Elmshorn. Zwei Wochen später bin ich bei ihr, einfach aufs Geratewohl hingefahren. Ich erkenne Edith Muusz sofort, ganz am Ende des Flurs, zwischen all den Damen mit Rollatoren: blau-weiß gestreifter Seemannspullover, weißer Bubikopf, ein wenig burschikos, wie auf dem Foto am Tag ihrer Verabschiedung von Sylt. Wenigstens Blumen bringen will ich ihr, selbst wenn sie kein Wort sagen würde, ich hätte zumindest eine kleine Ahnung von ihrer Persönlichkeit.

«Puan Klent? Fragen Sie mich nicht. Es geht mir schlecht.»

«Haben Sie Schmerzen?»

«Ich muss so viel nachdenken. Alles kommt wieder.»

Wir sitzen in einem dieser halb offenen, nach Sagrotan riechenden Gemeinschaftsräume. Gesenkten Blicks spricht sie vor sich hin, eher zu sich als zu mir. «Ich hatte ja keine Mutter, die wollte mich nicht. Und der Vater, der kam mal und meistens nicht.» Ihre Sätze kommen aus der Tiefe, wie Klagelieder aus dem Alten Testament. «Ich war immer auf mich allein gestellt, immer und ewig, und jetzt bin ich es auch.»

Es geniert mich, Zeugin ihrer Traurigkeit zu werden, aber jetzt wegzulaufen wäre auch nicht gut. Ihre Klage hat viele Strophen, sie handeln von einer schweren Kindheit, von Mutter, Vater, Großmutter, immer denselben drei Personen. «Die Oma, lieb? Die war ein Drachen!», ruft sie in den Raum – und erschrickt, über ihre eigene Stimme oder als könnte jemand sie tadeln.

Die Geschichten wiederholen sich, derselbe düstere Refrain: «Ich war allein. Ich bin allein.» Aus dem Albtraum scheinen Bruchstücke von Wirklichkeit auf: Ihr Vater war offenbar Seemann und nicht für sie da. Die Mutter zog mit vielen Männern umher und verließ nach Kriegsende das Land mit einem britischen Soldaten. Edith wuchs praktisch bei der Großmutter auf, am Rande der Stadt, wo diese eine Wäscherei hatte und sie früh mit einspannte. Eine gnadenlos strenge Erzieherin, und so wollte das junge Mädchen nur eins: so bald wie möglich fort. Ihre Rebellion bestand zunächst darin, für «Adsche» zu sein, Adolf Hitler, den die sozialdemokratische Großmutter verabscheute.

Die erstbeste Gelegenheit zu fliehen war der Mann, der für seine Bienenvölker eine Arbeitskraft suchte, die fast nichts kostete. Ein Volksschullehrer in Bergedorf, der sie als Imkerlehrling engagierte und durch den sie, dem Himmel sei Dank, in den illustren Kreis der Peschetz-Züchter geriet.

«Puan Klent. Da ist es schön.»

«Und was ist da so schön?»

«Alles!»

Allmählich wird Edith Muusz ruhiger. «Hier kann ich mit niemand über Bienen reden.» Und dann erzählt sie von ihrer Arbeit auf der Belegstelle, dem morgendlichen Gang zu den

Schutzhäusern, dem Paketeein- und -auspacken. Sie illustriert die Vorgänge mit kleinen Gesten, dabei lebt sie sichtlich auf. «Und abends, da war es lange hell in den Dünen. Mir war nie langweilig. Den Imkern, die kamen, konnte ich gute Tipps geben. Manche waren richtige Stiesel, die brachten mir nicht mal 'n Glas Honig mit.»

«In Puan Klent waren Sie zu Hause?»

«To Hus, ja.» Sie lacht.

Anscheinend erfuhr sie dort, in der Natur, eine Geborgenheit, die sie vorher nicht kannte. Auf diese drei Monate lebte sie den restlichen Teil des Jahres hin. Sogar ihren Mann, der an Krebs starb, sie war einundvierzig damals und wieder allein, ließ sie in den Sylter Dünen begraben.

«Ich könnte die Arbeit auch jetzt noch machen.» Zum Beweis führt sie vor, wie beweglich ihre Finger noch sind. «Schauen Sie!»

«Einer der Züchter hat mir erzählt, Sie hätten mal in den Dünen gelegen, weil Sie Ihre Diabetesspritze vergessen hatten.»

«Nööö, die Männer übertreiben immer.»

«Erinnern Sie sich, dass der Peschetz mal nach Puan Klent kam?»

«Peschetz?»

«Hans Peschetz, der Lokführer und Urzüchter der Bienen, die Sie gehütet haben.»

«Peschetz? Nie gehört.»

Asaads Traum

Der Koran. Die Bienen. Das Exil

> *«Dein Herr gab der Biene ein: ‹Mach dir Häuser in den Bergen, in den Bäumen und in dem, was die Menschen errichten! Dann iss von allen Früchten, und folge den gebahnten Wegen deines Herrn!› Aus dem Leib der Bienen kommt ein Saft, verschiedenartig in den Farben. In ihm liegt Heilkraft für die Menschen.»*
>
> Koran, Sure 16, Vers 68–69

«Erinnerst du dich noch an eure Bienen zu Hause?»

«Klar doch!», trompetet das Mädchen im rotgoldenen Prinzessinnenkleid am anderen Ende des Tisches. Bis zu diesem Augenblick hat die Zwölfjährige sich vorwiegend mit ihrem langen Seitenzopf beschäftigt, mich nur ab und zu aus den Augenwinkeln angesehen.

«Hast du als Kind keine Angst vor ihnen gehabt?»

«Nö, die waren total cool.» Banan blickt zu ihrer Mutter Shamsa hinüber. Hat die Mama verstanden, worum es geht? Offenbar nein. Ihr schönes, sanftes Gesicht, das von einem nachtblauen Tuch eingerahmt wird, drückt Ratlosigkeit aus.

Banan dolmetscht. Die ganze Tischgesellschaft verfällt unversehens wieder ins Arabische, minutenlang spielen die Alabeds einander kleine, gutgelaunte Sätze zu, Shamsa ihrem

Mann Asaad, ihre erwachsenen Söhne den kleineren Geschwistern. Hin und wieder mischt sich das befreundete Ehepaar aus Damaskus ein. Und ich genieße das Geräusch der fremden Sprache, das Zischen und Sirren und Pochen und Klicken der Konsonanten, überlege, wie ich am geschicktesten ein Stück gebratenen Karpfen mit dem Fladenbrot greifen könnte. Oder vielleicht doch lieber einen Hühnerschlegel nehmen sollte, was leichter wäre. Oder stattdessen gleich zu der orangeroten, duftenden Süßigkeit übergehe, die vor mir steht und Erinnerungen weckt – an die Altstadt von Jerusalem, vor langer Zeit, im vergangenen Jahrtausend. Weiter in den Orient bin ich nie vorgedrungen.

Freitags, nach dem Gebet in der Moschee, kommen alle Alabeds in dem Reihenhaus am Rande von Lüneburg zusammen – die Alabeds, die es nach Deutschland geschafft haben. Ihre Heimat ist ein Dorf namens AlDar Alkabera, in der Nähe der Großstadt Homs.

Homs. Den Namen der Stadt, der drittgrößten Syriens, auf halbem Weg zwischen Damaskus und Aleppo, habe ich – wie viele andere – zum ersten Mal während des arabischen Frühlings gehört. Damals, 2011, saßen wir gebannt vor den Fernsehern, Syrien war nicht das einzige Land in Aufruhr. Ich erinnere mich an Bilder aus Homs, auf den Straßen junge Männer, die tanzten und riefen: «Hau ab, Assad! Freiheit! Das Volk wird siegen!» Es war März, im Sommer war Homs zur Hauptstadt der syrischen Revolution geworden. Und nur wenige Monate später erreichten uns andere Szenen, wurden wir Zeugen, wie die Armee des Diktators die friedlichen Proteste mit Panzern niederwalzte, Hunderttausende Zivilisten flüchten mussten. Aus der Traum, wir in Europa fühlten mit, bald herrschte in ganz Syrien Bürgerkrieg. Homs war eine Ruinenstadt, größtenteils unbewohnbar geworden – die ältere Generation in Deutschland konnte die Medienbilder kaum ertragen, so schmerzhaft ähnlich waren sie denen von 1945.

Unter den syrischen Flüchtlingen in Lüneburg müsste es Imker geben, dachte ich mir, als ich anfing, dieses Buch zu schreiben. Und ich musste nicht lange suchen: «Frag Abed», hieß es. Jemand von der hiesigen Willkommensinitiative kannte ihn, es war derselbe Abed, von dem schon unser Elektriker erzählte, der ihn als Lehrling eingestellt hatte. Eigentlich heißt er Abd Alkadr Alazo Alabed, und weil sich das niemand in Lüneburg merken kann, geschweige denn aussprechen, hat er, wie Einwanderer es seit jeher tun, seinen Namen umgewandelt. Den ersten Vornamen Abd, arabisch «Diener», genauer «Diener Allahs», um einen Vokal erweitert. Siebenundzwanzig ist Abed, ein Wirbelwind, überall dabei, wenn es etwas zu helfen gibt, offenherzig, mitteilungsfreudig, unter anderem hatte er erzählt, dass er zu Hause mit seinem Vater eine große Imkerei betrieben hat. Der kleinstädtische Buschfunk trug es mir zu. Abed lud mich gleich zu seiner Familie ein, und da bin ich nun.

«Du verstehst gar nichts! Oder?» Amüsiert schaut mich Abed an. Mein Gefühl, fremd zu sein, kennt er selbst nur zu gut.

«Der Sommer war kein Sommer.» Meine Klage über das Wetter lässt die Unterhaltung der Tischgesellschaft wieder ins Deutsche schwingen.

«Kurz», bestätigt Abed. «Paar Tage war heiß. Dreißig Grad, dann ist man halbtot. Bei uns sind vierzig Grad nichts.»

«Und wie schmecken euch die Kartoffeln hier?»

«Nicht schlecht», sagt die Frau aus Damaskus, «libanesische Kartoffeln noch besser.»

«Die besten für Pommes», schwärmt Banan, «die werden total knusprig.»

Und einer ihrer Brüder, der vorhin erklärt hat, er wolle

Bauingenieur werden, ergänzt: «Kriegst du in Hamburg am Steindamm.»

Noch eine ganze Weile plätschert unser Gespräch dahin – höfliche Versuche, die Fremdheit zu überbrücken, so zu tun, als redeten wir von denselben Dingen. Zwischendurch lasse ich mir von Abed die Namen der Familienmitglieder aufschreiben: Asaad = Vater, Shamsa = Mutter, notiert er. Der ihm nachfolgende Bruder ist Abd Alazeem, dann kommt Soleman, die beiden jüngsten Kinder sind Walid, fünfzehn, und Banan, zwölf. Ob ich mir das jemals merken kann? Und das sind noch nicht alle, ein Teil der Alabeds ist in der Heimat geblieben, andere im libyschen Tobruk gestrandet. Während wir essen, geht per WhatsApp ein Lebenszeichen aus dem Dorf ein, von Abeds älterem Bruder Khodor: Es ist ruhig, alle wohlauf.

Bienenzucht, vor dem Krieg

Gegen Abend wird der Tisch abgeräumt, nur Abed und sein Vater Asaad bleiben sitzen. Vor ihnen liegt eine Liste mit deutschen und arabischen Wörtern. Zu meiner Überraschung haben sie sich auf das Gespräch vorbereitet. Naḥla, die Biene, manḥal, der Bienenstock, ʕasal, der Honig, einfache Vokabeln, die im Sprachkurs anscheinend nicht vorgekommen sind, und schwierige wie Ameisensäure, Koriandersamen, Pfefferminze, Senföl. Für den Fall, dass weitere benötigt werden, liegt das Smartphone bereit.

«Die Imker von unserer Gegend waren die besten in ganz Syrien.» Abed eröffnet den Vortrag. «Und mein Vater», er schaut ihn liebevoll an, «mein Vater hat im Dorf ein großes Ansehen gehabt.» Er, Asaad, sei der eigentliche Fachmann, und weil er sich mit dem Deutschen schwertue, erzähle er, Abed, seine Geschichte. Angefangen habe alles «mit Rückenschmerzen», vor mehr als einem Vierteljahrhundert …

Asaad nickt. Und legt, an deutsche Stühle offenbar noch nicht gewöhnt, seinen rechten Unterschenkel unter das Gesäß. Siebenundfünfzig ist er, ein kleiner, kräftiger Mann mit wettergegerbter Haut und hellwachen Augen. Imkerei war ursprünglich nicht sein Beruf, berichtet der Sohn, er ist auf Umwegen dazu gekommen, im Grunde durch eine Katastrophe. In welchem Jahr genau, ist unklar, jedenfalls muss Asaad, als sie sich zugetragen hat, um die dreißig gewesen sein. Familienvater von drei Kindern, Abed war damals noch nicht geboren. Plötzlich, von einem Tag auf den anderen, konnte er seinen Beruf als Bauarbeiter nicht mehr ausüben.

«Viele Schmerzen. Und die hörten nicht auf.»

Über die näheren Umstände weiß Abed kaum etwas. Die zahlreichen Mitglieder der Großfamilie, die ringsherum lebten, haben wohl die finanziellen Nöte abgefedert. Abed selbst erinnert sich an einen Vater, der über dicken Büchern saß oder geheimnisvolle Tinkturen aus Pflanzensäften zubereitete. Um sein quälendes Rückenleiden zu lindern, hat er damals angefangen, sich mit den Traditionen der islamischen Heilkunst zu befassen, vor allem der Wirkung von Kräutern. Im Souk von Homs kaufte er viele Bücher, alte und sehr alte und neue, «eines davon hat fünf Kilo gewogen!» Für Abed und seine Geschwister eine prägende Erfahrung, sie wuchsen als Kinder eines Mannes auf, der das Heilen zu seinem Beruf machte und Patienten aus dem Dorf und zunehmend auch von weit her empfing, «gegen Geld, oft auch umsonst», bei Hautproblemen Schwarzkümmelöl verordnete, bei Gallenbeschwerden Pfefferminze.

Und irgendwann ging es mit den Bienen los. In den medizinischen Büchern war viel vom Nutzen der Bienenprodukte – Honig, Pollen, Gelée royale, Propolis, Gift – die Rede gewesen.

Asaads Bruder hatte schon lange Bienen, Imkerei war zudem nichts Ungewöhnliches im Dorf und lag im Trend.

«Ich war acht», sagt Abed, der Sohn, er ist sich da ganz sicher. «Und ich war sofort begeistert.» Sein Vater lächelt und neigt zustimmend den Kopf. 1998 also standen die ersten Bienenkästen auf dem großen Grundstück der Alabeds, der alte Diktator Hafiz al-Assad war noch an der Macht.

«Vater hat angefangen mit der syrischen Biene.» Abed fuchtelt mit den Händen in der Luft herum. «Die war so gefährlich, das kannst du nicht glauben.» Großes Gelächter. Banan, die just in diesem Moment frischen Schwarztee hereinbringt, lacht mit. Und dann werden Anekdoten zum Besten gegeben, die nicht unbedingt heiter sind. Angeblich stachen diese Bienen durch den dicksten Schutzanzug oder krochen dutzendweise in ihn hinein, konnten sogar den Imker, der sie behelligte, ein, zwei Kilometer weit verfolgen.

«Verstehst du?»

«Ja, schon.» Von der Wehrhaftigkeit der syrischen Biene, der *Apis mellifera syriaca*, habe ich oft gelesen. Schon vor hundert Jahren und mehr hat sie westliche Forschungsreisende in Angst und Schrecken versetzt.

«Mit den syrischen Bienen konnte man nicht gut arbeiten.» Um sicherzugehen, dass er auch nichts durcheinanderbringt, fragt Abed noch mal beim Vater nach. Aus dem arabischen Dialog schnappe ich einige Worte auf, die ich kenne, Fachbegriffe aus der modernen Imkerei Europas: Smoker, Magazin, Carneole, Varroa. Sie diskutieren heftig, ziehen das Smartphone zurate, flitschen durch Lexika. So ganz leicht scheint es nicht zu sein, die Bienenwirtschaft in der fremden Sprache zu erklären.

Was ich im Laufe dieses Abends über die Anfänge der Alabed'schen Imkerei zu hören bekomme, klingt ziemlich experimentell und äußerst ambitioniert.

«Nach zwei Jahren hatten wir achtzig Völker!» Abed, so scheint es, hat nun das Thema und die Chronologie im Griff. «Das ging alles ziemlich schnell.» Wir befinden uns im Jahr 2000, er war zehn, sein Vater vierzig. Ein Umbruchjahr in Syrien: Im Juli, nach dem Tod des alten Diktators, hatte sein Sohn Bashar al-Assad die Macht übernommen. Viele hofften auf Freiheit, dass sich ihr Land öffnen möge.

«Wir hatten moderne Magazine aus Holz, mit Rahmen drin. Aber die syrische Biene passte eben nicht dazu. Die stach zu viel.»

«Deswegen haben wir ausländische Königinnen bestellt. Von anderen Rassen, Carneole zum Beispiel.» Er meint die *Apis mellifera carnica*. «Aus Österreich oder vom Balkan, das war gar kein Problem.» Abeds Mund verzieht sich zu einem breiten Grinsen. «Und diese Bienen, die waren total nett!»

Auch deswegen habe er ab dreizehn freiwillig mitgemacht. «Ich mochte sehr die italienischen Bienen, die waren wie Gold. Aaaah, das war so geil, die waren so total friedlich! Ruhe ist wichtig, auch der Imker muss ruhig sein. Das hat mir mein Vater vorgemacht.»

«Wir probieren. Geht oder geht nicht», wirft Asaad ein. «Viele tot.» Er deutet Schwierigkeiten an. Diese noblen Königinnen aus Europa waren an das extrem heiße, trockene Klima nicht gewöhnt, der Nektar und die Pollen in den Landschaften Syriens behagten ihnen anfangs nicht. Sie brüteten viel zu spät und waren auf einen frühen, langen Winter eingestellt.

«Die lieben gelben italienischen Königinnen», erinnert sich Abed, «die waren oft richtig komisch, wie besoffen. Die fanden nicht in ihren eigenen Kasten zurück.»

Also setzten die Alabeds nach einigem Hin und Her auf die *Carnica*. So wie es die deutschen Imker vor Jahrzehnten getan haben, auf eine Biene, die ursprünglich aus den Alpen

Österreichs und Sloweniens stammt und es durch konsequente Zucht zur Hochleistungsbiene gebracht hat.

Die Zusammenhänge werden mir erst später klar, nachdem ich einen in Deutschland lebenden syrischen Bienenforscher ausfindig gemacht habe: Mohammed Khaled Zakour – ein Mann aus Aleppo, den ein Forschungsprojekt über die *Syriaca* schon 2005 nach Berlin verschlug. Dabei waren wohl alte Wissenschaftsbeziehungen zwischen Syrien und der DDR im Spiel. Durch den Bürgerkrieg ist er vom Gastdoktoranden, der voller Elan die Imkerei seines Landes verbessern wollte, zum Flüchtling geworden. Samt seiner Studien, die ebenfalls heimatlos wurden.

Eigentlich ist Zakour Genetiker, interessiert an den Merkmalen der *Syriaca,* doch er richtet seinen Blick auch auf die Praxis der Imkerei. Bis in die 1990er Jahre hinein, schreibt er in einem englischsprachigen Aufsatz, war sie nicht sehr produktiv, folgte mehr oder weniger den alten Traditionen. Man hielt vorwiegend die heimische *Syriaca,* und zwar in Röhren, ein einfaches, über Jahrtausende erprobtes System, das viele noch beherrschten und das fast nichts kostete. Aus Erde und Pflanzenresten formte man lange Tunnel, drei oder vier oder mehr, manchmal Dutzende, und stapelte sie vor dem Haus. Darin bauten die Bienen ihre Waben, zogen ihre Brut auf und lagerten den Honig. Um ihn zu ernten, zerschlug man die Behausungen, und für diesen Moment mussten sich die Diebe gut schützen. Sie gingen von Kopf bis Fuß vermummt zu Werke, denn der Zorn der Beraubten war gewaltig. Nach verlorener Schlacht zogen die Bienen in frisch gefertigte Röhren ein, die der Mensch ihnen bereitgestellt hatte, errichteten aufs Neue ihr kunstvolles Wabenwerk, und das Spiel ging von vorne los. Ein bis drei Kilo Honig pro Volk konnte der Imker erwarten, nicht mehr.

So war es, bis die Modernisierung einsetzte und Syrien begann, die europäische Magazinimkerei zu kopieren. Zakour beschreibt den Wandel, der in den achtziger Jahren einsetzte, mit kritischer Distanz. Es wurden Bienenzuchtzentren ins Leben gerufen, die die Imker der Region anleiteten, das Richtige zu tun. Der Röhrenimker war ein Häuslebauer und Honigdieb, bis auf diesen einen Tag der gewaltsamen Ernte führte das Bienenvolk sein eigenes Leben. Bei einer modernen Betriebsweise in beweglichen Magazinen hingegen muss der Imker ständig kontrollieren, ob drinnen fleißig gearbeitet wird und alles in Ordnung ist. Ist die Königin begattet? Genügend Brut da? Honig, der geerntet werden kann? Krankheiten oder Schädlinge in Sicht? Dabei jedes Mal zu riskieren, halb totgestochen zu werden, wer will das schon. Also Wechsel zu einer anderen Bienenrasse, was wiederum eine ganze Serie von Neuerungen nach sich zog: Königinnenzucht, Paarungskontrolle, Chemieeinsatz.

Und genau das erleben und praktizieren damals die Alabeds. An diesem ersten Abend schildern sie, mit einer gewissen Selbstironie, wie ihnen plötzlich klarwird, dass der Import der *Carnica*-Königinnen allein nicht ausreicht, man muss auch die Väter, die Drohnen, kontrollieren.

«Wir haben ein Volk mit den guten *Carnica*-Drohnen an einem einsamen Ort aufgestellt, wo keine syrischen Bienen waren.» Im Smartphone zeigt er auf Google Earth den Platz, weit entfernt vom Dorf, in der Wüste. «Und auch die jungen Königinnen brachten wir dorthin, dort konnten sie ungestört heiraten.»

Wie im Zeitraffer, so scheint es, durchliefen Vater und Sohn Alabed und die beiden anderen Imker im Dorf AlDar Alkabera die Entwicklungsstadien der modernen Bienenzucht. Sie lernten, das importierte genetische Material zu vermehren, die knifflige Technik des «Umlarvens», das heißt, Larven von Arbeiterinnen aus einem wertvollen *Carnica*-Volk in Königinnenzellen eines *Syriaca*-Volkes umzusetzen, wo sie mit Gelée royale gefüttert und so zu *Carnica*-Königinnen werden. Die ganze komplizierte Paarungsbiologie der Biene mussten sie studieren und verstehen und vieles mehr.

«Umlarven, konntest du das schon als Junge, Abed?»

«Natürlich! Das war cool zu sehen, wie die Larven größer wurden. Von Tag zu Tag. Wie ein Film!»

Wie einst in Europa entstand durch Import ein Bienenmischmasch, und allmählich verdrängte die *Carnica* die *Syriaca*. Und weil die syrische Regierung um die genetische Identität der heimischen Biene fürchtete, verbot sie schließlich, 2004, die Einfuhr.

«Kein Problem! Das ging trotzdem weiter.»

«Und wie?»

«Mit Schleppern.» Abed lacht.

«Man konnte einfach bestellen. Die Schlepper haben die Königinnen eingeflogen und die Polizei am Flughafen bestochen.»

Unter Bashar al-Assad, dem Sohn des alten Diktators, war vieles möglich. Nicht nur auf informellen Wegen, durch Korruption, auch legal. Der neoliberale Kurs des jungen Machthabers eröffnete ganz neue Möglichkeiten. Das Internet, Handys, EC-Karten kamen auf. Hunderttausende strömten aus den Dörfern in die Städte, wo es jetzt Supermärkte gab, neue Wohnviertel aus dem Boden schossen. Nur Freiheit, die gab es nach wie vor nicht. Der «Damaszener Frühling», zu Beginn von Bashars Amtszeit, war schnell vorbei.

«Wie waren diese Jahre bei euch im Dorf?»

«Gut.» In Asaads Stimme schwingt ein Zweifel mit.

«2007 bis 2010, das war prima», urteilt Abed. «Wirtschaft, Bauen, Bildung, das lief alles.» Damals war er kurz vor Abschluss seiner Elektriker-Ausbildung in Homs. «Mit Bienen auch gut. Honig war teuer bei uns. 13 Euro das Kilo. Unsere syrischen Leute kaufen alle beim Imker, und mein Vater hatte einen guten Ruf. Der betrügt nicht, das wusste man.»

Berufsimkerei, Honig für einen immer größer werdenden städtischen Markt zu produzieren, lerne ich, war eine Goldgrube. Um ihre Erträge zu steigern, wanderten die Alabeds mit ihren Völkern. Auch das war relativ neu in Syrien. Zeitig im Frühjahr, im März, stapelten sie die Magazine auf LKWs und transportierten sie zur Mittelmeerküste, in die Region von Latakia, wo die Zitronenbäume blühten. Später landeinwärts, nach Osten, durch die verschiedenen Klimazonen und Vegetationen.

«Mandelblüte», liest Asaad von seinem Zettel ab. Er hat die deutschen Namen der Trachten, die sie nutzten, für mich herausgesucht. «Rotklee, Sonnenblumen.» In der Gegend von Homs: «Chinarindenbäume, Eukalyptusbäume. Und Anis.»

«Er blüht weiß. Unser Dorf war bekannt für Anis», ergänzt Abed. «Richtung Hama waren Schwarzkümmelfelder, das haben wir auch mal ausprobiert.»

Immer weiter östlich bis zur irakischen Grenze ging es, die Saison war lang und endete im Oktober bei Raqqa, in den Baumwollfeldern am mittleren Euphrat. Für die schwere körperliche Arbeit, das Schleppen der honigschweren Kästen, hatte Asaad, der auf seinen Rücken achtgeben musste, Unterstützung. Wozu hat man in Syrien Söhne? Vor allem Abed half, war inzwischen mehr als nur ein Assistent. Mit sechzehn hatte er seine eigenen Völker:

«Fünfzig Kästen! Eigentlich hatte ich zwei Berufe, Elektriker und Imker.»

Voller Stolz berichten sie von ihren Erfolgen. Und ich kann ihre Erfahrung als Imker würdigen, auch wenn ich von ihrem Land ansonsten wenig weiß.

«Die Varroa sehr schlimm. Viel schlimmer als in Europa.» Für unser Gespräch hat Asaad aufgeschrieben, was er alles dagegen unternommen hat.

Soweit ich informiert bin, ist die Varroamilbe, der gefährlichste aller Bienenfeinde, zum ersten Mal 1979 in Latakia, am Mittelmeer, gesichtet worden. Für den kräuterkundigen Asaad eine Herausforderung, die er auf seine Weise anging.

«Alles probieren!» Zum Beispiel hat er Blätter von Haselnusssträuchern in den Smoker geben, das mögen die Milben nicht.

«Pfefferminze.» In welcher Form, kann er auch mit Hilfe seines Sohnes nicht erklären. Aber den Einsatz von Koriandersamen zu beschreiben gelingt, haarklein, Schritt für Schritt, bis ich alle Details durch Nicken bestätigt und notiert habe. Darüber vergeht der Rest des Abends.

Man lässt eine Handvoll Koriandersamen in einem Gefäß mit heißem Wasser sechzig Minuten lang stehen, legt dann kleine, dünne Holzplättchen für 24 Stunden hinein. Diese werden zwischen die Waben gehängt, für etwa eine Woche, das vertreibt die Varroa. Nach und nach fallen die Milben nach unten, auf ein mit Senföl getränktes Papier, und verrecken dort. So ungefähr …

«Baywarol auch probiert.» Die einschlägige Chemie aus Deutschland war im Handel oder Schwarzhandel problemlos zu haben. Anscheinend hat Asaad sie mit der Pflanzenmedizin kombiniert, Letztere allerdings sei ihm lieber gewesen.

«Mein Vater hat alle Rezepte in ein dickes Heft geschrieben. Es ist verbrannt, im Krieg.»

Die Alabeds und ich freunden uns an. «Wie geht's?», begrüßt mich Shamsa jedes Mal, aus der Küche kommend, in immer anderen langen Hauskleidern. Ihr Mann Asaad sitzt meist rauchend im Wohnzimmer, mit Blick in den Garten. Tagsüber, wenn die großen Söhne und die beiden schulpflichtigen Kinder Banan und Walid nicht da sind, ist es still hier.

Das dreistöckige Häuschen im Stadtteil Moorfeld, das der Bundeswehr gehört und einst von Offizieren unterer Dienstgrade und deren Familien bewohnt wurde, ist mehr, als die Alabeds erwarten konnten. Groß genug für alle, mit einem Stückchen Land, auf dem man Gemüse anbauen könnte und eventuell sogar Bienen halten, solide möbliert aus Spenden. Die ausladenden beigebraunen Sessel sind geeignet, um darin mit gekreuzten Beinen zu sitzen. Im Türrahmen, zwischen Wohn- und Esszimmer, hängt ein kleiner Wandteppich, auf dem Mekka zu sehen ist, der berühmte Platz mit der schwarzen Kaaba, das Gastgeschenk einer wohlmeinenden Deutschen. Kaum etwas Persönliches ist zu entdecken, die Alabeds sind so plötzlich geflüchtet, dass sie fast nichts aus AlDar Alkabera mitnehmen konnten. Aber die Gerüche, die das Haus durchziehen, von Reis und Gewürzen, die sind von dort.

Anfangs kam es mir seltsam vor, über Bienen zu reden, angesichts der Schrecken, die sie durchlebt hatten. Bis ich merkte, dass den Alabeds jede Ablenkung recht war. Meine naiven oder auch kniffligen Fragen, wie Schwarzkümmelblütenhonig schmeckt oder nach den Maßen der Bienenkästen, beschäftigen Asaad, erlösen ihn für eine Weile von der erzwungenen Untätigkeit. Er und auch die anderen sprechen gern von der alten Zeit, ihrem Leben vor dem Krieg.

«Wie sah euer Dorf eigentlich aus?»

«Schau, das ist die Hauptstraße.»

Auf den Satellitenbildern, die Abed bei Google Earth aufruft, ist der Zustand von heute zu sehen. Und schon sind wir wieder mitten im Krieg. AlDar Alkabera grenzt wirklich direkt an Homs, befindet sich an seinem nördlichen Rand. Wenn man Straßen und Häuser heranzoomt, sind die weiträumigen Zerstörungen zu erkennen. «Da ist unser Haus.» Es ist besser weggekommen als andere, der Sohn Khodor lebt darin, mit Frau und Kind. Bei Tochter Rurob dagegen, die fünf Kinder hat, ein paar Straßen weiter, regnet es durch die Decke. Abed zeigt mir die Kasernen, wie ein Ring umgeben sie das Dorf, man begreift dessen strategische Position für die Regierungsarmee.

«Wir waren eingekesselt. Verstehst du?»

«Und wo standen eure Bienenvölker?»

«Hier und hier.» Abed vergrößert den Ausschnitt des Luftbildes wieder, nordöstlich erscheint ein grünes Band – schmale Äcker, die sich an einem Fluss entlangziehen. Die Gegend ist eine der nicht sehr zahlreichen Gunstzonen des Landes, wo vieles gedeiht. Selbst in den Jahren der Dürre, zuletzt 2006 und 2009, war hier kein Wassermangel, und die Bienen hatten genügend Nahrung.

«Wir haben zwei Völker von den syrischen Bienen behalten. Die standen neben den friedlichen *Carnica*-Bienen und haben sie bewacht.»

«Nein! Wirklich?» Ungläubig schaue ich von Abed zu Asaad, in die ganze große Runde. «Ihr wollt mir einen Bären aufbinden!»

«Bären?» Natürlich kennt keiner die Redensart.

«Na, mich an der Nase herumführen, mich auf den Arm nehmen.»

Wieder laufen die Smartphones heiß. «Laffaqa lahu: qissɒ.»

Einen Bären aufbinden, das gibt es tatsächlich auch im Arabischen.

«Nein, nein. Kein Bär!»

Alle lachen, reden wild durcheinander. Nach einer Weile dämmert mir, es gab sie wirklich, diese Wächterbienen. Man setzte die wehrhaften syrischen Völker ein, um Diebe oder Unbefugte von den Bienenständen fernzuhalten. Eine einfache und offenbar sehr wirksame Methode, allerdings nicht ohne Risiken. Eines Tages, so erzählen sie, geschah ein Unglück, das in die Annalen der Familie eingegangen ist: Einige Schafe hatten sich genähert und waren von den Wächterinnen gestochen worden, in den dünn behaarten Hals, woraufhin die ganze Herde in Panik ausbrach und Dutzende Kästen umrannte, was auch die friedlichen Bienen völlig außer Fassung brachte. «Vierhundert Schafe!» Asaad kriegt einen Lachanfall. Im Nachhinein erscheint ihm das Ganze nur noch komisch.

Plötzlich erwacht AlDar Alkabera zum Leben, mit dieser Geschichte wird es für mich zu einem realen Ort – die Tiere, der Staub in den glutheißen Straßen und über den Anisfeldern, die Beziehungen im Dorf. Die Katastrophe ging deswegen glimpflich aus, weil Asaad die geschwollenen Hälse mit Pflanzenmedizin behandelte. Nur wenige Schafe verendeten. Und weil sie Asaads Bruder gehörten, blieb der Ärger in der engeren Familie.

«War nicht so schlimm. Wir sind Beduinen», erklärt Abed.

«Was heißt Beduinen?»

«Wir halten mehr zusammen.»

Bis heute hat das Wort in der Familie eine große Bedeutung. Eigentlich sind die Alabeds schon lange keine Beduinen mehr, die Vergangenheit, als sie mit ihren Herden durch die Steppen Vorderasiens zogen, liegt mindestens zwei, drei Generationen zurück. Seither sind sie Bauern, Handwerker und Geschäftsleute. Nur Asaads Bruder, dessen Schafe unter die Bienen fielen, lebt noch ein wenig auf die traditionelle Weise. Aber auf ihre Herkunft legen sie Wert: Die Alabeds stammen aus Hail, einer der Provinzen des heutigen Saudi-Arabien, und noch früher, in grauer Vorzeit, waren sie weiter südlich unterwegs, im jetzigen Jemen. Jedes Kind, das geboren wird, muss das wissen, wenn es heranwächst: Zu welchem Stamm gehöre ich. Auch die jüngsten, Banan und Walid, sind stolz darauf. Zehntausende von Alabeds gibt es, viele Beduinenfamilien sind so groß.

«Mein Vater und meine Mutter können noch Beduinisch.» Er selbst, Abed, habe diesen arabischen Dialekt leider nicht mehr richtig gelernt.

«Es war gut, Beduine zu sein.»

Beduinen unter den Syrern waren mir noch nie begegnet, wieder neue Hausaufgaben. Zwölf Prozent der Bevölkerung machen sie offiziell aus, recherchiere ich, nach ihrer eigenen Zählung noch mehr. Sie waren immer ein Machtfaktor und sind es wohl noch. Obwohl sich der junge Nationalstaat Syrien in seiner Verfassung von 1950 zum Ziel gesetzt hatte, die Beduinenstämme sesshaft zu machen, ihren Lebensraum in den Steppen und ihre Lebensweise massiv einengte, haben sich manche behauptet. Vorübergehend konnten sie ihre Lage wieder verbessern, weil Hafiz al-Assad sie brauchte, um 1982 den Aufstand der Muslim-Brüder niederzuschlagen. Als Gegenleistung anerkannte er in Teilen ihr altes Gewohnheitsrecht, sie durften in gewissen Grenzen ihr Eigenleben führen, zum Beispiel Waffen tragen.

In Berichten über den syrischen Bürgerkrieg wurde dieser privilegierte Sonderstatus gelegentlich erwähnt. Nichtsdestotrotz haben sich die meisten Stämme der Opposition gegen Bashar al-Assad angeschlossen.

Auch die Alabeds. Damals, 2011, also vor etwa sechs Jahren, endete ihr altes Leben. Über diese Wochen und Monate zu sprechen fällt ihnen schwer. «Wir Beduinen», Herz und Schmerz in einem Wort.

Wie ich das richtig verstehe, wären sie gern neutral geblieben, die ältere Generation vor allem. Asaad und Shamsa bremsten ihre Söhne, allen voran Abed und seinen älterer Bruder Khodor, die zu den Demonstrationen nach Homs fuhren. Seid vorsichtig! Zeigt euer Gesicht nicht!, schärfte Vater Asaad ihnen ein. Doch dann passierte im Dorf AlDar Alkabera etwas, das ihn und viele andere ins Geschehen hineinstrudelte: Ein Verwandter, einer der Beduinenführer, wurde von der Geheimpolizei unter Druck gesetzt, das Versteck seines rebellischen Sohnes zu verraten. Als er sich weigerte, wurde er verhaftet, gefoltert und später im Gefängnis ermordet. Seitdem waren die Alabeds – die ganze, weitverzweigte Großfamilie – Gegner des Regimes. Sich rauszuhalten war auch rein geographisch unmöglich, Homs war zu nahe und wurde von Assads Truppen belagert und bombardiert. Ihr Dorf wurde nach und nach zum Kampfgebiet.

«Verstehst du?»

«Ein wenig.»

Später, bei einem Spaziergang, erzählt mir Abed, dass sein Vater während des Krieges viele Verletzte behandelt hat und dabei seine Pflanzenmedizin einsetzte. Im Dorf gab es eine Art Lazarett, ohne studierte Ärzte. Manche Patienten nahmen die Alabeds auch zu Hause auf, zum Beispiel einen vierzehnjährigen Jungen, der einen Durchschuss an der Hüfte hatte und mit Hilfe von Wundverbänden aus Honig genesen ist. Schon in Friedenszeiten hatte der Kräuterkenner Erfahrung mit Verbrennungen gesammelt, seine Salbe aus Erdbeerblättern, Zwiebeln und Brunnenkresse, die Schmerzen linderte und heilte, kam seit Beginn der Kämpfe oft zum Einsatz.

Abed ist der Einzige, der über die traumatischen Ereignisse zu sprechen vermag. Als koste es ihn keine große Überwindung oder als sähe er seine Aufgabe darin, die Welt über Syrien zu unterrichten. Ähnlich wie sein bewunderter Bruder Khodor, der zu Hause blieb und als Kriegsberichterstatter für eine kleine unabhängige Radiostation arbeitet. Abed und Khodor scheinen nach wie vor besonders eng miteinander verbunden zu sein. Während Khodor, der zwei Jahre Ältere, damals aus der syrischen Armee desertierte, konnte Abed sich der Einberufung entziehen. Zunächst durch seine Ausbildung Aufschub erhalten, und als das nicht mehr ging, flüchtete er, Hals über Kopf, 2012, mit Hilfe von Schleppern, in die Türkei – der Erste der Alabeds, der das Land verließ.

«Ich musste.» Nur wenig später habe sich sein Vater Asaad auf den Weg gemacht, um Haaresbreite der Verhaftung entronnen, zusammen mit Shamsa und den vier jüngsten Kindern Abd Alazeem, Soleman, Walid und Banan. Ziel war Antakya, in der türkischen Grenzstadt seien sie alle bis auf weiteres geblieben.

Ich mag nicht fragen, was danach kam. Meinen Abschiedsgruß «Mach's gut!» erwidert Abed wie jedes Mal mit «Mach's besser!». Sein Repertoire an coolen Sprüchen ist erstaunlich. Sein liebster lautet: «Wir schaffen das!»

Von Tobruk nach Lüneburg

In Lüneburg ist es mittlerweile Herbst geworden, Schietwetter, das nicht aufhören will. Die Alabeds haben die Voliere mit den Kanarienvögeln aus dem Garten ins Wohnzimmer geholt. Noch immer weiß ich nicht, wie und auf welchen Wegen sie es nach Deutschland geschafft haben. Ihre Flucht zog sich anscheinend über mehrere Jahre hin, ihr Ziel war zunächst keineswegs, Europa zu erreichen, sondern das Überleben zu sichern. Gesprochen haben sie bislang nur über die ersten Etappen, und schon die gleichen einer Odyssee. Erste Station, wie gesagt, war das türkische Antakya. Binnen kurzem waren dort so viele syrische Flüchtlinge, der Alltag, Arbeit, Wohnung, Schule, alles wurde immer schwieriger. Und so überlegten sie, wo in der arabischen Welt man vorübergehend unterkommen könnte. Abed flog nach Alexandria, die Lage zu erkunden, doch die ägyptische Millionenstadt war auch kein geeigneter Platz. Deswegen wechselte er ins nahe Libyen, wo Verwandte und Bekannte lebten, nach Tripoli und etwas später nach Tobruk. Die kleine Hafenstadt am Mittelmeer schien halbwegs geeignet, um zurechtzukommen. Kommt her, hier ist es besser als in Antakya, mailte Abed. Und kaum waren alle in Tobruk zusammen, beschloss Asaad, seine hochbetagten Eltern nachzuholen.

Das bedeutete: zurück nach AlDar Alkabera, durchs Kampfgebiet. Eine lebensgefährliche Reise, kaum vorzustellen – sie scheiterte am Ende, weil Asaads Eltern sich nicht losreißen konnten. Er selbst saß, nachdem er aus Syrien entkommen war, in Antakya fest. Inzwischen waren keine Visa mehr für Libyen zu bekommen, alles änderte sich immerzu. Und weil Asaad schwer erkrankte, flog seine Frau Shamsa schließlich zu ihm, zusammen mit den Kindern Walid und Banan. Wieder war die geflüchtete Familie getrennt, die einen in Antakya, die anderen, die drei Brüder, in Tobruk. Abed arbeitete dort als Elektriker, der vierzehnjährige Soleman und der siebzehnjährige Abd Alazeem gingen zur Schule und rackerten in ihrer freien Zeit ebenfalls auf Baustellen. Auf den Fotos von damals – das Smartphone war immer dabei – ist ein lustiges Trio zu sehen, man könnte meinen, sie hätten damals, in Tobruk, ein ziemlich normales Leben geführt.

Was für ein Glück das Smartphone ist, denke ich bei meinen

Besuchen oft. So konnte sich die auseinandergerissene Familie immerhin verständigen. Wie geht es allen, und wie geht es weiter? Auch heute in Deutschland sind Smartphones die wichtigste Brücke zur Heimat, Alltagshelfer in tausend Situationen. «*Artemisia absinthium*, kennst du?», fragt mich zum Beispiel Asaad. Ein Blick ins digitale Lexikon, ruck, zuck weiß ich: «Ach, du meinst Wermut.» In Sachen Botanik und Bienen ist unsere Verständigung immer leichter geworden. Ansonsten bleiben die Gespräche mühsam. Manchmal schweigen wir auch. Oder er zeigt mir den neuesten Clip von seinen fernen Enkeln, kleine Buben, die im Wohnzimmer toben. Den jüngsten hat er noch nie im Arm gehabt.

«Übers Meer.»

Es ist Abd Alazeem, der schmale Student der Ingenieurwissenschaften, der eines Abends das Thema aufbringt. Fast beiläufig erwähnt er es, als seine Mutter gerade den Mokka mit Kardamom serviert. Zu dritt seien sie im Boot gewesen, er und seine Brüder Abed und Soleman.

«Am 11. Juni 2014 sind wir los. Es war ein sehr altes Boot.»

Sein älterer Bruder Abed unterbricht: «Eigentlich wollte ich alleine fahren.» Er muss erst mal erklären, wie es dazu kam. «Wir waren nicht mehr sicher in Tobruk. Der IS kam dorthin, er war schon ganz nahe.»

In wenigen Sätzen beschreibt er eine verworrene Situation, die wohl keiner damals auch nur annähernd durchschaute. Niemand im Land und schon gar nicht die wenigen noch anwesenden Reporter aus Europa, deren Berichte ich in dieser Zeit las. In Libyen war, nach einer Atempause von wenigen Jahren, ein neuer Bürgerkrieg ausgebrochen. Zwei Regierungen bekämpften einander, und als dritte Macht mischte sich die Terrororganisation Islamischer Staat ein. Dazu Warlords, die vor allem auf eigenen Profit aus waren, und der ließ sich am besten mit

Flüchtlingen machen – etwa eine viertel Million Menschen, die meisten in Warteposition an der Küste.

«Wir mussten weg. Aber wohin?» Er, Abed, hatte als Ältester die Verantwortung. «Auf den Landwegen war es total gefährlich.»

«Und auf dem Meer auch.» Ich schaue kurz zu Shamsa hinüber. Ihr Gesicht ist wie versteinert.

«Ja. Die Schlepper waren …» Ob Abd Alazeem das passende Wort nicht findet oder es mit Rücksicht auf die Mutter bei Andeutungen belässt? Im Wechsel mit Abed berichtet er vom Ablauf der Flucht. Von einem ersten Versuch, eine Kabine auf einem relativ komfortablen Schiff zu «buchen», der scheiterte, weil die Schlepper plötzlich verschwunden waren, mit dem Geld auf und davon. Und dem zweiten, als sie nach Tripoli flogen und zwölf Stunden am Strand entlangmarschierten, Richtung tunesische Grenze, zu einem geheimen Ort, wo ein nicht allzu seetüchtiges Boot im Schutz der Nacht wartete.

«Wir waren alle drei zusammen.» Anders als es Abed mit seinen Eltern vereinbart hatte. Nur er, der älteste, sollte fahren. Ein Sohn nur sollte das Risiko eingehen, im Falle seines Überlebens für die anderen Alabeds auskundschaften, ob Europa eine Option sein könnte. Doch Abd Alazeem und Soleman wollten auf gar keinen Fall in Tobruk bleiben. Dass sie zu dritt aufbrechen würden und an welchem Tag, wusste nur der Vater.

«Das Schiff war alt, sehr alt.»

«Und wir waren ungefähr dreihundert junge Männer.»

«Wir waren oben, an Deck. Syrer, Marokkaner, Algerier, jeder musste tausend Euro zahlen. Unten im Bauch des Schiffes kostete es dreihundert Euro, dort waren die schwarzen Afrikaner. «Wir waren alle ohne Essen. Ohne Wasser.» Soleman, der Vierzehnjährige, erinnert sich Abed, hat es nicht ausgehalten und eine Handvoll Meerwasser getrunken.

Nüchtern, fast ohne Emotionen, berichten die Brüder. «Das Schwierigste war, dass es unter Deck immer heißer wurde und kaum noch Luft war. Die Afrikaner schlugen gegen die Tür wie verrückt und wollten raus.»

«Wenn du die Tür öffnest und alle nach oben stürmen, dann wäre das Boot gekentert.»

«Aber die unten wollten doch auch leben!» Ohne lange nachzudenken, hat sich Abed für die da unten stark gemacht. Anscheinend hat er diese Episode schon öfter erzählt. Eine Art Heldengeschichte, die zu beweisen scheint, dass der Mensch in einer Situation absoluter Ohnmacht doch eine gewisse Chance hat zu handeln.

«Dann drohten die Algerier, mich von Bord zu werfen. Es wäre fast zu einer Schlägerei gekommen.» Abed inszeniert kleine Wortwechsel und kommt dann zügig zum Happy End. Die Eingesperrten durften in kleinen Gruppen nach oben, um Luft zu schnappen.

«Das Meer war dunkelblau.» Für einen Moment werden Abeds Augen ganz schmal, ist seine Angst zu spüren. «Noch nie hab ich so viel Wasser gesehen.»

Als nach neun Stunden die italienische Küstenwache die dreihundert Flüchtlinge auffischte, waren alle noch am Leben. Auf dem Schiff nach ihnen gab es zwanzig Tote.

«Und wann konntet ihr eurer Familie Nachricht geben?»

Abed zählt: «Zwei Tage auf dem Schiff der Küstenwache, fünf Tage im Hafen in Sizilien, dann haben sie uns nach Pisa geflogen. Nirgends war WLAN, ich konnte kein Internetcafé finden. Neun Tage, dann hatte ich Verbindung übers Smartphone, nach Antakya.» Noch einmal überwältigen ihn seine Gefühle.

«Jemand hat ein Foto von mir gemacht, als ich mit den Eltern telefoniert hab.»

«Und wie hast du ausgesehen?»

«Jeans, T-Shirt, wie jetzt. Dunkle Haut. Ich lache!»

Shamsa, die neben mir sitzt, hat Tränen in den Augen.

«Habt ihr eurer Mutter alles erzählt?»

«Nein. Natürlich weiß sie nicht alles. Ich mache immer Abkürzungen in den Geschichten. So wie bei dir auch.»

Der Rest der Reise ist kaum erzählenswert, weil undramatisch. Sie führte von Pisa über Ventimiglia, Nizza und Paris nach Deutschland. Am 7. Juli 2014 waren die drei in Frankfurt. Abed wäre gern in Italien geblieben, doch Abd Alazeem, der gerade in Tobruk sein Abitur gemacht hatte, drängte «Lasst uns nach Deutschland gehen». Er hatte irgendwo gehört, das Studium für Bauingenieure sei dort am besten. Von den Behörden wurde ihnen eine Stadt im Norden namens Lüneburg zugewiesen.

Die Alabed-Brüder waren früh dran, die große Flüchtlingswelle stand noch bevor.

Die Flora im Exil

«Lüneburg ist die beste Stadt in Deutschland.» Davon ist Abed heute, drei Jahre nach Überquerung des Meeres, felsenfest überzeugt. Weil er hier fast ausschließlich gute Erfahrungen gemacht hat und obwohl das Klima sehr zu wünschen übrig lässt. Auf einen Hinweis der Caritas beantragte er Familienzusammenführung, und das Zeitfenster reichte: Kurz bevor Hunderttausende Flüchtlinge über den Balkan gen Westen zogen und die Lage chaotisch wurde, an einem Frühsommertag 2015, kamen die Eltern mit Walid und Banan hier an. Schnell und gefahrlos, per Flugzeug.

Eine siebenköpfige Familie im Exil, die zusammenhält wie Pech und Schwefel und sich bemüht, alles gut und richtig zu machen. So erlebe ich die Alabeds. Die Jungen sind sofort ausgeschwärmt in die neue fremde Welt, fix mit der Sprache, ehrgeizig in der Schule oder der Lehre, im Studium. Während das Leben der Eltern sich verengt hat, aufs Haus und interne Pflichten, den Kindern, wenn sie denn da sind, Geborgenheit zu geben, heimatliches Essen, Halt in der Tradition, der beduinischen, der islamischen. Zwischen drinnen und draußen ist keine feste Grenze, Gäste sind herzlich willkommen, jederzeit. «Danke für deinen Besuch», sagen die Alabeds, jedes Mal, wenn ich gehe. «Komm bald wieder!»

In den Monaten unseres Kennenlernens hat Vater Asaad begonnen, seine Umwelt zu erkunden. Erste Gehversuche unternommen auf einem Terrain, das seines ist: Er hat einen Imkerkurs besucht. Von den theoretischen Ausführungen hat er nur Bruchstücke verstanden, aber die Praxis war ihm vertraut, dabei konnte er glänzen, seinen Mitschülern helfen. Wenn diese, überwiegend junge Deutsche, ängstlich und ungeschickt am Kasten hantierten, wurde er zum Lehrer. Seitdem hat er im Garten ein eigenes Bienenvolk, er zeigt es mir stolz.

Asaad entdeckt gerade die norddeutsche Natur, inspiziert, was da wächst und gedeiht. Zu seiner Überraschung ist ihm manches aus Syrien bekannt. «Calendula» notiert er und fragt mich, wie die orangefarbene Blume auf Deutsch heißt.

«Ringelblume. Hilft bei Entzündungen», weiß ich aus dem Biologieunterricht. Unsere Gespräche lassen fast vergessene Lektionen und Lektüren lebendig werden. Seinetwegen habe ich die «Heilsame Schöpfung» Hildegard von Bingens wieder hervorgeholt, der Klosterfrau, die besagte *Calendula* vor mehr als achthundert Jahren im Kräutergarten der Benediktinerabtei Rupertsberg kultivierte. Kräuterwissen – Asaads großes, mein kleines – ist in diesem Herbst unser interkulturelles Gesprächsthema Nummer 1.

Einmal erzähle ich von meiner kranken Mutter, die unter Schwindel leidet. Asaad empfiehlt *Plantago lanceolata*, den Saft des Spitzwegerichs. Vergnügt und wortreich, wie ich ihn noch nie erlebt habe, erklärt er mir die Herstellung der heilkräftigen Arznei. Wie man die Pflanze, große Mengen, durch den Fleischwolf dreht und abseiht und den Saft dann in Honigwasser aufkocht. An diesem Nachmittag schnurrt er ein Rezept nach dem anderen herunter, unterbrochen nur vom Drehen und Anzünden einer neuen Zigarette. Schließlich öffnet er die linke Tür des wuchtigen deutschen Wohnzimmerschranks und holt einige Glasgefäße heraus.

«Salbe für Brandwunden.» Er hält mir den geöffneten Tiegel unter die Nase. Die bohnerwachsartige Masse riecht stark nach Zwiebeln und Kresse. Dann entkorkt er eine Flasche, aus der Essigduft strömt.

«Für Allergie von Haut. Brennnessel und Salbei.»

Asaad hat die Produktion von Pflanzenmedizin wiederaufgenommen! Monatelang hat er das Geheimnis gehütet, nur die Familie durfte davon wissen.

«Hast du auch was gegen Vergesslichkeit?»

«Ginkgo. In Syrien nicht gibt. Hier gibt.»

«Und was noch?»

«Absinthium.»

«Wermut?»

«Wermut, ja. Auch gut für Bauchschmerz. Und Schüchternheit.»

«Gegen was?» Banan, Walid und ich lachen um die Wette. Bis zu diesem Augenblick haben die Kinder still und brav neben uns auf dem Sofa Weihnachtssterne geflochten und zugehört. Jetzt sind ihre Übersetzungskünste gefragt, nach einigem deutsch-arabischen Hin und Her scheint festzustehen, der Vater meint «Prüfungsangst».

Unvermittelt wechselt Asaad das Thema: «Weißt du, wie man von Deutschland nach Tobruk kommt?» Es ist nicht das erste Mal, dass er fragt. Ständig grübelt er darüber nach, wie er seine Kinder und Enkel dort besuchen könnte. Nach Syrien zu gelangen und wieder heraus ist ganz und gar unmöglich. Wenigstens nach Libyen will er es wagen.

«Nein. Soweit ich weiß, geht das nicht.» Von Visumsproblemen mal abgesehen, ist die Lage, laut Angaben des Auswärtigen Amtes der Bundesrepublik, viel zu gefährlich.

Wie lange noch wird das so gehen? «Bashar al-Assad ist jünger als ich», sagt Asaad oft. Seine Prognosen für die Zukunft sind eher pessimistisch. Inzwischen hat der Diktator mit Hilfe ausländischer Verbündeter seine Position gefestigt. Solange er an der Macht ist, werden die Alabeds nicht zurückkehren können. Verlässliche Informationen über die derzeitigen Kämpfe und Parteiungen sind schwer zu haben. Gerade ist die Terrormiliz «Islamischer Staat» aus Raqqa abgezogen, der Region, wo die Alabeds im Herbst ihre Bienenvölker aufstellten. Die inoffizielle Hauptstadt des selbsternannten «Kalifats» ist gefallen, zurückerobert durch eine dubiose Allianz, an deren Spitze die USA steht, unter maßgeblicher Beteiligung der Kurden. Was bedeutet das? Wem kann man trauen? Junge Syrer wie Abed sind übers Internet mit Freunden in der Heimat und im europäischen Exil in Verbindung. «Wir müssen die Wahrheit herausfinden», meint er, «unbedingt!» Sein Vater Asaad und seine Mutter Shamsa halten dagegen, dass Wahrheit nur das ist, was man selbst mit eigenen Augen gesehen und überprüft hat. «Du bist nicht mehr in Syrien!» Dabei schwingt auch die Angst mit, die hitzköpfigen jungen Blogger, die unter ihrem wirklichen Namen auftreten, könnten sich und ihre Familien gefährden.

«Was ist eigentlich aus euren Bienenvölkern geworden?»

«Weg», antwortet Abed. «Seit 2011 sind es jedes Jahr weniger geworden.»

Er zückt sein Smartphone und zeigt mir eine kleine Filmreportage, die sein Bruder, der Journalist, kürzlich geschickt hat. «Guck, das ist Khodor. Er hatte früher hundert Völker.»

Khodor, ein kräftiger, gut aussehender Mann, der Abed ähnlich sieht. Hinter ihm ein mehrstöckiges Regal mit leeren Bienenkästen. Er redet in die Kamera, nicht zur Familie offenbar, darauf lässt sein Tonfall schließen, sondern für die Welt. «Unsere Gegend war die beste für Imkerei», übersetzt Abed, «bis der Krieg kam. Bienen mögen den Lärm nicht, Geschütze und Bomben. Sie fliegen dann weg. Außerdem können die Imker mit den Völkern nicht mehr wandern, und die Nahrung wird weniger, die Felder werden nur unregelmäßig bestellt.» In der nächsten Szene öffnet der Reporter ein blaues Holzmagazin. «Das ist mein letztes Volk. Sehen Sie, auch drinnen sieht es traurig aus.» An dem Rähmchen, einem von zweien, das Khodor herausnimmt, klebt ein Stück Wabe, nach unten hin rundlich wie ein Volant, so wie Bienen in der Natur bauen. «Wir haben kein Material, neue Rahmen zu machen, und keine Ruhe mehr, Kästen zu reparieren, und keine Mittel gegen die Krankheiten. Die amerikanische Faulbrut hat viele Völker getötet.»

In der Nahaufnahme erkenne ich den grauen Pelz der *Carnica*-Biene. Laut Schätzung der UN ist die Zahl der Bienenvölker in Syrien, wie ich neulich las, um 86 Prozent zurückgegangen. Nur an der Mittelmeerküste gibt es noch so etwas wie eine geregelte Imkerei.

Hariri – Honigpudding, «syrisch süß»

Wer das Glück hatte, vor dem Krieg die Souks von Damaskus, Aleppo oder Homs kennenzulernen, wird sich an die Vielfalt der farbenfrohen Süßigkeiten erinnern. Die syrischen Zuckerbäcker, sagt man, sind die besten des Orients.

Hariri ist eine eher unscheinbare Sache, für die Alabeds aus dem Dorf AlDar Alkabera ist es die Leckerei schlechthin. Ein Rezept, das die Frauen der Familie seit Generationen weitergeben. Shamsa hat es von ihrer Mutter abgeschaut, lange bevor sie – mit fünfzehn – ihren Cousin Asaad heiratete, beherrschte sie es.

Shamsa – von arabisch «shams», die Sonne. Ihr rundes helles Gesicht strahlt. Beim Kochen ist sie in ihrem Element, da braucht sie die deutsche Sprache nicht, wenige Worte reichen. Es ist die einzige Aufgabe, die ihr in Deutschland geblieben ist. Zu Hause hatte sie die Oberaufsicht über den kleinen Supermarkt der Familie, sie hatte ihre Freundinnen, die Sorge für die Mutter, sie half Asaad beim Honigschleudern und beim Mischen seiner Kräutermedizin.

Für Hariri braucht man Wasser, Honig, Mehl, Weichweizengrieß und Butter. Normalerweise wiegt die Syrerin die Mengen mit den Augen und mit der Hand. Mir zuliebe nimmt sie es genau. Sie misst zweimal einen Liter plus 300 Milliliter kaltes Wasser ab und schüttet es in einen großen Topf, rührt ein Glas Honig hinein, also 500 Gramm. Kostet und verzieht das Gesicht. «Deutsch süß!» Kurz entschlossen öffnet sie noch ein Honigglas und gibt die Hälfte davon ins Wasser. «Syrisch süß!»

Jetzt das Mehl: Zehn gehäufte Esslöffel zählt sie auf Arabisch, lässt es durch ein Sieb gleich in den Topf rieseln, gibt anderthalb Tassen Weichweizengrieß dazu. Das Ganze wird mit dem elektrischen Quirl vermengt, bis keine Klümpchen mehr da sind. Der Herd braucht volle Hitze, gerührt wird mit dem Holzlöffel. Bald qualmt es mächtig, am Boden des Topfes setzt sich das Mehl ab. Rühren, rühren, rühren, bis der Arm lahm wird. Ich löse Shamsa ab, dann ist sie wieder dran. Darüber vergehen zwanzig Minuten oder mehr, die Masse ist ein wenig dunkler und dicklich geworden, aber noch nicht dick genug. «Kein Problem!» Shamsa streut noch ein Händchen Gries in den brodelnden Brei. Zum Schluss versenkt sie ein Viertelpfund Butter darin, «fertig Hariri».

Sie füllt die heiße Süßigkeit in mehrere Suppenteller. Zwei Stunden dauert es, bis sie richtig fest ist und in Portionen geschnitten werden kann. Shamsa zeigt mir wie: Mit dem Messer eine vertikale Linie in der Mitte ziehen, dann von oben Diagonalen rechts und links, wie ein Tannenbaum. Die Stücke, die äußerlich frischem Marzipan ähneln, lassen sich ohne Mühe herauslösen und auf einem Teller drapieren.

Zu Hause hat Shamsa die doppelte oder dreifache Menge Hariri zubereitet. «Syria große Tisch», sie und Asaad, ihre neun Kinder, oft noch Verwandte, die im Dorf lebten. An dieses Gericht knüpfen sich viele heimatliche Erinnerungen, an die Zeit, als sie alle noch beisammen waren. Ob es die Sehnsucht nach den schmerzlich vermissten Kindern und Enkeln ein klein wenig lindert?

Hariri ist einer der reinsten Honiggenüsse. Auf Basis von Getreide und Butter entfalten sich Süße und Aromen, je nachdem um welche Sorte es sich handelt: Eukalyptushonig, wie Abed ihn liebt, oder Frühlingshonig von blühenden Wiesen, Asaads Favorit. Heute hat Shamsa den Lindenhonig von meinem Nachbarn Stefan eingesetzt, den ich mitgebracht habe. «Egal», sagt sie, «alles möglich.» Und so werde ich es ausprobieren: einfach in die große Batterie der Gläser greifen, die sich durch meine Reisen ständig erneuert, Hariri mit Honig aus dem Isergebirge, Hariri mit Heidehonig …

Vor einiger Zeit gab es eine Nachricht aus Syrien, die Hoffnungen weckte, auch für die Bienen, und für einen künftigen Frieden von großer Bedeutung sein wird. Es ist gelungen, das Saatgut zu retten, rechtzeitig die Schätze der ICARDA zu evakuieren, des «Internationalen Zentrums für landwirtschaftliche Forschung in Trockengebieten» – der Coup einer zivilen

Internationale, die von langer Hand Vorkehrungen getroffen hat, den Genpool der Erde vor Katastrophen zu schützen. Die Alabeds haben davon nichts mitbekommen, ICARDA ist ihnen kein Begriff. Das Institut am südlichen Rand von Aleppo war eine der weltgrößten Saatgutbanken für Kultur- und Wildpflanzen, spezialisiert auf Getreide und Hülsenfrüchte, die an Hitze und salzige Böden gewöhnt sind. Unter anderem aus dem alten Mesopotamien, wo die Agrarkultur der Menschheit ihre Wurzeln hat – Weltkulturerbe sozusagen. Schon Jahre vor dem Krieg hatten die Wissenschaftler Kopien von Zehntausenden Sorten außer Landes gebracht. Dezentralisierung, eine schon bewährte Praxis. Seit 2008 wurden diese Sicherheitsmaßnahmen noch erweitert, mit der Gründung einer Supergenbank im norwegischen Spitzbergen. Fast alle Länder haben backups ihrer Pflanzensamen in den «Global Seed Vault» geschickt. In diesem Tresor im ewigen Eis, einer Art Arche Noah, könnten sie sogar einen Atomkrieg überleben. Von den heute 860 000 Saatgutproben stammen 116 000 aus Aleppo. Als 2012 bewaffnete Rebellen, in dem Glauben, das ICARDA gehöre dem Assad-Regime und westlichen Konzernen, die Versuchsfelder des ICARDA besetzten und die Kühlaggregate des Instituts auszufallen drohten, wurde sein Sitz nach Beirut verlagert. Ebenso Tausende noch nicht duplizierte Samen. Ein anderer Teil gelangte auf abenteuerlichen Wegen nach Ankara. Der Bedeutung der Mission entsprechend holte sie der türkische Landwirtschaftsminister persönlich an der Grenze ab. Damit waren 99,9 Prozent der Vorräte in Sicherheit. Vom Verlust wäre nicht nur Syrien betroffen gewesen, sondern der ganze Nahe Osten, Nordafrika und Regionen Mittelasiens bis nach Afghanistan.

In einem Syrien ohne Krieg könnten die Bauern also wieder das Gewohnte säen, Weizen, Gerste, Linsen, Kichererbsen, Favabohnen. Für diesen Fall vermehren derzeit Wissenschaftler im Libanon und Marokko gerettete Bestände. Ob es spezielle Pläne für die Rekonstruktion der Bienenweiden und der Bienenzucht gibt, ist nicht in Erfahrung zu bringen. Fünfzehntausend Imker gab es vor dem Krieg im Land. Wo mögen sie alle geblieben sein? Werden die Alabeds eines Tages, wenn sie denn zurückkehren, wieder mit der Bienenhaltung anfangen?

Kloster Lüne

Asaad jedenfalls wird in Übung bleiben. Wie ich ihn kenne, wird das erste Volk im Garten bald Gesellschaft bekommen. Und noch etwas bahnt sich an in diesem Winter: Asaad bekommt einen Praktikumsplatz im Kloster Lüne, sechs Wochen Gartenarbeit, unter den Fittichen des Hausmeisters. «Gut da», signalisiert er. «Alle nett.» Zwei Kilometer sind es bis zur Arbeitsstelle, er fährt mit dem Fahrrad dorthin und scheint sich wohl zu fühlen. Spätestens seit dem Tag, als ihm die Aufgabe zugewiesen wird, den Kräutergarten winterfest zu machen.

Der stille Winkel mit seinen von Buchsbaum gesäumten geometrischen Beeten und einem Wasserlauf ist ein magischer Ort. Umgeben von altem Gemäuer, im Sommer erfüllt von Düften der vielfältigsten Heilkräuter, von heimischen und exotischen Gewürzen, an den Rändern blühende Sträucher. In unserem ersten Jahr in Lüneburg (wir kamen drei Monate später als Asaad) haben wir ihn für uns entdeckt. Sogar einen kleinen Feigenbaum gibt es in einer geschützten Ecke. Und einen Ginkgo, den heiligen Baum, der von holländischen Seefahrern aus Japan nach Europa gebracht wurde. Vielerlei Insekten in großer Zahl, einmal sah ich Dutzende grün-blauer Libellen herumschwirren. Im Winter, im Graubraun der nackten Erde und der gestutzten Pflanzen, fällt vor allem die wohldurchdachte Ordnung ins Auge, wird die Idee begreiflich, die seit dem 13. Jahrhundert im Kloster Lüne zu Hause ist: Küchenkräuter vor der Haustür, und dazu eine Apotheke für alle Fälle, so hielten es schon die ersten Benediktinerinnen. Wenn die Natur schläft, kommt man endlich dazu, die lateinisch-deutschen Schilder zu lesen. «Rheum rhabarbarum. Gemeiner Rhabarber», seine mächtigen Blätter und Stängel hat er wie üblich eingezogen. «Calendula offizinalis. Ringelblume», ohne sie geht es nicht. Neben ihr der nervenberuhigende Baldrian aus der Familie der Geißblattgewächse.

Für Asaad muss der Klostergarten eine Offenbarung sein. Sehr vertraut und zugleich fremd, ein Lexikon wohl auch. Manchen deutschen Pflanzennamen, erzählt er, hat er in sein Vokabelheft geschrieben. Mit der mündlichen Verständigung klappt es noch nicht besonders. «Nicht verstehen, macht nichts. Ich spreche mit Bäumen.»

Ich stelle ihn mir vor, auf seinen Wegen zwischen Streuobstwiese und Werkstatt, den Innenhöfen mit ihren Rosenrabatten, inmitten der norddeutschen Backsteinarchitektur. Als dienstbarer Geist eines Klosterkonvents, der seit der Reformation evangelisch ist und den immer noch ein Hauch von Adel umgibt. Ein Muslim in einem christlichen Mikrokosmos, in dem Frauen das Sagen haben. Täglich begegnet er den «Konventualinnen», schick gekleideten alten Damen, von denen eine die Äbtissin ist. Aber welche? Vielleicht hat ihm der Hausmeister den Tipp gegeben, dass man sie am besten an ihrer sonoren tiefen Stimme erkennt. Wie mag Asaad sich fühlen? Was geht ihm durch den Kopf? In der Eingangshalle mit dem gotischen Brunnen und im Kreuzgang riecht es jetzt, im Advent, nach Tannengrün und Kerzen.

Kurz vor Weihnachten besuche ich ihn auf seiner Arbeit. Es nieselt, in den Höfen und Gärten ist kein Mensch unterwegs.

Im Regen strahlen die Farben des Kopfsteinpflasters, die Graus und Sandfarben und verschiedenen Grüns. Die gebrannten Ziegel aus verschiedenen Jahrhunderten leuchten heute noch röter, die Eichenbalken schwärzer, die Fensterrahmen der Erker weißer. Alles ist blank geputzt und erscheint irgendwie unverwüstlich, wie für die Ewigkeit gemacht. Und dann sehe ich die Inschrift über dem Tor des ehemaligen Getreidespeichers: «Nah' war der Untergang. Doch durch dein gnädig Wollen. Hast Du uns, Herr, erhalten. Drum sei Dir Lob und Dank.» Steht da geschrieben in gotischen Lettern, mit Datum vom «18. April 1945.» Das war der Tag, an dem Lüneburg sich kampflos den Engländern ergab.

Um ein Haar wäre es geschehen, kurz vor Kriegsende: Die Nazis sprengten auf dem Rückzug die nahe Eisenbahnbrücke. Aber nur die Dächer des Klosters und einige Glasmalereien wurden beschädigt. Wieder stellt sich das große Staunen der ersten Wochen in Lüneburg ein. Alte Kirchen und Patrizierhäuser, Handwerkerviertel, alles gut erhalten, ich lief durch eine unfassbar heile Stadt. Mein ganzes Leben lang, von Kindheit an, habe ich in Städten gelebt, die bei Kriegsende in Ruinen lagen und neu aufgebaut werden mussten. Lüneburg ist ein Wunder! Auch dieses Kloster, seine Räumlichkeiten und Schätze, Bildteppiche, Altartücher, Prozessionsfahnen, das Gemälde «Die Beweinung Christi» von Lucas Cranach dem Älteren, nichts ist verbrannt. Das Archiv hat überlebt, die sechshundertjährige Eibe im Äbtissinnen-Garten hat niemand angetastet. Einer, der aus Syrien geflüchtet ist, wird die Dankbarkeit der Klosterfrauen im April 1945 gut nachempfinden können.

Pudelnass klingle ich an der Pforte. «Asaad? Der ist im Kapitelsaal», sagt der Hausmeister. «Bei diesem Wetter draußen, das muss nicht sein. Er kommt doch aus einem heißen Land.» Die beiden Männer stellen gerade Stühle für eine Veranstaltung auf. «Hallo!» Freudig überrascht streckt Asaad mir die Hand entgegen. Und streicht etwas verlegen über seinen Dreitagebart.

«Wie gefällt es dir hier?»

«Schön. Ja, schön.» Er sucht vergebens nach Worten. «Schön.»

Mit Schwung nimmt er den nächsten Stuhl vom Stapel. Die hinterste Reihe ist noch nicht komplett, der Sicherheitsabstand zum Äbtissinnen-Thron muss vergrößert werden. Wie selbstverständlich bewegt sich Asaad in diesem Saal, der einmal Versammlungsort der Klosterfrauen war, als kenne er das alles schon lange. Hin und wieder wirft er einen kurzen Blick auf die Porträts der Äbtissinnen an den Wänden, die gestrengen, schwarz gekleideten Frauen mit den weißen Hauben, die das Haar so züchtig verbergen wie Shamsas Hijab.

«Praktikum Ende, diese Woche.» Es hört sich irgendwie traurig an.

Asaad hat längst Feierabend, als die regennassen festlich gestimmten Gäste in den Kapitelsaal strömen. An diesem Nachmittag wird ein Schatz aus dem Archiv des Klosters vorgestellt: die «Lüner Briefe», ein einzigartiges Zeugnis aus dem Zeitalter der Reformation. In Lateinisch und Niederdeutsch erzählen Nonnen vom früheren Leben in den Klostermauern. Glauben und Alltag werden lebendig, die Sehnsucht nach zu Hause. Vom Steinboden des Saals kriecht es eisig und feucht die Beine hoch, während die Vorleserin aus einem Neujahrsbrief zitiert, der das «honigfließende Herz» des Jesuskindchens beschwört. Honig, immer wieder kommt er vor – ein altertümliches Sprachbild, das für mich und die meisten Zuhörer fremd ist. Später wandeln wir singend durch die kerzenerleuchteten Gänge, im schleppenden Rhythmus des «Laudate omnes gentes, laudate Dominum», wie in Trance, vorbei an den Zellen der Klosterfrauen von einst, zurück in die Gegenwart.

Im Trubel des Stehempfangs versuche ich zur Äbtissin vorzudringen.

«Seit wann gibt es eigentlich keine Bienen mehr im Kloster?»

«Ich weiß es nicht.» Reinhild Freifrau von der Goltz ist überfragt. «In den sechziger oder siebziger Jahren vermutlich. Müsste man in der Chronik nachschauen.»

Zwei Tage vor Heiligabend bringe ich selbstgebackenen Honigkuchen und kleine Geschenke zu den Alabeds ins Moorfeld. Sie haben Besuch von einem jungen Syrer, der in der Gegend von Raqqa zu Hause war. Wo genau ist das? Wie üblich laufen die Smartphones heiß. Und dann ruft Asaad, wieder mal, ein Foto aus AlDar Alkabera auf und zeigt mir die christliche Kirche. «Vor Krieg.» Ein schlichter Bau ohne Turm, auf einer Anhöhe, das Gotteshaus sei nur ein paar hundert Meter von ihrem Haus entfernt gewesen. «Wir sitzen immer zusammen, wir reden. Christen und Muslims.» Von dieser Nachbarschaft will Asaad erzählen.

«Weihnachten. Wir kennen.»

Wie eng die Nachbarschaft war, vermag er nicht zu sagen. Jedenfalls waren die syrisch-orthodoxen Familien unter den fünftausend sunnitischen Muslimen im Dorf eine kleine Minderheit. Shamsa mischt sich ein, was äußerst selten passiert.

«Kirche von Maria.» Dabei macht sie eine Bewegung, wie wenn sie ein Band um die Taille ihres langen Kleides schlingen würde. Während sie nach Worten sucht, hat der fünfzehnjährige Walid das Gesuchte auf dem Smartphone gefunden.

«Schau, Mama meint die Sankt-Marien-Kirche des Heiligen Gürtels. Das ist die älteste christliche Kirche der Welt. Bei uns in Homs.»

Auf den Fotos erkenne ich sie: die Untergrundkirche, die um 50 nach Christus von einer der ersten Christengemeinden in die Erde gegraben, später von einer prächtigen Kathedrale überbaut und Sitz des Erzbischofs wurde. Während der lang anhaltenden Kämpfe in der Homser Altstadt waren immer wieder Bilder von ihr in den Medien, in unmittelbarer Nähe Moscheen und Bäder aus mittelalterlicher Zeit. Es hieß damals, ein Komitee aus Priestern, Imamen und Zivilisten hätte versucht, die heiligen Stätten zu schützen. Sie scheiterten, in der Sankt-Marien-Kirche hatten sich Streitkräfte der Opposition verschanzt, von draußen feuerte die Regierungsarmee.

«Das Gold, schau. So viel Gold!», sagt Walid staunend.

«Warst du mal dort, als Kind?»

«Ja, mit acht oder neun. Aber nicht drinnen.»

Auf der arabischen Website, die er aufgeschlagen hat, folgt eine Serie von Fotos der zerstörten Kirche. Irreparable Schäden, wie es aussieht – eine Ruine in einem Meer von Trümmern, im aufgerissenen Gewölbe leuchtet blau und gelb das Fragment eines Mosaiks.

«Das ist Syria», klagt Shamsa. Sie kämpft mit den Tränen.

Und ein zweites Mal, als ich ihr das braungrüne Stück Seife überreiche. Fünf Jahre hat sie den strengen Duft von Olivenöl und Lorbeer nicht mehr in der Nase gehabt, Aleppo-Seife, die sie zu Hause täglich nutzte. Auch die jahrhundertealten Familiensiedereien gibt es nicht mehr. Heute wird sie im Exil, meist in Südfrankreich, hergestellt und ist ein Luxusartikel.

«Frohe Weihnachten!», sagen die Alabeds an diesem Abend viele Male. Sie wollen, scheint mir, etwas Gemeinsames beschwören: Weihnachten ist uns nicht so fremd, wie ihr Deutschen denkt, wir kennen es schon aus Syrien.

Zum ersten Mal tasten wir uns vorsichtig an das Thema Religion heran. Und so bietet sich endlich die Gelegenheit, Asaad eine Frage zu stellen, die mir schon lange auf der Zunge liegt: ob er mir die Koransure 16 erklären kann, die den Bienen gewidmet ist.

Schon lange kannte ich diese Sure, die aus zwei Versen besteht und ins Deutsche übersetzt lautet: «Dein Herr gab der Biene ein: ‹Mach dir Häuser in den Bergen, in den Bäumen und in dem, was die Menschen errichten! Dann iss von allen Früchten, und folge den gebahnten Wegen deines Herrn!› Aus dem Leib der Bienen kommt ein Saft, verschiedenartig in den Farben. In ihm liegt Heilkraft für die Menschen.»

In keiner der heiligen Schriften der drei monotheistischen Weltreligionen spielt die Biene eine so prominente Rolle wie im Koran. In den theologischen Kommentaren dazu, die ich in den mir geläufigen westlichen Sprachen gelesen hatte, gefiel mir der Gedanke, dass die Biene nicht nur ein Zeichen für das göttliche Wirken ist, sondern von Allah im ersten Vers persönlich angeredet wird. Er offenbart sich ihr, wie er sich dem Propheten offenbart hat. Woraus die Schlussfolgerung zu ziehen sei, Bienen seien dem Menschen gleichberechtigt und andere Geschöpfe womöglich auch.

Bruchteile einer Sekunde nur braucht Assad, um die Sure, die ich auf Arabisch in meinem Smartphone gespeichert habe, zu erkennen. Er zitiert sie, aus dem Gedächtnis. «Das ist Hocharabisch.» Und spricht sie noch einmal, in etwas langsamerem Tempo. Unter Aufbietung aller ihm zur Verfügung stehenden Vokabeln versucht er, mir darzulegen, was da gesagt wird. Er jongliert mit arabischen Begriffen, deutet mit Gebärden eine Kluft an. Zwischen Allah und ? Ein Zeitsprung zwischen zwei Sätzen? Selbst mit Hilfe von Abed ist kein Licht in die Sache zu bringen. Das Einzige, was ich begreife, ist Asaads Bemerkung, dass aus Imkersicht der Koran auf keinen Fall wörtlich zu nehmen sei. Mohammed, der Prophet, habe vor tausendvierhundert Jahren noch nicht wissen können, dass der Honig nicht direkt «aus dem Leib der Bienen kommt», sondern dieser durch eine Vielzahl von Prozessen im Bienenstock entsteht.

Für Gespräche dieser Art ist es einfach zu früh. Auch mein Bemühen, ihm die heilige Hildegard von Bingen nahezubringen, scheitert. Keine Übersetzungs-App kann uns retten, wir rufen beide ihren Namen in unsere Smartphones. «Hil-de-gard-von-Bin-gen», ich spreche vor, Asaad wiederholt: «Hül-do-grd-Bing», und das Ganze noch einmal besser und noch einmal, keine Computerstimme antwortet, weder ihm noch mir. Schließlich findet Walid in der arabischsprachigen Wikipedia einige Lebensdaten über die berühmte Klosterfrau.

«Geboren 16. September 1098. Cool, so lange ist das her! Im islamischen Kalender im Jahr 491. Verstehst du, Papa?»

Asaad seufzt und stellt das heilkundige Buch aus der Feder Hildegards – mein Weihnachtsgeschenk – in den Wohnzimmerschrank, zu den Tiegeln und Fläschchen mit Pflanzenmedizin.

«Nächstes Jahr?»

«Nächstes Jahr!»

Postskriptum, April 2018: Zu Beginn des Monats hat Asaad Alazo Alabed einen Ein-Euro-Job im Kloster Lüne bekommen, unter anderem ist er für den Kräutergarten zuständig – und für zwei Bienenvölker. Der Konvent hatte im Winter beschlossen, die alte Tradition der Bienenhaltung wiederzubeleben. Dank des Fachmannes aus Syrien, den der Himmel schickte, wird das gelingen.

Die Vertreibung der Deutschen

und das Überleben der Bienen im Isergebirge

Gemächlich kriecht der Zug bergauf. Jablonec liegt hinter uns, gleich hinter der Stadt hat das Isergebirge begonnen. Grün und nass vom nächtlichen Regen leuchten die Wiesen, auf den Kuppen dunkle Nadelwälder. Hin und wieder sieht man kleine weiß schäumende Wasserläufe. «Nad Nisou» tragen die Orte, in denen wir halten, als Beinamen, «an der Neiße».

«Unsere Neiße ist ja nur ein Bach, aber für Böhmen seeeehr wichtig», sagt Christa Petrásková, geborene Tippelt, in dem ihr eigenen warmen, leicht ironischen Fremdenführerton. Sie trägt dieselbe aparte Brille wie damals, an den Bügeln baumeln Ketten aus grauen und weißen Glasperlen, die bei jeder Bewegung mitwippen.

«Bienen sind ja nicht gerade mein Spezialgebiet.» Ihr Blick verrät, dass ihr unser Ausflugsziel etwas seltsam vorkommt.

Zehn Jahre sind vergangen, seit wir zusammen mit ihrem Hund Brutík durchs verschneite Isergebirge gewandert sind und sie mir ihre Lebensgeschichte erzählt hat. Danach sind wir in losem Kontakt geblieben, haben zu Neujahr «in alter Verbundenheit» Grüße ausgetauscht, hin und wieder ein «Hallo, wie geht es?». Ihre Antwort lautete meist: «very busy», was Vieles bedeuten konnte. Entweder wartete sie auf amerikanische Touristinnen, die etwas über böhmische Glasperlen und -knöpfe wissen wollten, oder sie war auf der Jagd nach irgendwelchen geschichtlichen Büchern und Details, die ihre Heimat betrafen. Sie ließ mich wissen, wenn im Frühling die «Krokuslwiese» blühte, «Foto anbei». Einmal schrieb sie von einem Winterspaziergang «ohne Brutík», in der Annahme, der Tod ihres geliebten Shelty würde auch mich traurig machen.

«Wann kommen Sie wieder? Mit vielen Grüßen aus Grünwald», beendete sie ihre Briefe. Sie benutzte in der Regel die deutschen Ortsnamen, nannte die Vorstadt von Jablonec, wo sie 1941 geboren wurde, Grünwald und Jablonec immer noch Gablonz.

Jedes Mal, wenn ich an Christa dachte, fiel mir eine Geschichte aus ihrer Kindheit ein. Sie spielt im ersten Winter nach Kriegsende, als die Vertreibung der Deutschen aus dem Sudetenland in vollem Gange war. Auch in Grünwald packten die meisten Familien für den bevorstehenden Abtransport nach Deutschland. Christa Tippelt und ihre Eltern gehörten zu den wenigen, die blieben. Die herzzerreißenden Abschiede zogen sich bis in den Sommer hin und länger. Auch Kinder wie Christa und ihre Freundin Gerda aus dem Nachbarhaus durchlitten sie. Zum Zeichen, dass sie einander niemals vergessen würden, tauschten die Vierjährigen ihre Puppen. «Ich hatte ihre Puppe und hab sie Gerda genannt», erzählte die Dagebliebene. «Und Gerda ist nach Deutschland gegangen mit der Christa-Puppe.» Die Puppe der fernen Freundin hätte sie in den fürchterlichen Jahren danach getröstet. Gerda in einem Schwarzwälder Dorf, wo sie nicht willkommen war, Christa in Grünwald, wo sie täglich von tschechischen Kindern drangsaliert wurde. «Mein erster tschechischer Satz war: ‹Já jsem Čech.› Das bedeutet ‹Ich bin ein Tscheche›. Wir wurden so lange geprügelt, bis wir diese Losung sagten.» Jedes Wort von ihr klang wie ein Paukenschlag.

Von den dagebliebenen Deutschen aus der Region Gablonz, die ich damals befragte, war Christa Petrásková mit Abstand die jüngste. Ein Kind von gerade vier Jahren, das noch an

Mutters Schürzenbändern hing, als Zeugin des großen Dramas? Ich konnte es nicht glauben! Ihre Erinnerung war präzise und aufrichtig, gefühlvoll, szenisch wie ein Film: der Besuch des russischen Kriegsgefangenen, der sich von ihrer Mutter ein Stück Pferdefleisch kochen ließ und sie danach vergewaltigte, die Zustände im nahen Sammellager für Deutsche, die auf den Abtransport warteten, die Demütigungen im Kindergarten. Traumatische Erlebnisse, die sie lebenslang begleiteten, auch als Erwachsene blieb sie das trotzige, einsame Mädchen, «das an jeder Winzigkeit zerbrechen kann».

Doch sie fand einen Weg, ihr Leid zu verarbeiten, indem sie die Geschichte ihrer Heimat erforschte. Alles, was da war zwischen Deutschen und Tschechen, musste sie wissen. Sie wollte beide Seiten verstehen, unbedingt auch das Tschechische perfekt beherrschen (es wurde später die Sprache ihrer Ehe mit Josef Petrásek). Ihre Neugier galt vor allem der ferneren Vergangenheit, der glücklichen Zeit, als alle hierzulande «Böhmen» waren. Teil der Habsburgermonarchie, des Vielvölkerstaats, der von Wien aus regiert wurde – und in dem Gablonz eine der glänzendsten Städte war, weltberühmt für Glas und Modeschmuck.

«Ich bin eine Böhmin!» Sie sagte «Beehmin». Vieles drückte sie im Dialekt aus. Ihre erste und eigentliche Muttersprache war das Paurische. Sie fragte, ob ich den Kaffee «siß» trinke oder noch nicht «mide» bin. Auf unseren «beehmischen» Winterspaziergängen hat sie die versunkene Welt des alten Gablonz auferstehen lassen. Den Kosmos der unechten Perlen und gläsernen Knöpfe, das «österreichische Kalifornien», das seine Glaswaren in alle Erdteile exportierte, nach New York und Sankt Petersburg, ins Innere Afrikas, nach Bombay und Peking. Abends hockten wir in der überheizten Küche ihres Elternhauses und stöberten in ihren Schachteln, Schatullen und Döschen mit Glasknöpfen. Mehr als hunderttausend hat Christa Petrásková über die Jahrzehnte gesammelt, Farben und Formen in unendlicher Vielfalt. Bernsteinimitate zum Beispiel, himbeerrote Herzen, Röschen, die wie Meißener Porzellan aussehen. Ein marmoriertes Grün, geformt wie der Kopf von Kleopatra. Ihr kostbarstes Stück war ein vergoldeter Livréeknopf, der für den kaiserlichen Hof in Wien gefertigt wurde. Ausführlich erklärte sie mir die Techniken der Herstellung, wie man Glas drückt und wickelt, schleift, anmalt oder bespritzt. Am Ende war ich selbst ihrer Passion verfallen.

Nach der Wende 1989 hatte sie aus ihrem Expertentum ein Business gemacht. Seither verkaufte sie historische Knöpfe, vorzugsweise an Amerikanerinnen, und begleitete Heimwehtouristen bis in die entlegensten Dörfer des Isergebirges. Sie würde auch über die Imkerei ihrer Heimat Bescheid wissen, dachte ich. Wer, wenn nicht sie! Und so fragte ich sie vor einigen Wochen via E-Mail, was nach 1945 mit den Bienen der Deutschen geschehen ist, ob ihr jemand Geschichten darüber zugetragen habe.

Die Antwort kam binnen einer halben Stunde: «Keine Ahnung, nie davon gehört. Aber ich kenne einen alten deutschen Imker. Erich Peukert in Morchenstern. Er ist der letzte deutsche Zitherspieler im Isergebirge.» Beigefügt weitere Kurzinformationen, die dazu angetan waren, mich zu einer Reise zu verlocken. «Jetzt werden wir uns endlich wiedersehen, nicht wahr?»

Morchenstern

Unsere Vertrautheit ist sofort wieder da. Auf der Zugfahrt nach Morchenstern sind wir zum Du übergegangen.

«Schau, da ist noch eine alte Drückhütte.» Christa zeigt auf ein rosa gestrichenes Häuschen mit zwei hohen Schornsteinen.

«Scheint heute ein Ferienhaus zu sein.»

In der Schneelandschaft waren die Drückhütten viel präsenter gewesen. Es ist noch gar nicht so lange her, dass sie in Funktion waren. Ein Arbeitsplatz, der fast so heiß war wie die Hölle. Zuerst wurde im Schmelzofen das Rohmaterial – Glasstangen in verschiedensten Farben – zum Glühen gebracht, dann in Hohlformen «gedrückt». Ursprünglich mit Zangen, später maschinell. In den Industriedörfern um Gablonz war diese Art Heimarbeit weit verbreitet. Ganze Familien «drückten». Jede hatte ihre eigenen Techniken und Kniffe, die sie hütete und an die nächste Generation weitervererbte.

«Der Drücker wurde ganz bestimmt nicht reich dabei.» Ein typischer Christa-Satz. Sie ist selbst ein Arbeiterkind, ihre Mutter war Näherin in einer Textilfabrik, ihr Vater Straßenwärter.

«Der Erich Peukert hat auch zu Hause gedrückt.»

Morchenstern, heute Smržovka, ist ein ziemlich großer Ort, der im Zuge des Glasbooms um 1900 vom Marktflecken zur Stadt wurde. Am Bahnhof wartet Kurt Weiss, der Besitzer der deutschen Pension, mit dem Auto. Kilometerweit zieht sich die Hauptstraße hin, immer den Berg hoch, vorbei an der verfallenen Pracht von Gründerzeitvillen und Skihotels. Am besten sehen die Arbeiterhäuser aus, mit ihren hölzernen braun-weiß und braun-grün gestreiften Fassaden. Ganz oben, am höchsten Punkt, eine barocke Kirche. Und ein riesiger Friedhof, dessen Mauern so dick sind, als hätten die Bauherren mit Krieg gerechnet oder Angst vor einem Aufstand der Toten gehabt.

Das Herz des früheren Morchenstern. Eine Aussicht, die grandioser nicht sein könnte! Vor uns ein Meer von Gebirgszügen, von einzelnen Sonnenstrahlen grell erleuchtet. Wie Bühnenscheinwerfer, die ein Wettergott umherwandern lässt, mal auf diesen, mal auf jenen Höhenrücken. Im nächsten Moment jagen Wolken darüber und verhüllen sie, die Bergkulisse ist verschwunden. Dann reißt der Vorhang wieder auf, ganz hinten am Horizont ist jetzt Licht.

«Die Schneekoppe!», ruft Christa. «So klar sieht man sie selten. Nach dem Regen ist die Luft rein.»

Die pyramidenförmige Spitze ist deutlich zu erkennen. Grau und schroff und ausnahmsweise ohne Schnee.

«Achtzig Kilometer entfernt!» Enthusiastisch breitet sie die Arme aus. «Glück muss man haben. Und jetzt kriegen wir Abendbrot.»

Unsere Gastgeber haben den Tisch für drei Personen gedeckt, Gulasch und böhmische Knödel soll es geben. Und da steht Erich Peukert auch schon in der Tür, den Fahrradhelm unterm Arm. Ein hochgewachsener sportlicher Mann mit markanten Wangenknochen und mädchenhaft zarter, rosiger Haut. Seine fünfundachtzig Jahre sieht man ihm nicht an. Er begrüßt uns mit «Servus». Christa strahlt. Sie hatte Sorge gehabt, er könnte nicht kommen, vielleicht krank sein.

Erich Peukert kommt gleich zur Sache. «Wie das mit den Bienen angefangen hat? Ich war zwölf Jahre, und ich wollte etwas Süßes. Es gab ja im Krieg sonst nichts.»

«Prosit!» Gerade noch kann ich ihn dazu bewegen, mit uns anzustoßen. Dann ist er nicht mehr aufzuhalten.

«1943 war das. Mein Lehrer hatte vierzig Bienenvölker und kam damit nicht allein klar, weil er an Krücken ging. Und da hab ich ihm geholfen, im Mai die Schwärme einzufangen. Rauf auf die Bäume turnen, Korb drunter.» Man sieht ihm das Vergnügen heute noch an, Angst scheint er nicht gekannt zu haben. «Der Lehrer zahlte etwas dafür. Und dann die Botengänge, hier 20 Pfennig, da 20 Pfennig, ich hab beim Galvanisieren von Perlen geholfen. 1944 konnte ich mir von dem gesparten Geld das erste Bienenvolk kaufen und einen Kasten. So war das.»

Schon als Schüler war Erich Peukert eingespannt ins Arbeitsleben. «Was ist schon dabei?» Für den Sohn eines armen Glasdrückers war das ganz normal. Von den schwierigen Zeitumständen hat er offenbar nicht allzu viel mitbekommen. 1938 hatte Hitler-Deutschland das Sudetenland besetzt und wenig später die ganze Tschechoslowakei. Doch in Morchenstern war es, nach anfänglichem Jubel und einem Auftritt des Reichsstatthalters Konrad Henlein, relativ ruhig. Die wenigen Tschechen hier verhielten sich angepasst, man lebte weitgehend unter Deutschen. Die Spannungen zwischen den Anhängern Hitlers und seinen Gegnern, wozu auch Erichs Eltern gehörten, hielten sich in Grenzen.

«Und der Krieg war weit weg.»

Erich Peukerts rosiges Gesicht glüht. «Das waren gute Jahre.» Alles Wichtige habe sich damals, zwischen zwölf und vierzehn, vor Beginn seiner Lehre, entschieden. Glasdrücker würde er werden, wie der Vater und Großvater. Seine Liebe zur Zither hat er in dieser Zeit entdeckt, auf Anregung seiner Großmutter Adeline, das «Klavier des kleines Mannes», das schon in der Donaumonarchie populär war und oft in Vereinen gespielt wurde. Wie viele Buben im schneereichen Isergebirge war er ein passionierter Rodler, er war Mitglied im Sportverband «Sokol» und gewann seine ersten Rennen.Und nicht zuletzt die Imkerei, sie passte perfekt in seinen Lebensplan, ein kleiner süßer Luxus auf dem Speisezettel, zukünftig vielleicht ein Nebenerwerb. Mit diesen vier Disziplinen – Glashandwerk, Musik, Sport, Bienenhaltung – war er gut gerüstet.

«Es hätte alles prima sein können», sagt Christa.

«Ja. Als Erstes, im Mai 1945, hat ein Tscheche mein Bienenhaus gestohlen. Er öffnete den Kasten. Die Bienen waren schon tot, verhungert. Und dann hat er die Rähmchen zerbrochen. Er war ein Nachbar von uns.»

Erich Peukert wirkt plötzlich erschöpft, stützt sein Kinn in die Hände. «Ich muss heim. Es wird bald dunkel.»

«Dürfen wir Sie morgen besuchen?»

«Nein, bitte nicht. Bei mir ist nicht aufgeräumt. Und mein Bienenhaus», er zögert, es ist ihm irgendwie peinlich. «Das Dach ist schon lange kaputt.»

Christa wirft mir einen Blick zu. Lass ihn ziehen, sagt er. Als Erich Peukert die Gaststube verlassen hat, lässt sie ihren Gedanken freien Lauf: «Er ist müde. Lebensmüde. Er wollte mir einen Gefallen tun, und dann ist es ihm zu viel geworden.»

«Er sieht so jung aus.»

«Aber sein Gemüt ist mindestens fünfundachtzig Jahre alt. Oder noch älter.»

Das Pils hat er kaum angerührt, auch das Fleisch nicht. Wir sehen ihn noch, wie er sich aufs Fahrrad schwingt und den Berg hinunterrollt. Ohne zu bremsen, nimmt er die Linkskurve und entschwindet.

«Hab ich dir erzählt, dass er bei Weltmeisterschaften gekämpft hat?»

Gedankenspiele

Das Isergebirge ist ein Regenland. In der Nacht nieselt es wieder. Ob Erich Peukerts Bienen wohl nass werden, denke ich im Einschlafen und ziehe das Plumeau aus Gänsefedern über die Ohren. Als ich aufwache, scheint die Sonne auf mein Bett. Im Schein der Nachttischlampe hatte ich meine Umgebung nicht wahrgenommen. Kakteen überall, auf den Regalen, auf dem Tisch. Langstachlige, fleischige, haarige mit lila Blüten. Manche hängen in Ampeln von der Decke. Das reinste Gewächshaus! Noch aberwitziger die popfarbene Kulisse: Wände,

Sofakissen, Stühle und sonstiges Mobiliar, alles ist gelb oder orangefarben. Die Mode der sechziger Jahre in Europa! In meinem Zimmer ist die Zeit stehengeblieben, der Pensionswirt und seine Frau haben sie angehalten. Zur Erinnerung an die freiheitstrunkenen Jahre, den «Prager Frühling»? Womöglich der Kakteen wegen, um ihnen den sonnigen Süden vorzugaukeln? Der Tag fängt gut an. Unten aus dem Gastraum höre ich Christas Stimme.

«Komm, wir gehen auf den Friedhof!» Ihre Bestimmtheit verblüfft mich immer wieder.

Ein paar Schritte sind es bis zum schmiedeeisernen Tor. Wir spazieren auf geharkten Wegen, der Rasen zwischen den Gräberfeldern ist gemäht. Jemand hat kürzlich den Flieder hochgebunden. Sie wirkt erstaunlich gepflegt, die Morchensterner Totenstadt – angesichts der Tatsache, dass viele hier keinen Verwandtenbesuch mehr bekommen dürften. Am Rand, leicht erhöht, liegen die Reichen, in der Immobilienbranche würde man sagen «Aussichtslage», entweder zur Schneekoppe hin oder Richtung Jeschken. Eine lange Galerie von Grabplatten aus schwarzem Marmor und gesprenkeltem Granit. «Anton Posselt, Glaswarenerzeuger, gestorben 1911», sein Nachbar zur Linken ist der Glaswarenhändler und Exporteur Wilhelm Brückner.

«Schleifmühlenbesitzersgattin», liest Christa vor. Jede Silbe lässt sie spöttisch auf der Zunge zergehen.

«Wirklich! Da sind sie alle!»

Ein *Who's who* der hiesigen Glasindustrie. Morchenstern in seinen besten Jahren, von Mitte des 19. Jahrhunderts bis zum Untergang der Donaumonarchie, 1918, und noch ein wenig danach. Zwischen Kruzifixen und Engeln hin und wieder ein Davidstern, Juden spielten vor allem im Handel mit Glas eine Rolle. Kein Todesdatum nach 1945, die gesellschaftliche Oberschicht war mit Kriegsende völlig verschwunden.

«Komm.» Christa zieht mich zum nächsten Treppenweg, sie will ins Zentrum des Friedhofs. «Da unten ist das Volk.»

Viele kleine Gräber, dicht an dicht. Die der deutschen Toten sind zum Teil verwildert. Abgebrannte Kerzen lassen darauf schließen, dass Nachkommen, die in Deutschland leben, sporadisch vorbeischauen. Auf den Grabhügeln der Verstorbenen mit tschechischen Namen blüht und grünt es. Der proletarische Teil des Friedhofs wurde offensichtlich nach 1945 von den neu Zugezogenen weiter benutzt. Sie bestatteten ihre Toten über den Knochen der deutschen Glasdrücker, Glasbläser, Glasschleifer und tun es noch.

«Erst nahmen die Tschechen die Häuser», sagt Christa lakonisch, «dann die Gräber. No comment.» Bei heiklen Themen verfällt sie gern ins Englische.

«Wo ist es nur?» Suchend schaut sie sich um, macht ein paar Schritte nach Westen und wieder nach Süden.

Mein Auge ist schneller als ihres. «Peukert!»

«Peukert. Ich dachte, du solltest das Grab sehen.»

Vier Namen stehen auf dem Stein: Adeline Peukert, Erichs Großmutter, seine Eltern Otto und Kamila, der letzte ist Petr, geboren 1958, gestorben 2007, im September.

«Petr ist Erichs einziger Sohn. Erichs Frau Irene muss hier auch irgendwo liegen.»

Wir setzen uns auf eine Bank unterm Fliederbusch, und sie erzählt, was sie schon gestern Abend hatte erzählen wollen, nach Erich Peukerts abruptem Aufbruch. «Weißt du, ich habe befürchtet, dass ihm das Ganze zu viel wird. Nach dem Tod von Petr war er wie ausgelöscht. Seitdem hat er sich nirgends mehr blicken lassen, selbst im Imkerverein nicht. Er ist allein. Ihm bedeutet die Welt nichts mehr. Warum sollte er mit uns über Bienen reden?»

In wenigen Sätzen berichtet sie, wie Erich Peukert seine

nächsten Angehörigen verloren hat. Beide Male geschah es plötzlich, das jüngste Unglück vor acht Jahren, in den Alpen. Vater und Sohn machten eine Bergtour, am Abend vor der Abreise wollte Petr noch einen kleinen Spaziergang machen und fiel in einen Abgrund, wie und warum, konnte nie geklärt werden. Auch der erste Schicksalsschlag kam aus heiterem Himmel. In der Zeit nach 1989, als die lang ersehnte Freiheit endlich da war und die Familie wie viele in Tschechien neue Pläne schmiedete, wurde Irene im Wald von einem jungen Soldaten überfallen. Weil sie sich heftig gegen die Vergewaltigung wehrte, musste er schließlich aufgeben. Von den Verletzungen, den seelischen vor allem, konnte sie sich nie mehr erholen. Der Täter kam ungeschoren davon.

«Es gibt noch Schlimmeres als die Hölle.»

Christa kennt das aus eigener Erfahrung, ihr jüngerer Sohn starb ähnlich tragisch. Mit 22 Jahren raste er bei Glatteis mit dem Auto gegen eine Wand.

Wir könnten eine Wanderung zur Neiße-Quelle machen, schlägt Christa vor. Die gewiefte Fremdenführerin weiß, wie man Enttäuschungen auffängt.

«Warum nicht.» Der Himmel ist blau.

Wandern mit Christa, das heißt: Isergebirgler-Schritt. In forschem Tempo überqueren wir die Hauptstraße und biegen in eine schmale Eichenallee ein. Linker Hand frisch gemähte Wiesen, man ahnt noch, wie farbenprächtig sie waren. Und dann sind wir in einem Wald, der so dunkel ist wie in deutschen Märchen. Wir gehen jetzt langsamer, nebeneinander und ohne zu reden. Die menschliche Zivilisation ist außer Sicht. Abgesehen von den Glasabfällen der Vergangenheit, winzigen bunten Steinchen, die am Wegesrand und an den Bachufern blitzen. Generationen von Glasdrückern haben ihren Ausschuss in der Landschaft entsorgt, Wind und Wasser haben die Häuflein verteilt und weiterbearbeitet, zur Freude von Kindern und Wanderern.

«Weißt du», sagt Christa plötzlich und lächelt mich an. «Vielleicht können wir beide deine Frage beantworten. Ohne den Erich Peukert.» Dachte ich es mir doch, irgendetwas führt sie im Schilde.

«Was wurde aus den Bienen, als die Deutschen vertrieben wurden? Ich hab mich gewundert, warum ich selbst nie auf dieses Thema gekommen bin. Weil ich zufällig im Archiv zu tun hatte, hab ich in den Akten aus dieser Zeit unter dem Stichwort ‹Bienen› gesucht. Es gab so gut wie nichts, nur einen Brief vom Sommer 1945, worin eine Neusiedlerin berichtet, in der Nähe der Gablonzer Talsperre hingen Bienenschwärme in den Bäumen. Also hab ich mich in der Nachbarschaft, bei den alten tschechischen Imkern, umgehört. Bei uns in Grünwald gab es eine ‹Honigschenke›, erinnerte sich einer. Der Name war ihm im Kopf geblieben, weil dort, ab Sommer 1945, ein Depot war, wo das Geschirr der Deutschen angeboten wurde. Für ein paar Heller, quasi umsonst.»

Sie seufzt. Manches ist eben doch nicht ganz vorbei. «Dieser Miroslav hat mir eine tolle Geschichte erzählt, von einem Deutschen, einem Josef Kostka, den er gut kannte und mit dem er auch nach dessen Aussiedlung in Kontakt blieb. Weil Kostka ein Antifaschist war, hatte er Privilegien und durfte alles bewegliche Inventar mitnehmen, soviel er wollte. Auch Bienenkästen! Ungefähr zwanzig hat er auf die Eisenbahn verladen, und sogar seine Jagdgewehre darin versteckt.»

«Unglaublich! Und wahrscheinlich einzigartig.»

«Ja! Normalerweise waren nur dreißig bis fünfzig Kilo Gepäck pro Person erlaubt. Sonntagskleider, warme Mäntel, Schuhe, ein paar Erbstücke und Fotos, eine gute Pfanne, etwas Spielzeug, mehr ging nicht. Niemand nahm Bienen mit, sie blieben da. Wie alle Tiere, wie die Hunde und Katzen, Ziegen und Kühe. Wenn sie nicht schon bei Kriegsende getötet wurden. Ich weiß noch, wie ich am Zaun stand und immer die Straße beobachtet habe. Einmal haben Soldaten der Roten Armee Kühe vorbeigetrieben. ‹Marschverpflegung›, sagte meine Mutti. Bienenkästen hätten die bestimmt nicht mitgenommen, das ist ziemlich unpraktisch.»

«Ich vermute, die meisten Bienenvölker haben das Jahr 1945 nicht überlebt.»

«Warum?»

«Weil der letzte Kriegswinter in Europa besonders streng war. Der Mensch hat an sich gedacht und zu viel von den Honigvorräten geraubt, die sie als Futter brauchten und um sich zu wärmen. Deswegen sind vermutlich Erich Peukerts Bienen gestorben.»

«Und dann?» Christas Neugier treibt meine Phantasie an.

«Im Frühjahr hat sich keiner um die überlebenden Völker gekümmert. Im Frühsommer, zur Schwarmzeit, ist ein weiterer Teil weggeflogen.»

«Wohin?»

«Manche haben eine schützende Baumhöhle gefunden. Andere, die weniger Glück hatten, starben beim nächsten Regen.»

«Und weiter?»

Mir fällt nichts ein. «Sag du es mir.»

«Okay! Du weißt: Im Mai 1945 kamen die ersten Tschechen nach Gablonz, voller Hass auf die Deutschen. Partisanen, junge Leute von den Revolutionsgarden. Kurz danach tauchten die ‹Goldgräber› auf, so nannte man die Plünderer, die in unsere Häuser eindrangen. Bienenstöcke waren ganz bestimmt nicht attraktiv für sie. Aber sie haben welche zerstört, im Zorn.

«Bienen anzugreifen ist nicht ungefährlich.»

«Diese Leute waren reizbar und kampfeslustig. Sie waren

die Sieger! Und wir alle schuldig an den Verbrechen der Nazis. Auch die vierjährigen Mädchen und ganz gewiss auch die deutschen Bienen.»

«Also Rache. Und dann?»

«Kamen die neuen Siedler aus dem Inneren Böhmens. Die meisten waren Habenichtse. Ob sie mit Bienen Erfahrung hatten …»

Wir sind so sehr in unser Gedankenspiel vertieft, dass wir den Abzweig zur Neiße-Quelle verpassen. Ein Szenario entsteht.

So könnte es gewesen sein: Was passierte mit den Hinterlassenschaften der Deutschen? Nutzen oder zerstören? Das war die große Frage der Nachkriegsjahre. Die Neusiedler, meist aus kleinbäuerlichen oder proletarischen Verhältnissen, konnten vieles brauchen. Häuser natürlich, den Hausrat der Vertriebenen, Fahrräder und Mopeds. Auch die großen Nutztiere waren sicherlich begehrt. Eine Kuh oder Ziege kann man schlachten. Oder melken, das ist nicht allzu schwierig, das verbessert die Lage der Familie von jetzt auf gleich. Mehrere dieser Tiere können den Grundstock für eine Herde bilden, ein Arbeitsfeld, eine Zukunft vielleicht. Bienen hingegen verlangen Geduld, einen längeren Atem und vor allem ein ganz spezielles Know-how. Noch dazu ist das raue Isergebirge nicht gerade eine üppige Bienenweide. Man muss sich nur umschauen: Wildblumen, Brombeeren, Bäume. Kein Raps, keine Sonnenblumen, kein Obstbau im großen Stil, Massentrachten, die Imkerei lohnend machen. Unter hier herrschenden Bedingungen bringt Bienenhaltung allenfalls ein Zubrot ein.

«Um mit Bienen anzufangen, braucht man einen Lehrer.» Wenn ich irgendetwas auf meinen Reisen durch Europa gelernt habe, dann das.

«Genau wie im Glashandwerk», sagt Christa, «die Tschechen brauchten deutsche Spezialisten, um es weiterzuführen.»

Der komplette Austausch der Bevölkerung, wie von den Siegermächten beschlossen, hätte alles lahmgelegt. Also haben sich die tschechischen Behörden besonnen und sich darum bemüht, Fachkräfte zum Bleiben zu bewegen, bevorzugt die Antifaschisten unter ihnen sowie binationale Familien. Eine Option für die Tippelts, die Peukerts und andere, die lieber zu Hause bleiben wollten, als Minderheit unter Tschechen leben statt irgendwo in der Fremde. Sie haben eine gewisse Kontinuität ermöglicht, nicht nur in der Glasproduktion. Davon dürfte auch die Imkerei profitiert haben.

Denkbar, dass deutsche Imker, die dablieben, bei der Wiederaufnahme der Bienenzucht die Regie übernommen haben. Und da sich die Abschiebung der Deutschen bis ins Frühjahr 1947 hinzog, war Gelegenheit, Bienenvölker fürsorglich weiterzugeben und den neuen Besitzer anzulernen, und sei er ein Tscheche.

«Der Josef Kostka hat so was gemacht.» Was Christa von ihrem Nachbarn Miroslav erfahren hat, lässt ein Stück Normalität aufscheinen. Kostka, seinerzeit ein gestandener Mann, etwa Mitte vierzig, von Beruf Waldarbeiter und Obmann des Imkervereins in Grünwald, hat ihn, den sechzehnjährigen Miroslav, gelehrt, wie man Schwärme einfängt. Gemeinsam haben sie aus dem Gemeindelager Zucker organisiert und damit herrenlose Bienenvölker in der Umgebung versorgt – Hand in Hand.

Solche guten Geschichten müsste man sammeln, meint Christa. «Wie Perlen.» Ihr ganzes Leben lang ist sie auf der Suche nach dem Verbindenden. «Vielleicht haben Imker einander besser verstanden als andere.» Ihr Bedürfnis nach Trost ist riesengroß, es hört nie auf. In diesem Juni wird sie sechsundsiebzig.

Von Nordwesten ist ein Gewitter aufgezogen. Kurz bevor der Himmel seine Schleusen öffnet, stehen wir an der Quelle der

Lausitzer Neiße. Ein Rinnsal, an dessen Rändern junger Farn und feinstes Moos sprießt. Ein Findling mit zweisprachiger Inschrift, tschechisch und deutsch. Das Gefühl, in Europa zu sein. Wir könnten dem Lauf des Flusses folgen, ohne Grenzkontrollen, durch Tschechien und Polen bis zur Mündung in die Oder, nach Deutschland.

Das alte Bienenhaus

«Wir kriegen dort eine gute Geschichte!», verkündet Christa beim Frühstück. So voller Tatendrang, dass die Perlenketten an ihrer Brille schaukeln.

Der Vorsitzende des örtlichen Imkervereins wohnt gleich unterhalb der Kirche. Hansi Lau, auch er ein Deutscher und wie Christa im Krieg geboren. Eigentlich ist er ein Büromensch, erzählt er, von Beruf Bankangestellter. Die Bienenvölker hat ihm sein Schwiegervater vererbt. Als dieser plötzlich starb, hatte er sie «am Hals». Über vierzig war er da schon und musste eine Menge lernen. Irgendwann drückte man ihm noch die Vereinsarbeit aufs Auge, mit Schriftkram und Finanzen kennt der Hans sich aus, hieß es.

«Wie war das Verhältnis zwischen Deutschen und Tschechen?»

«Gut, sehr gut. Das waren ja schon die achtziger Jahre. Man hilft sich, man tauscht sich aus.»

Er ist im Arbeitsdress – weiße Latzhose, ärmelloses T-Shirt – und hat nicht viel Zeit, die Honigschleuder wartet. Aber sein Bienenhaus dürfen wir besichtigen. Hinten im Garten, zwischen Beerensträuchern und Gemüsebeeten, steht es. Von der Seite sieht es wie eine urige Skihütte aus. Selbstgebaut vor circa vierzig Jahren aus heimischer Fichte und später erweitert. Ein

Imker muss schreinern können. «Wenn du fremde Leute bezahlen musst, lohnt sich das nicht.»

An der Vorderfront reges Treiben. Hunderte Arbeiterinnen, wenn nicht Tausende, die aus der Landschaft heimkehren oder ausfliegen, *Carnica*-Bienen mit grauen Pelzchen. Hansi Lau lotst uns an der Einflugschneise vorbei, ins Innere. Ein großer Raum, auf der einen Seite die Reihe der Bienenkästen, die man von hinten öffnen kann. Gegenüber Regale und Schränke mit Handwerkzeug, Gefäßen und allerhand Materialien. Diese Art Bienenhaus habe ich schon in Kärnten bewundert. Ein festes, warmes, ganzjähriges Zuhause, erfüllt von Wohlgerüchen: Honig, Wachs, Holz, Kräuter. Und was sonst noch alles im Smoker verfeuert wird: Hanf und Hobelspäne, Baumpilze. Hansi Lau verwendet anscheinend auch getrocknete Schalen von Zitrusfrüchten. Er hält Christa und mir eine Schüssel unter die Nase.

«Pomeranzen. Die reizen die Atemwege nicht.»

«Pomeranzen!» Christa ist hingerissen. Sie muss alles anfassen und fotografieren. «Hier würde ich gern schlafen.»

«Manche von uns haben eine Liege zum Ausruhen. Wolldecke, Kissen.»

Alle im Verein haben diese Bienenhäuser, sagt Hansi Lau, «jedes ein bisschen anders natürlich. Die Tschechen haben das von den Deutschen übernommen. Wir im Isergebirge hatten ja unsere Erfahrungen.»

«Wie alt sind eigentlich die Kästen?»

«Einige sind älter als ich», lacht er, «und Erich Peukert, der hat noch ältere, vom Typ Gerstung, Wabenrahmenmaß 26 × 41.»

«Nein, wirklich?»

Zuletzt hatte ich den Namen bei einem alten Imker in Slowenien gehört. Georg Ferdinand Gerstung, der Entdecker des «Biens»! Das Bienenvolk ist ein Gesamtorganismus, behauptete er Ende des 19. Jahrhunderts, Königin, Arbeiterinnen und männliche Drohnen bilden zusammen *ein* Wesen – eine völlig neue, geradezu revolutionäre Betrachtungsweise, die sich erfolgreich durchsetzte. Der kluge Kopf jedoch, dem wir sie verdanken, geriet bei uns in Vergessenheit. Und irgendwann auch all die nützlichen Dinge, die er erfand und in Europa verbreitete, wie den artgerechten, praktischen Bienenkasten. Noch lange nach seinem Tod war dieser in vielen Ländern hochgeschätzt, «26 × 41», das Maß kannte fast jeder, zumindest vom Hörensagen. Der umtriebige Gerstung, im Hauptberuf Pfarrer in einem thüringischen Dorf, war einer der berühmtesten Bienenforscher und einflussreichsten Praktiker aller Zeiten.

Im Imkerverein von Smržovka kennt man ihn noch! Vieles hier wirkt konservativ, aufs Bewahren ausgerichtet. Das Bienenhaus, der Imker, der Dinge weiterbenutzt, die noch taugen. Die Notwendigkeit, einen Lehrmeister zu finden, dürfte dabei eine Rolle gespielt haben, die nach 1945 immer weiter praktizierte mündliche Überlieferung von Wissen. Vielleicht gibt es in der Imkerei, mehr als in anderen Bereichen – Schule, Kirche, Glasindustrie – eine Art Kontinuität? Vielleicht ist Smržovka trotz all der Verheerungen noch ein wenig Morchenstern? Eine «gute Geschichte» in Christas Sinne.

Ganz unbehelligt vom sozialistischen Staat sind diese Käuze natürlich nicht geblieben. Nach dem Krieg mussten sie ein, zwei Kilo Honig pro Volk abliefern, «aber nur ein paar Jahre lang». Sein Schwiegervater, sagt Hansi Lau, sei ein pragmatischer Mann gewesen. Er war im Imkerverein, wie vor 1945, und holte sich dort Rat, hatte als Mitglied das Anrecht auf billigen Zucker für die Winterfütterung. Manches wurde von oben, von Prag aus, gesteuert. Von dort kam zum Beispiel die Direktive, mit der *Carnica*-Biene zu arbeiten.

«Wir hatten im Isergebirge noch viel die schwarze Biene.

Oder Hybriden, eine Mischung von Rassen. Manchmal ziemlich stechlustig.» Schon vor Hansi Laus aktiver Imkerzeit konnte man über den Verband graue Königinnen erwerben, die aus Österreich importiert und im Lande vermehrt wurden.

«Wir lebten schließlich nicht hinterm Mond!», wirft Christa ein. «Denk an die Glasindustrie!»

Will sagen: Wer Glasknöpfe für Paris und New York produziert und Perlen für Maharadschas, Indianerstämme als Kunden hat, der kann kein Hinterwäldler sein. Ihrer Meinung nach ist die Weltläufigkeit, die Gablonz, Morchenstern und die hiesigen Industriedörfer zu Zeiten der Donaumonarchie auszeichnete, niemals völlig verschwunden. Wenn das stimmt, und davon gehe ich aus, schaute der Imker im Isergebirge auch zu sozialistischer Zeit in die Richtung, wo die Fachkompetenz zu Hause war. Nach Wien und Kärnten, nach Slowenien.

Der Eiserne Vorhang war nicht ganz so undurchlässig, wie allgemein vermutet. Für Bienen fanden sich Schlupflöcher, ganz offizielle und viele, viele informelle, heimliche, wie ich auf meinen Reisen durch Europa immer wieder erfahre.

Wahrscheinlich kamen die ersten *Carnica*-Bienen via DDR hierher. Dort nämlich hatte die Politik schon Anfang der Fünfziger auf die *Carnica* gesetzt, sie war gewissermaßen «Staatsbiene», man bezog regelmäßig Königinnen aus Niederösterreich. Nach Sachsen rüber gab es einen lebhaften kleinen Grenzverkehr, unter anderem weil dort vertriebene Isergebirgler lebten. Mancher Imker dürfte auf dem Rückweg eine Königin ins Tschechische geschmuggelt haben. Und da eine Königin auf ihrem Hochzeitsflug mitunter bis zu acht Kilometer weit fliegt, könnte sie sich sogar in Eigenregie mit Drohnen jenseits der Landesgrenze verpaaren. Etwa die Strecke von Hrádek nad Nisou nach Zittau, und dabei noch ein Stückchen Polen überqueren …

Christa kann sich nicht losreißen, sie will beim Schleudern zusehen. Vor unseren Augen vollzieht sich eine der klassischen Handlungen des Imkers: das «Entdeckeln» der vollen Waben, bei dem eine eigens für diesen Zweck konstruierte Gabel mit vielen, sehr feinen Zinken zum Einsatz kommt. Hansi Lau entfernt damit die obere Wachsschicht und öffnet so die Zellen. Dabei tritt Honig aus, man sieht seine Farbe und Konsistenz. Dieser hier ist zähflüssig und für einen Frühlingshonig ziemlich dunkel.

«Genau richtig.» Mit zufriedener Miene bugsiert Lau den triefenden Wabenrahmen in die Schleuder, und noch einen und noch einen, bis sie voll ist. Ein Knopfdruck, die Zentrifuge springt an, und es strömt aus dem Kran in den Eimer. Der gelbe See ist so klar, dass wir auf den Grund schauen.

Wir essen frisch geschleuderten Honig auf Buttersemmeln. Ein guter Tag, ohne Regen. Am frühen Abend stehen wir vor Erich Peukerts Tür. «Er will für uns Zither spielen.»

Wie sie das arrangiert hat, verrät Christa nicht. «Aber frag ihn nicht nach seinem Bienenhaus.»

Das Beste auf der Welt: Honig Butter Brot

Als der Honig zu fließen beginnt, leuchten Hansi Laus Augen. Die neue Schleuder, ein chromblitzendes Teil aus Slowenien, ist noch großartiger als erwartet. Ein Grund zum Feiern!

Seine Frau hat in der Laube den Kaffeetisch gedeckt: die feinen blau-goldenen Tassen und Teller, «ein Mitbringsel aus dem sowjetischen Leningrad», in der Mitte ein Korb mit blonden Milchbrötchen. «Wir sagen Sammeln auf Paurisch.» Und weil ich als Fremde nicht weiß, wie es geht, nimmt sie mir das Messer aus der Hand. Dick Butter, bloß nicht zu wenig, soll es sein. Der Honig wird in Schleifen aufgetragen, kreuz und quer, bis das Oval vollständig bedeckt ist.

Beim ersten Bissen schmecke ich die Vielfalt: Wiesenblumen des kargen Isergebirges, dann die Bäume. «Bergahorn, Weißdorn, Kastanie», erklärt Hansi Lau, «deswegen ist er für einen Frühjahrshonig ungewöhnlich dunkel.» Honig und Butter seien in sozialistischer Zeit etwa gleich teuer gewesen, für normale Sterbliche also ein echter Luxus.

Wann immer ich auf meinen Reisen durch Europa Imker nach Rezepten frage, steht das Butterbrot mit Honig obenan. Die Getreidegrundlage variiert, ob böhmische Milchsemmel, bulgarische Pitka, schwäbischer Hefezopf, westfälischer Korinthenstuten oder ein leicht gesalzenes, krosses Baguette. Weiß sollte das Brot sein und möglichst frisch. In der Vergangenheit war das dunkle vorherrschend, Schwarzbrot, Vollkornbrot, manchmal mit Gewürzen wie Kümmel – mit Honig ein Sonntagsfrühstück armer Leute, das immer in Erinnerung blieb.

Bei einer Familie aus Syrien habe ich die orientalische Version kennengelernt: statt Butter Tahin, eine Paste aus feingemahlenem Sesam, als Basis warmes Fladenbrot. Meist ist es mit Schwarzkümmelsamen bestreut – eine Gewürzpflanze, die laut Mohammed «jede Krankheit heilt außer den Tod». In der islamischen Welt hat diese einfache Köstlichkeit etwas Magisches.

Im Isergebirge verfalle ich endgültig der puristischen Form des Honiggenusses. Es ist gerade Erntezeit, und weil die Saison gut ist, bekomme ich überall ein Glas geschenkt. Auf jedem notiere ich den Namen des Imkers. Bis Weihnachten reicht der Vorrat, täglich beim Frühstück die Frage: «Essen wir heute Hansi? Oder Rudi? Oder Bogumil?» Obwohl die Honige von Standorten stammen, die nahe beieinanderliegen, und ungefähr zeitgleich geerntet wurden, schmecken sie erstaunlicherweise ziemlich verschieden. «Der Bogumil hat Himbeerblüte drin, findest du nicht auch?» Wir könnten eine Pollenanalyse im Labor machen lassen, um das festzustellen, wie es Imker gelegentlich tun. Aber warum das Geheimnis lüften?

Das kleine Glas von Erich Peukert lasse ich verschlossen – ein fast schwarzer Fichtenhonig vom Vorjahr, «mit etwas ‹Zahnbürschtl› drin». So nennt man auf Paurisch die Blüte vom Wiesenknöterich.

Ich öffne es an dem Tag, als aus Morchenstern die Nachricht von seinem Tod eintrifft.

Der Zitherspieler

Im Inneren des kleinen grauen Hauses rumpelt es. Wir hören Pantoffeln tappen, die Tür öffnet sich. «Servus!» Und wieder denke ich: Wie jung er aussieht! Ein Schlaks in sportlichen Trainingshosen und schwarz-rot kariertem Hemd.

Erich Peukert führt uns durch die Küche ins sonnige Wohnzimmer. Auf dem großen Tisch liegt die Zither bereit, die Noten sind aufgeschlagen. Von unaufgeräumt, wie er neulich sagte, kann nicht die Rede sein. Vielleicht meinte er, dass ihm die vielen Dinge über den Kopf wachsen, all die Tischchen, Kommoden, kleinen Borde, die übersät sind mit Büchern, Zeitungen, Briefen, Medikamentenschachteln. Bislang jedenfalls sind sie sorgfältig gestapelt, kleinere Unordnung hat der Hausherr mit Tüchern zugedeckt. Er scheint einen grünen Daumen zu haben, auf den Fensterbänken stehen Töpfe mit üppig wuchernden Geranien. Dahinter zeigt sich ein Stück Garten, ein windschiefer Birnbaum, etwas tiefer im Gelände ein Dach aus Teerpappe. Das Bienenhaus?

Christa hat auf dem Diwan Platz genommen. Ich am Tisch, so kann ich das Instrument besser betrachten: ein einfacher lackierter Kasten, über den sich viele, sehr feine Drähte spannen. «Eine Diskantzither mit Wiener Besaitung», erklärt Christa.

«Ich kann die Bässe nicht mehr richtig greifen.» Erich Peukert probiert ein paar Töne, räuspert sich kurz. Die Haare müssen noch zurückgestrichen werden. Das Konzert kann beginnen.

«Hab Sonne im Herzen», singt er, «ob's stürmt oder schneit. Ob der Himmel voll Wolken, die Erde voll Streit.» Seine Stimme zittert ein wenig, er kämpft mit seinem Gebiss, mal kommen die Finger nicht mit. Wie er mit diesen großen, knotigen Händen überhaupt Saiten zupfen kann, ist ein Wunder.

«Hab ein Lied auf den Lippen, verlier nie den Mut.» Nach jeder Zeile gönnt er sich eine Atempause, und dann mit Schwung in die nächste. «Hab Sonne im Herzen, und alles wird gut.»

In meiner Welt würde man es schnulzig nennen. Das hier ist anders, diese Volksmusik kommt aus tiefster Seele. In den Liedversen schwingen die Stürme mit, die er durchlebt hat, die dunklen Zeiten. Wahrscheinlich war dies seine Weise, Trost zu finden. «Das hilft dir überwinden den einsamsten Tag!» Christa scheint mehr darüber zu wissen. Um die Jahrtausendwende herum hat sie ihn interviewt – seine Frau war schon tot, sein Sohn lebte noch. Und einen Aufsatz geschrieben: «Der letzte deutsche Zitherspieler des Isergebirges».

«Das Lied ist von meiner Großmutter Adeline», erzählt Erich Peukert. Das erste, das sie ihm beigebracht habe, noch bevor er jeden Freitag zum Zitherkurs nach Wiesenthal marschierte, «im Winter mit Skiern und Rucksack». Er blättert das Notenbuch um und stimmt «Hohe Tannen weisen die Sterne» an, das ich aus meiner Kindheit kenne, als auch bei uns noch mit Inbrunst gesungen wurde. «An der Iser wildschäumender Flut liegt die Heimat auch in weiter Ferne, doch der Rübezahl hütet sie gut.» Was wussten wir Westfalenkinder schon von Heimweh?

«Bravo!»

Erich Peukert macht weiter, singt von drei Birken und von roten Rosen. Manche Texte, manche Griffe scheinen ihm nicht mehr ganz geläufig. «Den Schnee-Schnee-Walzer tanze ich mit dir», seine Wangen glühen, der ganze Körper ist in Bewegung. Und dann ist er im Böhmerwald: «s' Waldvogerl, s' Waldvogerl is ins Schlagerl eiganga und's Schlagerl schlagt zua, s' Waldvogerl war g'fanga. Duljö, duljö.»

Wie viele Jahre mag er nicht mehr vor Zuhörern gespielt haben? Neben einem Herz-Jesu-Bild stehen Fotos der Toten: Sohn Petr, Großmutter Adeline. Und seine Frau Irene, mit dunklen, zurückgekämmten Haaren. Seit er Witwer ist, hat er hier nichts mehr verändert, so scheint es. Nur ein moderner Fernseher und ein Trimmrad sind dazugekommen.

«Die kloane Tür zum Paradies, die find net jeder.» Mitten in der Strophe geht ihm die Puste aus.

«Bravo! Bravissimo!»

«Und jetzt die Perlen!» Es hätte der Aufforderung von Christa nicht bedurft. Er war darauf vorbereitet, uns seine Schätze zu zeigen. Er hat sie aufbewahrt in alten Kaffeedosen und Pralinenschachteln, Säckchen aus Stoffresten. Einfach alles reingeworfen, was in der Drückerei so anfiel, Jahr für Jahr, Kostproben seines langen Arbeitslebens: Perlen und Knöpfe und sonstiges Glaszeug. Er kippt alles auf eine alte Zeitung, scheint sich selbst zu wundern, was da zutage kommt. Zu dritt wühlen wir in dem bunten Haufen herum, klauben hier einen kirschroten Klunker heraus, dort einen zitronengelben Stielknopf. Spielwürfel hat Erich Peukert gefertigt. Katzenaugen für Fahrräder und Abdeckungen für Kontrollleuchten, im Auftrag der Skoda-Werke. Das eckige blaue Ding in meiner Hand ist ein Souvenir für Wallfahrer, die die wundertätige Muttergottes von Haindorf besuchten.

Die beiden fachsimpeln über einen weißen Blusenknopf. Die Sammlerin fragt den Glasdrücker: «Und? Was hat der Auftraggeber dafür bezahlt?»

«Weiß nicht mehr. Aber ich erinnere mich, dass meine Mutter für ein Tagwerk 2 Kronen und 50 Heller bekam, das war in den fünfziger Jahren so viel wie ein Brot.»

«Das ist nichts.»

«Aber wir konnten zu Hause arbeiten. Das war gut.»

Die Drückwerkstatt ist im Untergeschoss. Hier, im großelterlichen Haus, das ihnen 1945 weggenommen wurde und das sie 1953, als die Deutschen tschechische Staatsbürger wurden, zurückkaufen konnten. Alles habe er darangesetzt, nicht in einem der großen Glasbetriebe arbeiten zu müssen, sagt Erich Peukert. Zweimal haben sie ihn gekascht, in eine staatliche Perlenfabrik gesteckt. Nach ein paar Monaten ist er ausgebüxt. Lieber wollte er Heimarbeiter sein, von denen da oben Aufträge entgegennehmen, zu einem armseligen Stücklohn. Dafür war er «frei». Er konnte sich die Zeit selbst einteilen, kein Betriebskollektiv, das ihn gängelte, keine Partei, die ihn beobachtete. Hier waren sie unter sich – er, seine Mutter und seine Großmutter, drei Arbeitsplätze unter einem Dach. Später, wie gesagt, kam noch Irene dazu.

«Unsere Häuser waren für uns eine Insel», sagt Christa. Sie und ihre Eltern hatten ebenfalls das Glück, im eigenen Haus zu leben. Freiheit gab es nur drinnen und nach 1948, als die Kommunisten die Macht im Land übernahmen, erst recht.

«Hinter dem Haus hatte ich meine Bienen.» 1948, mit achtzehn Jahren, hat Erich Peukert wieder mit dem Imkern angefangen und seitdem nie mehr damit aufgehört. «Für fünfzehn Völker habe ich mein Bienenhaus gebaut. Vom Schmelzofen aus konnte ich es sehen. Wenn ein Volk in Schwarmstimmung war und abhaute, bin ich raus und hab es wieder eingefangen. Ich konnte immer zwischendurch schauen, ob sie fleißig sind, ob sie gesund sind. Wenn die Waben voll waren, hab ich geschleudert. Ich konnte ja nachts Perlen drücken. Und über Winter schliefen die Bienen, und ich hatte Zeit zum Rodeln.»

Er lacht. «Wir hatten in Morchenstern eine tolle Rennbahn und die besten Rodler der ČSR.»

«Und einer war Erich Peukert!» Christa zeigt auf die Vitrine. «Dürfen wir?»

Die Kästchen sind mit blauem Samt verkleidet. Peukert klappt eins nach dem anderen auf: Medaille für Platz 3, Nationalmeisterschaft der Rennrodler. Weltmeisterschaft in Davos,

1957, «da war ich unter den ersten zehn.» Fünfter bei den Österreichischen Staatsmeisterschaften, im Zweierbob.

Ein Glasdrücker hat sich in die internationale Elite der Rodler vorgekämpft! Fast so märchenhaft wie die Geschichte des Skispringers Georg Thoma aus dem Schwarzwald, der im ersten Leben ein Hütebub und Holzfäller war.

Tanvald 1963, Landessieger im Rodeln – der Höhepunkt seiner Karriere. Danach kannte ihn die ganze Tschechoslowakische Republik.

«Das war die schönste Zeit in meinem Leben!»

In seiner Erzählung ist noch etwas vom Feuer dieser Jahre zu spüren. Damals war er jung verheiratet, Vater geworden. Sein sportlicher Erfolg hatte ihn aus dem kleinen Morchensterner Haus in die Welt befördert. In seinem Land wehte ein frischer Wind, und er dachte daran, die neuen Freiheiten zu nutzen und ein kleines Unternehmen zu eröffnen. Seit dem 9. März 1964 nannte Erich Peukert einen himmelblauen Wartburg sein eigen, das Datum ist Familiengeschichte. Gleich am nächsten Tag reisten sie zu dritt nach Deutschland, «den ganzen Kofferraum voller Honig». Um Verwandte und Freunde zu besuchen, die nach dem Krieg in Bayern gelandet waren und am Rande von Kaufbeuren ein Glasmacherstädtchen gegründet hatten – Neugablonz. Ein tränenreiches Wiedersehen! Erich Peukert war erstaunt über die moderne Technologie der vertriebenen Modeschmuckhersteller. Diese wiederum waren gerührt von dem besonderen Gastgeschenk: Der Honig war *die* Sensation – der Geschmack der alten Heimat, der Wiesenblumen des Isergebirges.

Es war Frühling, und so fuhr man noch an den Bodensee weiter und ins Kleinwalsertal. Voller Euphorie waren die Peukerts, auf dem Rückweg hatten sie den Kofferraum voller Wildwestheftchen. Verbotene Ware, Konterbande. Der Grenzer lächelte und drückte beide Augen zu.

«Und dann kam der August 1968.» Erich Peukert schaut Christa an und sie ihn. «Ich war an diesem Tag auf der IGA in Erfurt, der großen Gartenschau. In der Nacht zum 21. August fuhr ich zurück. Überall Panzer.»

«Und ich war in Rotterdam, bei Freunden. Wir haben es im Fernsehen gesehen.»

Bei unseren Winterspaziergängen vor zehn Jahren hatte Christa mir erzählt, wie sie das gewaltsame Ende des «Prager Frühlings» erlebt hat. Für sie und ihren tschechischen Ehemann – und für die meisten in der ČS(S)R – war es ein Weltuntergang, die Besetzung durch Truppen des Warschauer Pakts stürzte sie in eine tiefe Depression. Zwanzig lange Jahre dauerte die bleierne Zeit, bis zum Völkerfrühling Ende der Achtziger.

Kein Thema für diesen Tag. «Komm», sagt Christa, und nimmt Peukert fürsorglich am Arm. «Lass uns aufräumen.» Hand in Hand ordnen sie Medaillen, Knöpfe, Perlen. Zwei vom selben Stern, denke ich, sie haben vieles gemeinsam.

Was mag nach 1968 von Erich Peukerts gutem Leben noch übrig geblieben sein? Dieses Land als Rodler offiziell zu vertreten dürfte ihm zuwider gewesen sein, außerdem war er mit seinen achtunddreißig Jahren für diesen Sport allmählich zu alt. Mit der Modeschmuckbranche, die ohnehin nur noch für den sozialistischen Markt produzierte, ging es weiter bergab, ein Jablonecer Parteifunktionär sprach verächtlich von «Jahrmarktsschmuck» (Hitler hatte ihn als «Negerschmuck» bezeichnet). Das totalitäre Regime setzte auf Maschinenbau. Rückzug ins Private war der Trend dieser Zeit – das Haus, die Dinge, die man im kleinen Kreise tat. Erich Peukert hatte noch seine Zither, und er hatte seine Bienen.

«Wie ging es mit der Imkerei weiter?»

«Ich hab aufgestockt. In den siebziger, achtziger Jahren hatte ich 25 Völker.» Damals habe er sich viel mit Pflanzen und Kräutern befasst. «Wenn du Bienen hast, schaust du jedes Blümelein an. Blüht der Löwenzahn schon oder der Wiesensalbei? Meine Großmutter hatte mir manches über Heilkräfte beigebracht. Augentrost ist gut gegen Bindehautentzündung. Am Schmelzofen hast du ja ständig gereizte Augen. Manchmal auch Brandwunden, da helfen Beinwurz und Ringelblume. Ich wollte noch mehr lernen und habe angefangen, selbst Kräuter zu sammeln.»

Die Natur war damals offenbar wichtiger denn je. Im Isergebirge gab es viele stille, romantische Ecken. An Sommerabenden spazierten die Peukerts oft zur Neiße und steckten ihre Füße ins Wasser. Man verabredete sich mit Freunden zum Wandern im «böhmischen Paradies». Pilgerte zur Gränzendorfer Quelle – ein magischer Ort von alters her, wo uranhaltiges Wasser aus der Erde sprudelt. Christa zum Beispiel hatte ihre «Krokuslwiese», die sie seit Kindertagen kannte und liebte. Wenn der Zipser Frühlingssafran blühte, musste sie unbedingt dorthin. Und noch einmal im Spätsommer, um Mirabellen zu pflücken, «Marunken», auch die alten regionalen Wörter gehörten dazu – Rituale, die Geborgenheit schufen und zugleich etwas Subversives hatten.

Der tschechische Autor Milan Kundera hat das Lebensgefühl dieser Jahre nach 1968 beschrieben. Sein Roman «Die unerträgliche Leichtigkeit des Seins», den er im französischen Exil schrieb, erzählt von Menschen mit gestutzten Flügeln, die sich aneinanderklammern. In der ČS(S)R gab es unendlich vieler solcher Geschichten. Unter den Möglichkeiten, der Verzweiflung zu entrinnen, Trost zu finden, war ein Garten, besonders einer mit Bienenhaus, sicherlich nicht die schlechteste. Für einen Naturburschen und praktisch begabten Menschen wie Erich Peukert naheliegend. Bienen als Antidepressivum! Und später, Anfang der neunziger Jahre, nach dem Tod seiner Frau Irene, so stelle ich mir vor, unverzichtbar in der Einsamkeit.

Er ist keiner, der über Gefühle redet. «Ich hatte halt was zu tun.»

Und ein paar Kronen aus dem Honigverkauf hat er sicherlich gut brauchen können. Auch Wachs war in der Mangelwirtschaft gefragt. Wie mir später ein tschechischer Imker in Jablonec berichtete, kaufte die Armee es auf: Mit Wachs wurden Panzer witterungsfest gemacht.

In unserer Gesellschaft ist Erich Peukert aufgeblüht. Keine Anzeichen von Erschöpfung. Wir dürfen in der Küche einen Blick in die gelben Kakaodosen werfen, in denen er getrocknete Kräuter aufhebt. Weidenröslein, Spitzwegerich, Ringelblume, Augentrost steht auf den Deckeln, in krakeligen Großbuchstaben. Anscheinend brüht er sich regelmäßig Tee daraus, gekocht wird hier eher wenig. Wie alleinstehende alte Männer eben leben. «Anne Quorkschnitte mit Putterbliemln» hat er heute Mittag gegessen. Neben der Spüle eine leere Büchse Sardinen. Auf dem Heizkörper unter dem Fenster liegen ein paar Semmeln zum Trocknen, «für die Hühner».

Der Weg in den Garten führt durchs Untergeschoss. Einen schmalen, brandig riechenden Flur, voller Spinnweben, von dem dunkle Kammern abgehen, vollgestopft mit Gerümpel. Autoreifen und Farbeimer, ein altes Waschbecken, Angelzeug, an einer Wand der Kopf eines Gamsbocks. «Nicht hingucken, bitte!» Aber dann macht Erich Peukert doch kurz Licht. Unter Kabeln halb begraben: der himmelblaue Wartburg. Er klappt die Kühlerhaube auf und wieder zu und wieder auf. «Der schaffte 130 Stundenkilometer.» Mehr als ein halbes Jahrhundert liegt diese glückliche Zeit zurück!

Wir passieren die ehemalige Glasdrückerei. Ein Anbau mit eigenem Schornstein, in dem noch ein Stück Ofenrohr hängt. Die letzte Station der Unterwelt, dann sind wir draußen, im hellen Junilicht. In einem Dschungel! Alles hier hat sich ineinander verschlungen, der krücklige Marunkenbaum mit dem Flieder und einer Esche, die wiederum mit dem stattlichen Bergahorn. Ein Veteran, der noch in der Donaumonarchie aufwuchs. Er hängt gerade voller Blütentrauben, es wimmelt von Bienen. Peukerts Bienen. Von «sechs Völkern» hatte er gesprochen. Und «sechs Hühnern», zu ihrem Gehege führt ein kleiner Trampelpfad. Andere Teile des großen Gartens sind unerreichbar, man bräuchte eine Machete dafür. Am Rande eines Brennnesselhügels zeigen sich bunte Glassplitter, Überreste der Peukert'schen Glaswerkstatt. Waldmeister hat sich von Westen ausgebreitet, die Südseite hat der Riesenbärenklau erobert. Dem alten Gärtner ist buchstäblich alles über den Kopf gewachsen.

Erich Peukert und Christa sind hinter den Johannisbeersträuchern verschwunden, ich höre ihre Stimmen, sie reden Paurisch miteinander.

Wo ist das Bienenhaus? Den Geräuschen nach zu urteilen, müsste es sich hinter dem Schneeballbusch befinden. Durch eine Astgabel sehe ich ein Stück der Hinterwand – über und über mit Moos bedeckt, abgestützt von dicken Balken. Drei, vier Völker nutzen die marode Behausung noch. Erich Peukert, so scheint es, hat die Bienen aus seiner Obhut entlassen.

Plötzlich steht Christa neben mir und zieht mich fort. «Komm, lass uns gehen.»

Der Rebell aus den Pyrenäen

Vom Ende der Ausbeutung der Bienen

Ein eisiger Februarwind bläst über den Mas Alavall und treibt den Blütenstaub der Mimosen vor sich her. Er bringt die Baugerüste zum Schwanken, die den alten Gutshof umgeben, wirbelt den Staub aus dem großen Schutthaufen auf. Im Vorland der Pyrenäen hat die Tramontane die Regie übernommen, bis zu hundert Kilometer Windgeschwindigkeit hat der «L'Indépendant» für den Nachmittag angekündigt. Wir sind in Französisch Katalonien. Der Himmel über uns ist strahlend blau. Im Westen zeigt sich das verschneite Massiv des Canigou.

«Die Bienen sind tot!»

David Mérino zieht eine Wabe heraus. Normalerweise würde kein Imker bei solchem Wetter einen Bienenkasten öffnen. Aber hier ist kein Leben mehr.

«In diesem Winter sind fast alle Völker gestorben.»

Im Dezember ist es passiert. Plötzlich waren sie verschwunden, ohne dass David es bemerkt hätte. Fünfzehn Kästen waren leer, nur drei seiner Bienenvölker hatten überlebt. Er war darüber völlig verzweifelt und ist es noch.

«Sie sind nicht an Hunger gestorben. Da ist jede Menge Honig.»

Vorsichtig bricht er einige Stücke von der Wabe ab und legt sie uns in die Hand. «Goûtez! Probiert mal.»

Aus den Wachszellen quillt Honig von ungewöhnlicher Farbe, rotbraungrünlich, dickflüssig wie frisches Baumharz. Obwohl er verlockend duftet, zögern wir, ihn zu kosten. Als könnten wir mit dem Tod in Berührung kommen. Als würden wir ein Totenhaus plündern.

«Millefleurs!» David spuckt die Wachsreste auf die Erde. Aromen von Sommerblumen hat er identifiziert. Viele verschiedene, unter anderem Salbei und Lavendel. «Sommer 2017. Damals fing es an, da hab ich die ersten Bienen gesehen, die am Boden kriechen.»

Ich picke einen Brocken auf und lasse ihn auf der Zunge zergehen. Ein kräftiger, komplexer Blütenhonig, ein wenig malzig – und einer der köstlichsten, die ich auf meinen Forschungsreisen genossen habe. «Paradiesisch!»

Auch Winfried, mein Begleiter, lässt es sich schmecken. Und dann rennt er wie wild seinem Hut hinterher, den eine Bö davonträgt. Über die Hügelbeete und das Gewächshaus und einen Zaun, bis er sich nach einigen Pirouetten im Obstspalier verfängt.

«Es ist eigentlich keine gute Zeit, mich zu besuchen.» David lächelt und dreht sich mit dem Rücken zum Wind. Bugsiert die Wabe wieder in den Kasten, verschließt ihn und legt einen dicken Stein aufs Dach. Er hat ungewöhnlich agile Hände, lang und schmal, wie Musikerhände. Überhaupt wirkt er nicht wie ein Landmensch – kein Bauer und schon gar nicht der Ökofreak, den ich erwartet hatte. Der Südfranzose strahlt eine lässige Eleganz aus, trotz Dreitagebart, rustikalem Flanellhemd und schmutziger Schuhe. Jung sieht er aus, sehr jung. Vom Naturell her ein Optimist, so scheint es.

«Es ist nicht meine Art, den Kopf hängenzulassen. Ich hatte gerade neu angefangen, diesen Hof gekauft. Im März. Und im Dezember habe ich irgendwie den Mut verloren.»

Schon in unserer kurzen Korrespondenz hatte er ungewöhnlich freimütig von einem *burnout* geschrieben. Anscheinend freute ihn der Gedanke, jemand könnte ihm zuhören. Sein Anliegen war dringend: «Die Vergiftung geht schneller voran als befürchtet. Im Südwesten Frankreichs sterben die Bienen, achtzig Prozent haben den letzten Winter nicht überlebt.» Sogar in den deutschen Medien wurde darüber berichtet. Weil wir die Gegend lieben, hatte uns die Nachricht persönlich getroffen.

Viele Male sind mein Mann und ich im grauen Januar oder Februar ins Pyrenäen-Vorland geflüchtet, um Licht zu tanken, zu erleben, wie an der Mittelmeerküste das Blühen beginnt. Mimosen, Mandelbäume und Rosmarin-Hecken, in den Gärten Bougainvillea. Und über dem Gelb, dem Rosa und Lila der schneeweiße, majestätische Gipfel des Canigou – Frühling und Winter in einem. Immer wieder zieht es uns in das Fischerdorf Le Racou, bei Argelès. In dieser Jahreszeit ist es still und beinahe menschenleer.

Bienen? Ich erinnere mich nicht, jemals welche gesehen zu haben. Selbst an wärmeren Tagen nicht, weder im Stechginster, der an den Rändern der terrassierten Weinberge wächst, noch in den Mandelblüten. Obstbäume befinden sich um diese Zeit noch im Winterschlaf. Die berühmten Kirschen von Céret haben wir nie blühen sehen. Wir haben nur bemerkt, dass die Plantagen im Laufe der Jahre größer geworden sind, ebenso die Felder mit Frühgemüse, wie immer mehr Landschaft unter Folie und Netzen verschwindet. Warum darüber nachdenken, in diesen hellen, glücklichen Tagen?

Das einzige Ärgernis ist die Tramontane, ein Wind, der von Nordwest aus den Pyrenäen kommt. Wenn er länger andauert, wird man verrückt vom Wüten und Tosen und der grimmigen Kälte. Zehn Tage und Nächte, das ist keine Seltenheit. «Cauchemar», stöhnen die Einheimischen, «ein Albtraum». Nach Möglichkeit geht man nicht vor die Tür. Während der Tramontane liegen wir in den Betten. Oder wir fahren ins Hinterland, nach Céret. Das «Musée d'Art Moderne» ist unsere Rettung: Pablo

Picasso und Henri Matisse, Chaim Soutine und Marc Chagall, all die Maler Europas, die hierherkamen, angezogen vom magischen Licht, und zu Liebhabern und Kennern dieser Landschaft wurden. Dank der Malerkolonie, die hier kurz vor dem Ersten Weltkrieg entstand und, mit wechselnder Personnage, bis in die fünfziger Jahre des letzten Jahrhunderts existierte, hat das Städtchen eine hochkarätige Sammlung.

Jahr für Jahr scheucht uns die Tramontane ins Museum, in Büchereien, Kinos – und damit in die Geschichte der Region. Wir werden mit Katalonien vertraut, der Eigenart und Tragik dieser Grenzlandschaft. Wir lernen: Die Pfade, auf denen wir wandern, haben Verfolgte aus Nazi-Deutschland genommen, die über Lissabon in die USA emigrieren wollten, wie Heinrich und Golo Mann, Franz Werfel und der Philosoph Walter Benjamin. In umgekehrter Richtung flohen spanische Republikaner vor den siegreichen Truppen Francos. Erst in jüngster Zeit ist die «Retirada», der große Rückzug von 1939, in der Öffentlichkeit zum Thema geworden. Hunderttausende – Kämpfer, Frauen und Kinder, ganze Familien – überquerten damals die verschneiten Pyrenäen, suchten auf dieser Seite der Grenze Schutz. Und fanden ihn nicht, für die französische Regierung waren sie «unerwünschte Ausländer». Ihre Flucht endete in Internierungslagern, an den Stränden von Argelès, in den Pyrenäendörfern und auch in Céret. Mindestens fünfzehntausend Flüchtlinge starben an Hunger, Kälte und Durchfällen. Geschichten, die erschüttern, die hier stattgefunden haben, im Februar, bei Tramontane.

Céret kam in den jüngsten Medienberichten über das Bienensterben vor. Im Internet stieß ich auf den Imker David Mérino. Dem Namen nach könnte er aus einer Familie sein, die vor Franco geflüchtet ist, dachte ich. Er war einer derjenigen, die Alarm schlugen, und der darüber hinaus wagte, Schuldige zu benennen. So beschloss ich, ihn aufzusuchen, wieder einmal in *unsere* Gegend zu reisen, zur üblichen Winterzeit. Wir fuhren zu zweit.

«Es war das Gift!» David Mérino ist sich ganz sicher. «Der Nachbar spritzt die Kirschbäume gegen die Drosophila suzukii. Deswegen waren die Bienen schon im Sommer geschwächt.» Genau so hatte es ich es in der Zeitung gelesen. Seit einigen Jahren gibt es in Europa eine neue Art der Kirschessigfliege, die Obst- und Weinbauern in die Verzweiflung treibt und die Forschungslabore zur Entwicklung neuer Insektizide. Und diese haben nun anscheinend verheerende Folgen für die Bienen.

«Sie verschleiern das. Sie wollen es nicht wissen.» Der Bauer nebenan, klagt David, denke vor lauter Panik nicht einmal darüber nach. «Dabei braucht er die Bienen und Wildbienen und Hummeln für die Bestäubung seiner Bäume. C'est la folie. Das System ist einfach irrsinnig.»

Oase am Tech

Und dabei hat vor nicht mal einem Jahr alles so hoffnungsvoll angefangen. Per Zufall hatte David im Internet diesen alten Hof gefunden, wunderschön gelegen, am Ende einer Sackgasse. Die hintere Grenze des Terrains bildet das Steilufer des Flusses Tech. Mehr Abseits geht kaum, ein langgehegter Traum erfüllte sich.

Jetzt ist er Herr über sechseinhalb Hektar Land und ein hundertjähriges zweistöckiges Gutshaus. Ein grundsolider Bau, die Mauern aus Feldstein können gut und gerne noch mal hundert Jahre überstehen. Türen und Fenster sind landestypisch von rosafarbenen Ziegeln umrahmt. Seit einigen Monaten wird renoviert. Stolz zeigt uns David sein Anwesen. Zuerst den ehemaligen Kuhstall, wo demnächst Kurse für ökologischen Landbau,

Bienenhaltung und Yoga stattfinden sollen. Vieles ist in Arbeit. Wirklich fertig sind momentan nur zwei Toilettenhäuschen, die er mit ein paar Freunden geschreinert hat. Kompostklos am Hang, diskret verborgen in einem Bambuswäldchen. Auf ihrer Vorderseite ein Panoramafenster. Wer auf dem Topf sitzt, hat einen grandiosen Blick in die Berge.

Unter unseren Füßen: fruchtbarer Boden, kultiviert von Davids bäuerlichen Vorgängern. In einer Senke zwei Dutzend alte Pfirsichbäume, rechter Hand Korkeichen. Hier und da kleine fette Weiden, der neue Besitzer will sie in Gemüsefelder verwandeln. Und für die Bienenhaltung nutzen:

«Dahinten will ich Wildblumen säen. Am Waldrand Schlüsselblumen, die haben zwar wenig Nektar und Pollen, aber die Hummeln und Schmetterlinge lieben sie. Es fehlen Linden, Erdbeerbäume und Honigeschen. Viel Rosmarin, viel Lavendel. Klee natürlich.» David hat die Nutzung des Grundstücks generalstabsmäßig ausgearbeitet. «Die Bienen sollen nicht mehr zu den Kirschbäumen des Nachbarn fliegen. Ich brauche Nahrung für ungefähr zwanzig Völker. Von Februar bis November muss immer etwas für sie da sein.»

Im Vorbeigehen macht er uns auf ein Hornissennest aufmerksam. Ein graues, längliches Gebilde, im Wipfel in einer alten Platane. «Sie haben meinen Bienen aufgelauert. Diese Hornissen patrouillieren regelrecht vor dem Flugloch und warten auf heimkehrende Arbeiterinnen und töten sie. Vor allem geschwächte Bienen sind leichte Beute.»

«Wir haben neulich Fotos gesehen. Die große Hornisse und zwanzig Bienen in Schlachtformation. Makroaufnahmen von Eric Tourneret.»

«Ja, wirklich tolle Bilder! Eric kennt diese Schlachten, er muss nur vor die Tür gehen, um sie zu fotografieren. Er lebt nicht sehr weit von hier.»

Glücklicherweise hat David die Gefahr rechtzeitig erkannt. Und hat zum Knüppel gegriffen, die meisten Angreifer konnte er erschlagen. «Man hat noch keine Methode erfunden, diese gewandten Jäger fernzuhalten. Die asiatischen Hornissen sind ziemlich neu hier. Man sagt, sie sind als blinde Passagiere aus China, in einer Schiffsladung mit Töpferwaren, nach Bordeaux gelangt.»

Sogar Wildnis gehört zu Davids Reich. Durch eine Lücke im Gestrüpp kann man auf den Tech sehen. Tief unten fließt er, in einem Bett von Kieseln. Mal rascher, in kleinen Kaskaden, mal langsamer. An einer Biegung staut sich das kristallklare Wasser zu einem Bassin. «Im Sommer kann man dort sogar ein paar Züge schwimmen!», schwärmt David.

«Das ist meine Welt!» Mit besitzergreifender Geste deutet er auf die Berge, nennt die Namen von Höhenzügen und Gipfeln. «Überall bin ich mit den Pfadfindern gewandert. Da oben bin ich Snowbord gefahren.» Er lacht. «Mit zwanzig dachte ich, das Wichtigste im Leben ist Snowbordfahren.»

Wir sitzen eine Weile unten am Fluss, wo die Tramontane uns nicht erreichen kann, und lassen uns von der Sonne wärmen. «Von Hause bin ich eigentlich ein Städter. Geboren in Perpignan, dreißig Kilometer entfernt von hier.» Am Tonfall seiner Stimme ist zu spüren, dass er dort glücklich war.

«Ich war der Erstgeborene. Ein Junge, der alles wissen wollte. Immer in Bewegung, am liebsten in der Natur. Sport! Insekten beobachten! Fischen! Klavierspielen mochte ich auch, ab sieben hab ich das Konservatorium besucht. Lesen war nicht so mein Ding, erst mit sechzehn fing das an. Philosophie vor allem, Seneca, Catull, die ganze Antike rauf und runter, und Nietzsche.»

«Ist eure Familie eigentlich von Franco vertrieben worden?»

«Nein. Aber meine väterliche Familie stammt aus Spanien.

Mein Großvater ist 1958 aus Valencia gekommen. Er war Arbeiter in einer Keramikfabrik und wollte raus aus der Armut. Also ging er ins französische Katalonien, nach Perpignan, wo schon viele Landsleute lebten. Aber so richtig Fuß gefasst hat er nie. Erst mein Vater schaffte das, er war bei der Emigration sechs Jahre alt.»

Mit Dankbarkeit erinnert sich David an seine Großeltern. Von den einen, den Mérinos, lernte er Spanisch, von den anderen, den Rigaills, Katalanisch. Die Großeltern mütterlicherseits waren französische Katalanen, bäuerliche Menschen, denen die Pariser Regierung Sprache und regionale Identität austreiben wollte. «Sie wurden geprügelt in der Schule.» Für solche Geschichten war David offenbar empfänglich. Aus den Erzählungen der Alten lernte der kleine Franzose die Härte und Herausforderung der Emigration kennen und wie es ist, die Heimat im eigenen Land zu verlieren. Zwei Existenzweisen, die für diese Region ziemlich typisch sind.

«Das hat mich geprägt.»

«Und wie würdest du dich bezeichnen?»

«Identité méditerranéenne. Als Mensch des Mittelmeers. Das umfasst alles, was mich ausmacht.»

Oben auf dem Grundstück hat der Wind uns wieder. Wir nehmen den direkten Weg zum Haus. «Da kommt der Hühnerstall hin», ruft David uns zu, kurz bevor wir in den Innenhof einbiegen.

Die große Wohnküche ist einfach und stilvoll – Fußbodenkacheln in Weiß und Gelb, ein Tisch, ein blaues Designersofa, ein Klavier. Den Verbenen-Tee serviert er in japanischen Bechern. Anscheinend lebt David allein. Seine Eltern kommen ab und zu vorbei, um ihm zu helfen. Er spricht von Freunden und einem guten Nachbarn, der Biogemüse anbaut.

«Miel?»

«Oui, voluntier!» Honig von toten Bienenvölkern, warum nicht.

«Und die Bienen? Wie bist du dazu gekommen?»

«Auf Umwegen. Eine lange Geschichte.» Fragend schaut er Winfried und mich an. «Wollt ihr sie hören?»

Sein Bericht führt uns in das Frankreich der achtziger Jahre, die Ära Mitterrand. Sechs Jahre war er am Tag des Wahlsieges 1981, als die neue hoffnungsfrohe Zeit begann. Auf der Place de la Concorde ein unbeschreiblicher Jubel, David saß mit den Eltern vor dem Fernseher. «Mitterrand le Soleil!», rief die Menge. Ein Sozialist als Präsident, der Fortschritt an der Macht! 39-Stunden-Woche, Senkung des Rentenalters, gleicher Lohn für Mann und Frau, und dazu brauchte man Wirtschaftswachstum, den leidigen Kapitalismus. In Davids Kindheit schien alles immer besser zu werden, er wuchs ohne Sorgen auf.

«Snowboardfahren, wie gesagt. Solche Sachen hatte ich im Kopf.» Nach dem Abitur habe er nicht die leiseste Ahnung gehabt, welche Richtung sein Leben nehmen könnte.

Inzwischen hatte ihn die erste Fortschrittsskepsis überkommen, die Ideen von Karl Marx begeisterten ihn. Er hatte – nicht nur deswegen – Streit mit seinem Vater. «Irgendwas mit Natur» studieren, Biologie vielleicht, überlegte er. Bloß nicht in die Fußstapfen der Eltern steigen! Sie besaßen eine Autowerkstatt, die nach mühseligen Anfängen endlich genügend abwarf und expandierte. Schließlich entschied er sich gegen seine Neigungen für ein Business-Studium. «Ich wollte ein guter ältester Sohn sein, der seine Pflicht erfüllt. Es war eine schlimme Zeit.» Dennoch zog er es durch, arbeitete nach dem Examen einige Jahre als Betriebswirt in einem Klärwerk, schließlich in der väterlichen Firma. Mit neunundzwanzig Jahren war er am Ende und machte sich auf die Suche nach sich selbst. «Ich hab in der

Erde gewühlt.» Im Garten der Eltern habe er gegraben, gehackt, gepflanzt – und nachgedacht.

«Die klassische Therapie: Körperliche Arbeit und Erforschung der eigenen Seele.» Er spricht darüber mit einer Leichtigkeit wie New Yorker Stadtneurotiker in einem Woody-Allen-Film.

«Da sind die Bienen nicht weit, oder? Da kann man beides gut verbinden.»

Sie waren noch weit, einige Jahre gingen bis dahin ins Land. «Ich hab meine Träume aufgeschrieben, mit Hilfe einer Psychologin.» Die erste Etappe der Sinnsuche, weitere folgten. David beschäftigte sich mit den Mythen der Völker, jenseits von Europa. Nach der Lektüre von «Orient und Okzident» von René Guénon fühlte er sich in seiner eigenen Zivilisation nicht mehr zu Hause. Und da der bergige Südwesten Frankreichs eine Hochburg ländlicher Utopien ist, konnte er im Umkreis Vorbilder finden, wie man *anders* lebt.

Im nahen Larzac zum Beispiel. Dort hatte es in den 1970er Jahren große Proteste gegeben, als der Staat die dortige Militärbasis vergrößern und Bauern umsiedeln wollte. Ein Kampf, der zehn Jahre dauerte, landesweit hohe Wogen schlug und zur Legende wurde. Nach dem Sieg der Bauern ließen sich viele junge Unterstützer aus ganz Frankreich auf der kargen Hochebene nieder und begannen, Schafe zu züchten oder Kräuter anzubauen. Etliche harrten dort noch immer tapfer aus.

Irgendwann kam der Wendepunkt – die Begegnung mit dem Bauern und Denker Pierre Rabhi. Einem faszinierenden alten Mann, der aus Algerien stammt und dessen Hof in den Cevennen Treffpunkt für Zeitgenossen ist, die sich Sorgen um den Planeten machen. Pierre Rabhi war einer der Ersten, die behaupteten: Die Moderne ist ein Mythos. Unendliches Wachstum zerstört unsere Lebensgrundlagen, entfremdet uns von allem, was wichtig und wesentlich ist. Die industrialisierte Landwirtschaft hat den Boden vergiftet und die Tiere versklavt. Die Erde gehört nicht uns, sondern wir gehören der Erde an.

Nachdem David Mérino ihn im Mas de Beaulieu besucht hatte, sah er seinen Weg vor sich. «Das war vor zwölf Jahren, 2006, im Herbst, in den USA war gerade das große Bienensterben. Für mich wurde immer klarer, die Welt ist in einer Sackgasse. Die Finanzkrise 2008. Die soziale Krise. Die Umweltkrise. Jetzt die politische Krise.»

Wie Rabhi es vorausgesagt hatte. Mir fällt plötzlich wieder ein, dass ich ihn im Fernsehen gesehen habe: ein zierlicher Mann mit Hosenträgern, kultiviertes Französisch ohne Phrasen. Kurz nach der Jahrtausendwende muss es gewesen sein, er hatte für das Amt des Staatspräsidenten kandidiert. Man hielt ihn für einen seltsamen Heiligen, in den Élysée-Palast wollte er ganz bestimmt nicht. Für ihn war der Wahlkampf eine Tribüne, die Franzosen wachzurütteln und «la vie simple», das einfache Leben, zu preisen.

Im Wohnzimmer ist es merklich kühler geworden. Wir sind bei der dritten Kanne Tee, die Gäste inzwischen in Schal und Mantel, David ist nach wie vor im Hemd.

«Das Wichtigste war, gute Lehrer zu finden.» Auch für die Praxis, die nächste Etappe seiner Suche. «Perma-Kultur war das, was ich machen wollte.»

Um zu lernen, ist er nach Australien gereist, zu den Gründern dieser Bewegung, die nachhaltige Landwirtschaft auf kleinstem Raum propagierten, möglichst vor der eigenen Haustür. Es erwies sich, dass sie im Garten seiner Eltern hervorragend funktionierte. Die hügeligen Beete – geschichtet aus kleinen Ästen, Mulch, Kompost – fanden schnell Nachahmer. Und so gründete er den Verein «Permaterra», widmete sich der

Verbreitung des Konzepts. Eine Mission und ein Lebensunterhalt: Er bewirtschaftete einen Mikrokosmos, war Coach und Organisator, sein eigener Chef.

Bienen gehörten von Anfang an dazu, sie fanden in dem selbstgeschaffenen Habitat reiche Nahrung. Aber er wirtschaftete traditionell, wie die Imker in der Umgebung, nahm den Bienen den Honig weg und fütterte Zucker. «Ich suchte nach einem anderen Weg, im Sinne von Rabhi.»

Und wieder hatte er Glück: Jemand machte ihn auf einen alten Ingenieur aufmerksam, der ein dickes Buch über ökologische Imkerei geschrieben und dafür einen speziellen Kasten konstruiert hatte. Es stellte sich heraus, dass dieser Jean-Claude Guillaume ganz in der Nähe wohnte. Er erklärte David, dass man angesichts der vielen Belastungen, denen die Bienen heute ausgesetzt ist, Umweltverschmutzung, Varroamilbe, Virenkrankheiten, eine Betriebsweise brauche, die die Vitalität der Biene unterstützt und nicht den maximalen Honigertrag zum Ziel hat. Das ganze Elend habe damit begonnen, so seine These, dass die Bienen zu «animaux d' élevage», zu Zuchttieren, erklärt wurden. Dabei sind sie Wildtiere, und nur wenn man sie als solche respektiere, werden sie überleben.

«Also ging ich bei Monsieur Guillaume in die Lehre. Später haben wir gemeinsam Imkerkurse gemacht.»

«Und was ist das für ein Kasten?» Meinen Mann hat die Neugier gepackt, Technik fasziniert ihn.

«Kommt mit!»

Draußen stürmt es. Bevor die nächste Windbö uns packen kann, sind wir über den Hof, in der Werkstatt. Die hölzernen Magazine sind im hinteren Teil gestapelt, benutzte und neue, frisch gezimmerte.

Mit einigen Griffen setzt David vor unseren Augen das Bienenhaus zusammen. Basis ist ein Element mit vier Füßen. Es folgt eine Kammer für Wabenbau und Brut und noch eine, jeweils mit einer Glasfront auf der Hinterseite, abgedeckt von einer Holzblende.

«Die wird nur geöffnet, wenn Verdacht besteht, dass etwas nicht in Ordnung ist. Wir beobachten die Bienen nicht einfach so. Auf den meisten Fotos wird der Imker als Wabenherauszieher gezeigt. Deswegen denken die Leute, das muss so sein, dies andauernde Checken und Intervenieren.»

Eigentlich sieht die Konstruktion nicht anders aus als viele, die wir kennen. David bestätigt dies. «Diesen Kasten hat vor hundert Jahren ein Abbé Emile Warré erfunden. Die *Ruche populaire,* die Volksbeute, war früher sehr bekannt. Sehr einfach und zeitsparend, Warré wollte, dass jeder imkert, auch die Angsthasen. Nur ein-, zweimal im Jahr wird die Behausung geöffnet, die Bienen werden also kaum gestört. ‹Der Bienenstock ist wie ein Buch›, hat Emile Warré gesagt, ‹ein Buch, das geschlossen bleibt.› Ein ketzerischer Satz heutzutage.»

«Demnach wäre das Öffnen eine Art Hausfriedensbruch?»

«Könnte man sagen.»

Schon hat David das nächste Element in der Hand, der Kasten wird höher. «Und jetzt kommt die oberste Etage. Die geniale Erfindung von Monsieur Guillaume!» Er setzt das Giebelelement auf. «Das ist eine Kammer mit einem großen Loch an jeder Seitenwand, durch das die Luft abziehen kann.»

«Ah, wie ein Kamin!» Winfried versteht das physikalische Prinzip sofort.

«In jedem Stock regulieren die Bienen mit ihrem Flügelschlag Temperatur und Luftfeuchtigkeit. Das Brut-Nest muss warm gehalten werden, der Honig trocknen. Das erfordert enormen Kraftaufwand von jeder beteiligten Biene. Ingenieur Guillaume ermöglicht mit seiner Konstruktion, dass ein ständiger Luftstrom vom Einflugloch durch den Stock zieht, nach oben steigt und durch Lüftungslöcher im Giebel abzieht.»

«Ständiger Durchzug. Ist das gut?»

David lacht. «Genau das ist die zweite geniale Veränderung, die Monsieur Guillaume am Warré-Kasten vorgenommen hat. Zwischen Giebelelement und den darunter befindlichen Wohnraum der Bienen hat er ein Fliegengitter gelegt. Die Öffnungen des Gitters können die Bienen in Eigenregie verschließen, mit Propolis, Kittharz, das sie selbst produzieren. Sie verkitten, oder sie nagen das Material wieder ab, so steuern und dosieren sie den Luftzug.»

«Das funktioniert?»

«Das funktioniert sogar sehr gut. Und das heißt, die Bienen brauchen weniger Energie für die Klimatisierung des Stockes. Dadurch haben sie Kraft übrig, um zum Beispiel die Varroa zu bekämpfen.»

Ungläubig schaue ich David an.

«Stellt euch vor, in Afrikas Sahelzone sind die Menschen täglich zig Kilometer unterwegs, um Brennholz und Wasser herbeizuschaffen. Das ist äußerst kräftezehrend und zeitraubend. Und das entfällt nun plötzlich, weil dort Solarenergie einen Brunnen betreibt und auch zum Kochen genutzt wird.»

«Behandelt ihr gar nicht gegen die Varroamilbe?» Nach allem, was ich gehört habe, geht es nicht ohne. «Selbst die Bio-Imker in Europa arbeiten mit organischen Säuren.»

«Nein», antwortet David entschieden. «Keine Ameisensäure. Keine Milchsäure. Keine Chemie. Die Bienen können das selbst schaffen, wenn wir sie unterstützen. Nur wenn ein Volk sehr stark befallen ist, dann töten wir es.» Ökologische Betriebsweise nach Monsieur Guillaume, erklärt er, gewährt den Bienen Bedingungen, die ihrem Leben als Wildtiere nahe kommen. Sie dürfen ihre Waben selber bauen, jedes Jahr gibt ihnen der Imker ein neues, sauberes Haus. «Partager avec l'abeille!», eine weitere Grundregel, «mit den Bienen teilen». Von ihrem Honig nimmt der Imker nur wenig für sich, und er füttert niemals Zucker, «das ist totes Material, enthält keine Vitamine, keine Mineralien».

Hier gelten völlig andere Regeln, als ich auf meinen Reisen durch Europa kennengelernt habe. Auch die Behandlung der honiggefüllten Wabe ist anders.

«Ich zerbreche sie mit den Händen und gebe sie, noch kastenwarm, in den *Maturateur.*» David zeigt auf einen großen Stahlbehälter. «Ohne Druck, allein durch die Schwerkraft, tropft der Honig heraus, durch zwei Filter. Sehr langsam. Kaum Oxydation, keine Erhitzung. Deswegen ist der Honig von überragender Qualität. Pure Natur.»

Die Kostbarkeit füllt er in Miniportionen von fünfzig Gramm ab. Zum Abschied gibt er uns ein Gläschen mit.

Abends lese ich Pierre Rabhis jüngste Streitschrift «Glückliche Genügsamkeit» – und verstehe Davids Faszination. «Man muss wiederholen, dass wir unseren Begleitern, gegenüber den Tieren eine uralte Überlebensschuld zu erbringen haben», schreibt Rabhi. Tiere sind in seiner ländlichen Utopie Gefährten des Menschen. «Ich träume von der Heraufkunft eines neuen Bauern, der sein kleines Gehöft führt wie ein freier Souverän sein kleines Königreich.» Er selbst lebt so, seit 1961. «Oasis en tous lieux!», fordert er uns auf, «gründet Oasen an allen Orten!» Von ihnen wird eines Tages die Erneuerung der Welt ausgehen, glaubt er.

Davids Verbündete

Am Sonntag ist der Mas Alavall in Regenwolken gehüllt. Keine Bergkulisse zu sehen, nur eine Baustelle und ein unwirtliches Gelände. Wir sind zu früh, bleiben noch einen Moment draußen stehen und lauschen den Klaviertönen, die aus der Wohnküche dringen. Scharf artikulierte Anschläge, langsam und monoton wie eine Meditation. Nach endlosen Wiederholungen klingt sie sachte aus. Dann steht er in der Tür, der Pianist, weißes Hemd, schwarze Hose. Kastanienbraune Haare, vom Duschen nass.

«Ça calme. Das beruhigt.» Lange habe er das Klavierspiel vernachlässigt, auch nicht mehr komponiert. «Jetzt, in der Krise, kommt die Musik wieder. Ich höre viel Bach, die Goldberg-Variationen.»

David redet über das Spiel von Glenn Gould, die strenge Rhythmik seiner Bach-Interpretation. Er tippt auf sein Smartphone, die ersten Takte der «Aria» erklingen. Gleich werden wir Goulds Stimme hören, das unverwechselbare Mitsummen. Da ist es! Und wieder und noch einmal! «Dies Aria!», ruft jemand hinter uns. «Wie schön!»

Ein kleiner weißbärtiger Zausel in einem dicken blauen Pullover. Wäre er mir zufällig in einem Café begegnet, ich hätte den pensionierten Chefingenieur für einen Fischer gehalten. Das also ist der verehrte Monsieur Guillaume! Ende siebzig dürfte er sein. Ohne Begrüßung sprudelt er los, zu David gewandt: «Stell dir vor, heute habe ich eine E-Mail aus Tahiti bekommen. Da benutzen Leute meine Bienenkästen!»

«Vraiment? Eine tolle Nachricht! Glückwunsch, Monsieur Guillaume.» David siezt ihn. Eine in besseren Kreisen immer noch verbreitete Sitte im Umgang mit Älteren.

Jean-Claude Guillaume wendet sich uns zu. «Sie wissen vielleicht schon von David, ich hab in diesem Winter Dutzende Briefe geschrieben, an den Landwirtschaftsminister, den Umweltminister, an diverse Organisationen und an die Europäische Kommission, und ihnen die besorgniserregende Situation der Bienen erklärt und verschiedene Vorschläge gemacht. Zum Beispiel in den Nationalparks Bienenkästen aufzustellen, dort, wo die Natur sauber ist. Keine Antwort. Niemand hat zurückgeschrieben.»

Und nun dieser Brief aus der Karibik. Und: zwei Besucher aus Deutschland. «Denken Sie, Ihr Buch wird dazu beitragen, dass die Menschen aufwachen?»

Da tritt Hélène ein. Eine aparte junge Frau, «très charmante», wie David sie angekündigt hatte, eine Schülerin aus einem seiner Imkerkurse. Aus einer Vorstadt von Perpignan ist sie angereist, obwohl ihre Kinder krank sind und auch sie selbst schwer erkältet. Unbekümmert küsst sie alle auf die Wangen, auch uns.

«Imkerin seit dem 29. März 2017», stellt sie sich vor und lacht. An diesem Tag hat sie auf einem Campingplatz drei Schwärme gefangen, erzählt sie, «zwei große und einen kleinen». Die Völker stehen auf dem Grundstück einer Freundin, und sie haben den ersten Winter offenbar gut überlebt.

Vom Sterben der Bienen im Mas Alavall hat sie bislang nichts gewusst. Die Nachricht nimmt sie sichtlich mit. David holt von draußen zwei Waben aus einem verlassenen Kasten, zerschneidet sie mit dem Messer in große Stücke. Den ganzen Nachmittag lang wird der große Teller auf dem Tisch stehen.

«Sieht ganz normal aus», urteilt Guillaume.

Hélène pult an den Rändern und kostet. «Mmmm, délicat!» Sie pult neugierig weiter, mal hier, mal dort.

«Gift!» Der Ingenieur und Bienenfachmann hat dieselbe Theorie wie sein Schüler. «Sie nehmen die Pestizide mehrfach auf. Im Frühling von den gespritzten Blüten. Wenn die Früchte reif sind, trinken die Arbeiterinnen den Morgentau oder saugen an aufgeplatzten Stellen. Im Winter essen sie dann von den vergifteten Honigvorräten. Das summiert sich.»

«Das heißt, wir essen gerade davon?», fragt Winfried entgeistert.

«Keine Angst», beruhigt David, «für den Menschen ist das eine sehr schwache Dosis. Unterhalb der erlaubten Grenzwerte. Auf lange Sicht natürlich schädlich, für die kleinen Lebewesen jedoch entschieden zu viel. Sie sind die ersten Betroffenen.» Noch in seiner Kindheit, in den achtziger Jahren, habe es überall Libellen in großer Zahl gegeben, Erdhummeln, Mistkäfer, Fliegen, Asseln unter jedem Stein. Am Meeresstrand und an den Ufern der Pyrenäen-Flüsse Schnecken, winzige Krebse, Muscheln. «Jetzt siehst du nur einen Bruchteil davon.»

Ihm fällt eine Erfahrung wieder ein, die er gleich nach der Gründung von «Permaterra» gemacht hat. Für ein Camp in den Bergen, auf dem Hof von Freunden, hat er zwei Bienenvölker zu Unterrichtszwecken mitgenommen. «Dumm, wie ich war. Sie sind gestorben da oben. Wisst ihr, woran? Mein Kumpel hat seine Schafe mit Medikamenten gegen Würmer behandelt. Und die Bienen haben den Urin der Tiere getrunken.»

«Bienen lieben salzige Flüssigkeit», weiß Hélène, schaut dabei fragend Meister Guillaume an.

Der nickt. «Besonders Pferde-Urin.» Als kleiner Junge hat er es oft beobachtet, auf dem Bauernhof seiner Großeltern, in der Île de France. «Am Rande der Jauchepfützen saßen sie, für die Bienen kein Problem. Heute kann alles vergiftet sein. Das Wasser. Die Luft. Der Boden.»

«Die Seelen.» Gedankenverloren stochert David in der Honigwabe herum. Wen meint er damit? Den Kirschbauern nebenan? Die Franzosen? Die Menschheit?

Rückblickend glaube ich mich zu erinnern, dass es David war, der dem Gespräch eine allgemeinere Richtung gab.

«Das System ist toxisch. Der Kapitalismus. Es geht immer nur um Profit. Die Demokratie. Wir wählen, und dann heißt es, die Sachzwänge lassen Veränderungen nicht zu. Europa ist ein Betrug!»

«Und wir selbst sind Teil davon», wirft Monsieur Guillaume ein. «Wir fahren Auto, wir machen zu viel Müll.»

«Wir kaufen zwar Bio, aber auch das ist Fake. Bio-Honig von irgendwoher: ‹aus EU-Ländern und Nicht-EU-Ländern› steht auf dem Etikett.»

David, Guillaume, David. Hélènes Sopran mischt sich in den Bariton der Männer, heiser und schniefend. Sie scheint Fieber zu haben.

Wir hören dem Wechselgesang der drei gebannt zu. Eine «Jeremiade», ernst und würdig wie eine alttestamentarische Wehklage, wird Winfried am Abend sagen.

Von Weltuntergang ist die Rede. «Pas la fin du monde! Mais la fin d'un monde.» Nicht die Welt an sich ist am Ende, meint David, sondern die Welt, wie sie jetzt ist, die Zivilisation, die rücksichtslos die Ressourcen ausbeutet. «Sehr bald.»

«Das Artensterben ist in vollem Gange, seit Beginn des Anthropozäns», pflichtet Guillaume, der Ingenieur, ihm bei. «Und es geht immer schneller voran.»

Man könnte sie für Spinner oder Sektierer halten. Vieles jedoch spricht dafür, dass sie Realisten sind. Ihr Warnruf basiert auf naturwissenschaftlichen Forschungen, etwa der Atmosphärenforscher, die das «Anthropozän» ausgerufen haben, ein neues Zeitalter, in dem der Mensch, griechisch «Anthropos», die Macht hat, den Untergang des Planeten herbeizuführen. Das pessimistische Szenario der drei Imker wird von Geologen und Biologen gestützt, deren Forschungen die dramatische Beschleunigung des Prozesses nachweisen. In den letzten vierzig Jahren, so heißt es, ist die Hälfte der Arten von der Erde verschwunden.

«Und was sollte man tun?», frage ich.

«Diese Welt wird vor die Wand fahren, daran ist nichts mehr zu ändern», antwortet David. «Wir können nur auf lokaler Ebene etwas dagegensetzen.»

Sein Mas Alavall versteht er in diesem Sinne. Im Wesentlichen geht es darum, das alte Wissen zu retten, vom Landbau und den Tieren. Handwerke zu trainieren, die nächste Generation damit vertraut zu machen und die übernächste. Damit im Fall des Falles, wenn alles am Boden liegt und der Mensch endlich vernünftig geworden ist, ein neuer Anfang möglich ist.

Wenn ich das richtig verstehe, soll Davids sechseinhalb Hektar großer Hof vor allem Lehrzwecken dienen: Permakultur und regenerative Landwirtschaft. Nicht nur im kleinen Maßstab, David träumt von der Umwandlung größerer Flächen in der Region, sieht sich als «Landmanager». Eines der wichtigsten Fächer ist die Imkerei auf Basis der «Apiculture écologique de A à Z».

Guillaumes Buch. Es liegt auf dem Tisch, ein 800-Seiten-Buch im Großformat, mindestens drei Kilo schwer.

«Unsere Bibel», scherzt David.

Wir haben schon darin geblättert, genug, um zu verstehen, dass der Inhalt eher trockener Art ist. Statt der üblichen Fotos Hunderte von Zeichnungen, die minutiös jeden Vorgang erklären – das Markenzeichen des Ingenieurs Guillaume, der im

Berufsalltag Elektroschaltkreise und petrochemische Verfahren visualisiert hat. Und seines Koautors Jean-Marie Frèrès, auch er ein Ingenieur, Spezialist für Flugzeugbau.

Von dem verstorbenen Mitstreiter ist an diesem Nachmittag oft die Rede. Ein unsichtbarer Gast unserer kleinen Tischgesellschaft – wie Pierre Rabhi und Johann Sebastian Bach. Guillaume und der etwas ältere Frèrès waren Nachbarn in einer kleinen Stadt in Belgien, wo ihre Firmen zu Hause waren. Über ihre Leidenschaft für Bienen fanden sie zusammen, und weil ihnen im Beruf der Fortschrittsglauben zunehmend abhandenkam, waren sie als Imker Traditionalisten. In ihrer Freizeit suchten sie nach Lösungen, wie man die Bienen retten könnte.

Poulet au miel et aux pruneaux – Kindheitserinnerung eines Ingenieurs

Nüchtern präzise und zugleich rebellisch ist das Lehrbuch von Jean-Claude Guillaume und seinem Freund Jean-Marie Frèrès. In der «Apiculture écologique de A à Z» wird buchstäblich alles abgehandelt, was der Imker wissen muss, dessen Ziel das Wohlergehen des Bienenvolkes ist.

Überraschenderweise enthält das dicke Buch auch einen Rezeptteil. Das ist, um es höflich auszudrücken, nicht gerade die Spezialität der Autoren. Immerhin haben sie jahrzehntelang notiert, was ihnen über den Weg lief, und aus der Erinnerung aufgeschrieben, was ihre Mütter und Großmütter mit Honig so alles anstellten.

Monsieur Guillaumes Leibgericht, das auch in unserem sonntäglichen Gespräch vorkam: Honighuhn mit Pflaumen. An Feiertagen gab es das manchmal, bei den Großeltern, auf dem Bauernhof in der Île de France, wo er seine Kindheit verbrachte. «Die glücklichste Zeit meines Lebens. Von 1940 bis 1950.» Vom Krieg und der deutschen Besatzung hat man dort offenbar fast nichts gemerkt. «Und wir hatten immer zu essen. Der Hof war autark. Alles war Bio, wie wir heute sagen würden.»

Beste Zutaten, das ist das A und O. Das Huhn sollte ländlich aufgewachsen sein, in frischer Luft, mit viel Bewegung. Es sollte nicht zu jung sein (mindestens vier Monate alt) und nicht zu mager. Auf dem Markt in Céret bekommt man so ein Tier ohne Schwierigkeiten, hierzulande braucht man Beziehungen. Wer in der eigenen Region keine hat, kaufe im Feinkostladen ein Poulet aus der Bresse.

Etwa anderthalb bis zwei Kilo schwer sollte es sein. Weitere Zutaten: 250 Gramm Dörrpflaumen, 100 Gramm gute Butter, 2 Esslöffel fruchtiges Olivenöl, 4 Esslöffel Frühlingshonig, 1 Zwiebel, 1 Teelöffel Zimt und eine Zimtstange, 1 Teelöffel Safranfäden, Salz und Pfeffer.

Das Poulet salzen, pfeffern und in einem schweren Topf in Butter und Olivenöl leicht anbraten. Die gehackte Zwiebel, die Zimtstange und den gemörserten Safran dazugeben sowie 50 Milliliter Wasser.

Eine gute Stunde bei geschlossenem Deckel schmoren, dann das Fleisch herausnehmen und warm stellen.

In das Fett – eine durchgebrutzelte, safrangelbe Mischung von Hühnerfett, Öl und Butter – die über Nacht eingeweichten Pflaumen geben und mit dem Teelöffel Zimt und den vier Esslöffeln Honig 10 Minuten sanft köcheln. Auf diesem süßsalzigen Bett wird das Huhn angerichtet. Monsieur Guillaumes Großmutter reichte gekochte Kartöffelchen dazu. Mir gefällt ein braun gebranntes, krosses Baguette besser, wenn man denn eines bekommt.

Eines Tages werde ich es für Jean-Claude Guillaume und David Mérino zubereiten, die Bienenretter, die fast alles können, außer: kochen.

«Frèrès hat zuerst verstanden, was da Schlimmes passiert. Lange vor mir.» Als er, Guillaume, mit Beginn des Rentenalters nach Südfrankreich gezogen sei, «wegen des Lichts und ohne meine Bienen», habe er mit dem belgischen Freund die Arbeit an dem Lehrbuch fortgesetzt.

«Man findet darin auf jede Frage eine Antwort», lobt Hélène.

«Im Internet hast du auf eine Frage fünfzig Antworten. Was die Imkerschüler da alles anschleppen …» In seinen Kursen, erzählt David, steht auch Medienkritik auf dem Programm.

«Die Zeichnungen, wie man einen Schwarm einfängt, sind einfach super.» Hélènes Erkältung blüht. Vor einer halben

Stunde hat ihr David ein Stückchen Propolis verabreicht, natürliches Antibiotikum aus dem Bienenstock. Seitdem kaut sie darauf herum, sie hält sich tapfer aufrecht. Man ahnt, welche Energie sie an gesunden Tagen hat. Für die beiden erfahrenen Imker ist die beherzte junge Frau eine Freude.

Gemeinsam planen sie eine Kampagne: Fünfhundert Imker mit zwei Völkern! Statt zwei Imker mit fünfhundert Völkern! Auch die Berufsimker machen die Bienen krank, in Frankreich sind sie viel zahlreicher als in Deutschland. «Bienen sind keine Honigmaschinen», wettert Guillaume. «Zwei Völker an einem sauberen Standort, mit vielfältiger Vegetation, das ist die Lösung. Und ein Mensch, der sich ein wenig um sie sorgt und ihre Ruhe schützt.» Kleinstimkerei, Imkerei als Ehrenamt, ein neuer Typus des Imkers – jemand wie Hélène Grasseau.

Sie haben sich gefunden, die drei. Guillaume, der Denker und Tüftler, der Unternehmer David, Hélène, vielbeschäftigte Mutter und Tagesmutter, die der Welt ein Beispiel gibt, dass jeder etwas tun kann. Auf der Visitenkarte, die sie uns überreicht hat, nennt sie sich «Cueilleuse d'essaims», Schwarmfängerin. Eine kleine, witzige Hochstapelei, sie könnte sich auch «Seifensiederin» nennen. Momentan probiert sie in ihrer Küche das alte Handwerk aus, Rezepte mit Bienenwachs und Honig.

Näheres verrät ihr Facebook-Profil: Aufgewachsen im Großraum Paris. Mitglied von Greenpeace und in der Sportmannschaft «Club der verrückten Mütter». Sie liest Pierre Rabhi, liebt die Videoratschläge von Thierry Casanova für gesundes Leben. Eine der Informationsquellen, die sie schätzt, ist ein Internetmedium namens «Le 4e singe», «der 4te Affe». Im Logo die berühmten drei Affen, die nichts hören, nichts sehen, nichts sagen – und ein kleiner, der mit einer Lupe den Globus betrachtet, neben ihm ein aufgeschlagenes Buch.

Nirgends sonst in Europa sind mir Imker begegnet, die ihr Metier ausschließlich von der Biene her denken. Bienen*zucht* ist ihnen daher fremd, ihrer Meinung nach sollte der Mensch nicht die Paarung beeinflussen. Auch das ist überraschend für mich. All die Themen, die in Imkerkreisen gang und gäbe sind, Rasse, Honigleistung, der Hype um die besten Königinnen, kommen an diesem Sonntagnachmittag nicht vor.

Auf meine Frage danach sagt David: «Die Bienen sind, wie sie sind. Es ist nicht gut, dass in den letzten hundert Jahren fremde Rassen eingeführt wurden und die einheimische schwarze Biene verdrängt haben. Aber wir können das Rad der Geschichte nicht zurückdrehen. Königin und Drohnen finden sich eben, bei der Paarung siegt die Vitalität.»

Nach Möglichkeit fängt David Schwärme ein. Wenn er Völker oder Königinnen kaufen muss, dann nur aus der Region. «Bastarde, angepasst an die hiesigen Umstände. Und schön sind die Bienen alle.»

Immer noch stochert er in den Wabenstücken herum, als suche er darin Erklärungen für den Tod seiner Völker. Auf dem Zeigefinger hat er kristallisierten Honig. «Aus dem Nektar einer Spätsommerblume», vermutet er, ihr Name fällt ihm gerade nicht ein. In einer Zone mit dunklen Wachszellen findet er fast flüssigen Honig. «Maienblüte?» Monsieur Guillaume und Hélène, wir alle sind mit Fingern und Teelöffeln auf Entdeckungsreise. Hier schmeckt es anders als dort. Offenbar gibt es verschiedene Parzellen, in denen jeweils andere Blütentrachten eingelagert sind.

«La mémoire de l'été», «das Gedächtnis des Sommers», sagt Guillaume melancholisch.

«Ja, wirklich», seufzt David. «Es war ein besonders schöner Sommer. Zwischen den Bauarbeiten hab ich manchmal auf der Wiese gelegen und den Bienen zugehört. Mit geschlossenen Augen weißt du, ob eine Arbeiterin einen Bogen fliegt, ob sie ein Tänzchen aufführt. Wenn sie sich auf einer Blüte niedergelassen hat, ist Pause mit dem Gesumm. In diesem Sommer ist mir zum ersten Mal aufgefallen, dass Bienen in Do summen.»

Er geht zum Klavier und schlägt das Do an, den tiefen ersten Ton der Tonleiter. «Dooo», singt er. «Dooo, dooo. Erkennt ihr es?»

David wird sich nicht unterkriegen lassen, glaube ich.

Wochenmarkt in Céret

Während ich dies aufschreibe, breitet sich der Frühling aus. Auf dem Massif du Canigou schmilzt der Schnee, wir beobachten, wie das Revier des Winters täglich kleiner wird. Die Kamelien vor unserem Haus haben dicke rote Knospen. Die erste ist heute aufgeblüht, am dem Tag, als die Sicherheitskonferenz in München zu Ende geht. Am Horizont neue Kriege, so das düstere Fazit, womöglich eine Konfrontation der Großmächte. Eigentlich leben wir hier weitgehend ohne Nachrichten, aber manches erreicht einen eben doch.

Am Samstag ist es warm und nahezu windstill. Der Canigou liegt im Dunst, weiß verschleiert, unsichtbar fast. Wir hätten ohnehin keine Augen für ihn, denn es ist Wochenmarkt in Céret. Alles strömt dorthin. Am Stadtrand gibt es morgens um zehn schon keine Parkplätze mehr. Gedränge in der Rue Jean-Jaurès und in den umliegenden Straßen, ein freudiges Begrüßen, Einkaufskörbe, die überquellen von Karotten, Orangen, jungen Artischocken, Flaschen mit Olivenöl. An uns vorbei drängelt eine elegante Dame mit Hund und einem Bund Mimosen unterm Arm.

«C'est magique», ruft ein junger Mann. Er steht rauchend

vor der Tür eines Cafés und küsst, zwischen zwei Zügen, seine Freundin, ein Mädchen mit Rasta-Zöpfen. Seit einer Ewigkeit ist es nicht mehr so schön gewesen, bestätigt sie.

Der hagere Artist, der mit Mandarinen jongliert, ist wieder da. Am selben Platz, unter der größten Platane des Ortes, wie im letzten Februar. Auch der Mann mit Lederhut, ein Aussteiger aus Lyon, soweit ich weiß, der sich vor zwanzig Jahren oder mehr in die Berge verzogen hat. Außer Ziegenkäse hat er jetzt auch Eier, in verschiedenen Farben, etwas Hühnerkacke klebt noch daran. Die meisten Produkte sind hier aus der Region, es scheint mehr Bio-Produzenten zu geben als früher. Junge Leute, die neu angefangen haben. Mit ein paar Milchkühen, Gemüse oder mit etwas ganz anderem, zum Beispiel exquisiten Pralinen, eine Madame Florence Losa fabriziert sie, in einem Dorf am Tech.

Neu ist die Präsenz Kataloniens, vor ein paar Jahren war die Fahne nur vereinzelt, in Cafés, zu sehen, zusammen mit Wimpeln des FC Barcelona. An diesem Samstag ist sie überall. Das rot-gelb gestreifte Bekenntnis schmückt Plakate, Einwickelpapier und Banderolen. Sogar die traditionelle *boudin aux cérises*, die Blutwurst mit heimischen Kirschen, trägt den Zusatz «catalan».

Fünf Honigstände zählen wir. Bei einem Jungimker, Gaetan, probieren wir «Miel de Callune», Honig aus der Besenheide. Sechs, sieben Sorten bietet er an. Mit seinen Völkern, erzählt er, wandere er durch die verschiedenen Habitate, bis hoch hinauf in die Berge. «Weg von den Kirschplantagen. Sie haben dort immer gespritzt, aber jetzt ist es die Hölle!» Sein Zorn kommt aus dem Herzen. Man traut ihm zu, dass er auf die Barrikaden geht. Ein *moderner Imker*, wie David sagen würde, ein Ausbeuter. Zugleich ein Verbündeter, denn er hat mit denselben Problemen zu kämpfen. «Le frelon asiatique est une calamité», klagt Gaetan, die neue Hornissenart habe sich schon bis ins Gebirge ausgebreitet.

Céret erscheint uns lebendiger denn je. Dem Schicksal vieler Landstädtchen, die niedergehen, ist es glücklich entronnen. Der politische Rückenwind aus dem spanischen Südkatalonien hat ihm gutgetan, eine Aufwertung der von Paris lange unterdrückten regionalen Identität. Auch die Erforschung der Geschichte macht Mut, man hat die Kriegsjahre wiederentdeckt, als die Céretaner Verfolgten aus Deutschland auf Schleichwegen über die Grenze halfen. Und Flüchtlingen aus Franco-Spanien Brot und Arbeit gaben, die *Retirada* 1939 ist Teil vieler Familienbiographien.

«Mon grandpère s'est enfuit de Barcelone», erzählt ein Mann um die vierzig, der Schafskäse verkauft. Vor seiner Flucht aus Barcelona sei der Großvater Lehrer gewesen. «Er war froh, hier in den Weinbergen arbeiten zu können.» Wir bleiben eine Weile am Stand stehen, wundern uns, dass neben der Kasse ein Band des Lyrikers Apollinaire liegt.

«Ihr kennt Apollinaire?», wundert er sich seinerseits. «Wisst ihr, dass der verdächtigt wurde, die Mona Lisa aus dem Louvre geklaut zu haben, gemeinsam mit seinem Freund Picasso?»

«Nein, so was!»

«1911. Im selben Jahr ist Pablo Picasso zum ersten Mal nach Céret gekommen. In Céret kennt man solche Geschichten. Alles, was mit Picasso zu tun hat. Mit Chaim Soutine und all den Malern, die hier waren.»

«Ihr habt Straßen nach ihnen benannt.»

«Céret war das Mekka des Kubismus. Et imaginez-vous! Mein Großvater hat hier auf dem Boulevard Picasso gesehen, bei seinem letzten Besuch, 1953.»

Fast alle Tische vor der Bar «Le Pablo» sind besetzt. Man lässt sich von der Sonne bescheinen. Kurz vor Mittag sind einige schon beim Apéro. Es wird geredet, gelacht. «Le soleil!» In jedem zweiten Satz kommt das Wort vor. Wie berauscht sind alle, auch Winfried und ich. Wir schauen nach oben, in die Gipfel der noch kahlen Platanen, die hoch in den blauen Himmel ragen.

Die Platanenalleen sind das Schönste und Eigentümlichste in Céret. Das fanden schon die Maler, vor hundert Jahren. Damals schon waren sie um einiges größer als die dreistöckigen Bürgerhäuser. Geradezu besessen davon war Chaim Soutine, ein bitterarmer, verzweifelter junger Mann aus dem Zarenreich. In den drei Jahren, 1919 bis 1922, die er in der Künstlerkolonie verbrachte, stellte er immer wieder seine Staffelei auf der «Place de la Liberté» auf, um die Bäume zu malen.

Wie so oft kreuzen sich unsere Gedanken. «Weißt du noch?», sagt mein Gefährte. «Tübingen?» Vor sehr langer Zeit haben wir dort, in der Kunsthalle, eines von Soutines Platanen-Bildern betrachtet. Flammende Farben, stürzende Linien, die Bäume scheinen die Häuser zu umarmen oder zu erwürgen. Das ist uns beiden in Erinnerung geblieben.

«Die Bürger von Céret dürften davon nicht allzu begeistert gewesen sein.»

«Na ja, sie waren Provinzler, damals.»

Später ist Soutines Ruhm auf das Städtchen gefallen, es hat ihn eingeheimst, «unsere» Platanen, «unser» Gast, «bei uns» hat alles begonnen. Es gibt eine *Place Soutine*, von Platanen umstanden. Im Museum wird die Geschichte seines Aufstiegs erzählt: von einem weißrussischen Dorfjuden, Sohn eines Flickschusters, der vom Malen träumte, sich aus der Enge des Schtetl befreite und nach Paris ging, mit den Bildern aus den Jahren in Céret, zweihundert sage und schreibe, den Durchbruch schaffte, einem amerikanischen Millionär sei Dank. Ein modernes Märchen, es ist heute Teil von Céret.

«Eine Stadt der Träumer!» Sagt es Winfried? Oder ich?

Ein Sehnsuchtsort offenbar, für viele – Bauern aus der Umgebung, Künstler, Heimatlose. Hatten wir es früher nicht bemerkt? Irgendwer hat mal gesagt, dass es Plätze gibt, die Träumer anziehen, deren Träume zurückwirken auf diese, sich dort anlagern und spätere Generationen wärmen. David Mérino mag bei der Wahl seines Standortes etwas Ähnliches gedacht haben. Auf jeden Fall ist die Nähe zu der vitalen kleinen Stadt ein Glück. Mit seinem Vorhaben, die Bienen zu retten, ist er in guter Gesellschaft.

«Genau so werde ich es aufschreiben.» Bis zur Abreise will ich es schaffen.

«Und vergiss nicht den Hund auf der *Place Picasso* zu erwähnen!»

Ideen hat der Mann. «Welchen Hund?»

«Der schwarze, der im eiskalten Brunnen gebadet hat.»

Wiedersehen mit Galina

Eine russische Imkerin behauptet sich

«Ulotschka moja», jubelt Olga.

«Oletschka, liebe Oletschka.» Eine Ewigkeit haben wir uns nicht mehr gesehen.

Über Nacht war ich bei alten Freunden, nicht weit von hier, im Dorf Bitėnai. Olga ist mit dem Auto aus der Hafenstadt Klaipėda gekommen, wo sie ihren Mann Pavel verabschiedet hat. Für einige Monate wird er auf See sein, als Steuermann eines Frachtschiffes.

Treffpunkt Luisenbrücke, auf der litauischen Seite der Memel. An der Grenzstation Panemunė kann man sich nicht verfehlen.

«Wir haben Zeit!», sagt Olga. «Galina ist bei den Bienen, sie erwartet uns erst morgen.»

Die übliche Warteschlange vor der russischen Grenze. Nach einer Stunde haben wir es bis zur Mitte der Brücke geschafft. Vor uns die graue Stadt Sowjetsk, das frühere Tilsit, unter uns der Strom. An diesem fast sommerlichen Tag im Mai fließt er träge dahin. «Es hat keinen Eisgang gegeben im Winter», erzählt Olga, «und im Frühling war kaum Regen.» Ihr Deutsch ist makellos, nicht der kleinste russische Akzent. Immer wieder schauen wir uns an und können es nicht glauben: Fünfundzwanzig Jahre sind vergangen. Ein Vierteljahrhundert!

1991 sind wir uns zum ersten Mal begegnet. Auch damals war Mai, der letzte Mai der sowjetischen Zeit. Drei Monate später, im August, war die UdSSR zerbrochen. Das russische Kaliningrad war fortan eine Exklave. Litauen am nördlichen Ufer der Memel wurde eine von Moskau unabhängige Republik.

Aufregende, gefährliche, unvergessliche Wochen! Gerade war das Kaliningrader Gebiet, seit 1945 militärischer Sperrbezirk, für westliche Ausländer geöffnet worden. Wir streiften kreuz und quer durch die verwildernde Agrarlandschaft, durch armselige Dörfer und triste Städtchen. Olga Slavianskova war meine Dolmetscherin. Sie war mehr als das, viel mehr. Die Kaliningraderin erzählte mir von der Sowjetunion, ich wiederum kannte die deutsche Vergangenheit ihrer Heimat – wir ergänzten einander in vielerlei Hinsicht. Aufgrund der außergewöhnlichen Umstände kamen wir uns schnell nahe.

Beide hatten wir große Angst, es könnte Krieg geben. Angst, unter die Räuber zu fallen, Angst, verhaftet zu werden, sehr reale Gefahren damals. Gleich zu Anfang gerieten wir versehentlich auf einen Truppenübungsplatz, waren plötzlich umgeben von Panzern und Soldaten – und hatten Glück, der Offizier ließ uns laufen gegen eine Schachtel Zigaretten. Unser Anblick, glaube ich, wirkte auf viele hier irgendwie komisch. Olga und ich waren wie Pat und Patachon: Sie klein und elegant. In Plisseerock und Pumps spazierte sie durch sumpfige Wiesen und Kuhställe. Ich eher wie ein Bursche, in Räuberzivil, mit Hang zum Leichtsinn, schon aus hundert Metern Entfernung als Fremde erkennbar.

Wir entwickelten allerhand Strategien, vor der bedrückenden Wirklichkeit Reißaus zu nehmen. Olga zum Beispiel erzählte von Pavels Abenteuern auf See, von Piratenüberfällen und sprechenden Papageien, halbe Tage verbrachten wir in Gedanken auf den Weltmeeren. Abends, in wechselnden schäbigen Hotels, redeten wir über Sprache. Unter anderem hatten wir einen Wettbewerb: Wessen Sprache hat mehr Kosenamen, deine oder meine? Sosehr ich mich anstrengte, das Russische siegte haushoch, und Olga bestand darauf, mir alle zärtlichen Worte beizubringen.

«Dorogaja, kositschka, solnyschko, golubtschik. Weißt du noch, Oletschka?»

Olga würgt den Motor ab, so sehr muss sie lachen. «Mein Schatz, mein Sönnchen, Mausi, Hasilein.» Sie hat unser Spiel nicht vergessen.

Die Autoschlange will sich nicht vorwärtsbewegen. Im Warten sind wir – noch aus Sowjetzeiten – routiniert. Ich hole mein Tagebuch von damals aus dem Rucksack und lese Olga aus den alten Vokabellisten vor. «Kuckuck = Kukuschka. Anmerkung: Nach deutschem Aberglauben vermehrt sich pro Kuckucksruf das Geld in der Tasche. In Russland sagt der Kuckuck, wie viele Jahre du noch zu leben hast.» Einige Wörter stammen von der Imkerin Galina: Bienenkönigin, russisch «matka», die Mutter. Bienenvolk ist «semja», also Familie. Eine Vorstellung, die mir sehr gefiel: Bienen als Großfamilie, nicht wie im Deutschen eine Monarchie.

«Was willst du eigentlich von Galina?», fragt Olga.

Vor Wochen schon hatte ich ihr telefonisch von meiner Reise durch Europa erzählt. Und dass die verrückte Idee hier entstanden ist, der Tag im Mai 1991, den wir in Galinas Imkerei verbrachten, der erste Auslöser dafür war und ich nun wieder dorthin will, wo alles angefangen hat. Wie sich herausstellte, hatte auch Olga diese Begegnung in angenehmer Erinnerung, allerdings nur sehr vage. Inwieweit das, was ich Olga erzähle, der Wirklichkeit von damals gerecht wird, weiß ich nicht, mit Sicherheit ist eine gewisse Romantik im Spiel.

Jasnaja Poljana, das ehemalige Trakehnen, war der traurigste Ort im russischen Ostpreußen. Die Gebäude des herrschaftlichen Landgestüts, das glanzvollste einst in Preußen, waren völlig heruntergekommen. Und auch der Sowchos, der nach

1945 dort eingezogen war und das Landstallmeisterhaus, Pferdeställe und die umliegenden Vorwerke in Besitz genommen hatte, schien am Ende. Menschen ohne Hoffnung, die sich selbst aufgegeben hatten. Wir waren krank von den Geschichten, die sie uns erzählten. Da schickte uns der Himmel Galina!

Sie kam aus einem alten deutschen Haus, in einer rot geblümten Kittelschürze, Gummilatschen an den nackten Füßen. Schnellen Schritts überquerte sie die Straße, hüpfte über eine ölige Pfütze. An ihrem Handgelenk baumelte ein seltsamer Hut, wie Imker ihn tragen.

Mehr als hundert Bienenvölker standen auf der blühenden Wiese. Unsere Gesellschaft schien Galina nicht im Geringsten zu stören. Wir sahen zu, wie sie sich umkleidete und dann die Bienenhäuser inspizierte. Sie hantierte mit stoischer Ruhe, jede ihrer Bewegungen war konzentriert und präzise. Im Gegensatz zur Milchwirtschaft des Sowchos war Galinas Reich intakt, und ich fragte mich, ob dies mit der besonderen Tätigkeit zu tun hat.

«Kennst du das, Olga, wenn dir etwas nicht mehr aus dem Kopf geht? Für mich war sie eine Lichtgestalt. Wie man halt Menschen idealisiert. Ein paar Jahre später hat sie zu mir Kontakt aufgenommen. Über eine ostpreußische Gräfin hat sie mir einen Eimer Honig zugeschickt und ausrichten lassen, dass sie nach Deutschland umsiedeln will. Ob ich nicht einen Mann für sie wüsste?»

«So was gab es damals», seufzt Olga, «ziemlich oft sogar. Aber vielleicht hast du sie auch missverstanden.»

«Vielleicht. Es klang jedenfalls wie ein Hilferuf. Irgendetwas musste passiert sein.»

Plötzlich setzen sich die beiden Lastwagen vor uns in Bewegung. «Ulotschka, dein Pass! Mach schon!» Olga steckt mich an mit ihrer Nervosität.

«Lächeln, Oletschka!»

Nach zwei Stunden Warten sind wir in Russland. Bald liegt Sowjetsk hinter uns. Hinter der alten Ordensburg Ragnit biegen wir ab und rollen auf einer schmalen, kaum befahrenen Landstraße Richtung Süden. Unbebaute Äcker wie in den neunziger Jahren, manche verbuscht, man könnte meinen, die Zeit ist stehengeblieben. Doch sie steht niemals und nirgends still.

Morgen werden wir Galina wiedersehen! Das Einzige, was wir von ihr wissen: Sie hat immer noch Bienen, etwa vierzig Völker, und wohnt allein, im selben Haus wie früher. Und noch etwas Trauriges, das Olga telefonisch von ihr erfahren hat: Ihr Sohn sitzt im Gefängnis.

Unser Wagen hoppelt über unbeschrankte Bahngleise, gleich werden die ziegelroten Insthäuser auftauchen, und dann hat Jasnaja Poljanas Hauptstraße uns wieder.

Auch diesmal empfängt uns das ohrenbetäubende Geschrei der Krähen. Ihr Hauptquartier ist noch an derselben Stelle, in den uralten Bäumen mitten im Zentrum, als wären sie die Herrscher des Ortes. Statt der Sowchos-Verwaltung ist heute ein Laden der Treffpunkt der Bewohner, «Mini-Market Trakehnen» steht über dem Eingang, in kyrillischen und lateinischen Buchstaben. Spätnachmittagstrubel – Kinder und junge Mütter, Jugendliche in Kapuzenpullis und Trinker. Man sonnt sich, schwatzt miteinander, vor oder nach dem Einkauf. Neugierig schauen wir durchs Fenster und lassen uns verlocken hineinzugehen. Gutgefüllte Regale mit fast allen Grundnahrungsmitteln: Brot, Konserven, Räucherfisch, Alkohol. Allein acht Sorten Flaschenbier, Wodka natürlich.

«Guck mal, Olga! Rotwein aus Chile!»

Die konsumverwöhnte Kaliningraderin staunt nicht schlecht. «Gospodi! Jahrgang 2013, trocken!»

Außer dem kleinen Supermarkt entdecken wir nicht viel Erfreuliches. Die imposanten Pferdeställe sind noch weiter verfallen und stehen leer, 1991 beherbergten sie immerhin noch Milchkühe. Nur das preußische Landstallmeisterhaus, in dem seit 1945 die Dorfschule residiert, wird in Ehren gehalten. Frisch gestrichen in Weiß und Hellgrau, verbreitet es den Charme eines russischen Landgutes.

Und da steht er, der bronzene Hengst! Ich hatte schon in deutschen Zeitungen von ihm gelesen: «Tempelhüter», der berühmteste Deckhengst Trakehnens. Eine Replik der Statue, die 1945 als Siegestrophäe nach Moskau gebracht wurde. Gestiftet und wieder aufgestellt von einem Verein deutscher Enthusiasten. Das lebensgroße edle Pferd wirkt im postsowjetischen Jasnaja Poljana wie ein Alien, wie ein Wesen aus einer anderen Galaxis.

«Erinnerst du dich an Nikolai Dmitrijewitsch?», fragt Olga.

«Den Sowchos-Vorsitzenden?» Natürlich erinnere ich mich an den gebürtigen Donkosaken, der an die Wiederauferstehung Trakehnens glaubte. Er war einer der wenigen seinerzeit, die Träume hatten.

Wovon mag Galina damals geträumt haben?

Mein Zimmer im Gasthaus ist fast so geräumig wie ein Ballsaal. Ein überdimensionierter japanischer Fernseher; alles andere, Lackmöbel, weinrote Gardinen, ist aus der sowjetischen Epoche. In der Nacht höre ich die Krähen lärmen.

Mit Bienen in die neue Zeit

Ihr Haus ist heute fliederfarben. Vor nicht allzu langer Zeit hat man seine ziegelrote deutsche Vergangenheit unter Putz gelegt. Am Zaun ein handgemaltes Schild: «Med», «Honig».

«Oletschka! Ulotschka!» Galina umarmt uns. Rund ist sie

geworden in fünfundzwanzig Jahren. Auf dem Hinterkopf trägt sie eine Krone aus dunkel gefärbten Haaren. Scheu und Schüchternheit von damals scheinen völlig verflogen, vor uns steht eine resolute, selbstbewusste Frau. Nur ihr offenes, klares Gesicht hat immer noch etwas Mädchenhaftes.

«So eine schöne Haut hast du!», sagt Olga bewundernd.

«Hast du das etwa vergessen, Oletschka?» Sie spielt die Entrüstete und stemmt die Arme in die Seiten. «Du musst nach der Banja den Körper mit Honig einreiben.»

Olga übersetzt jeden Satz. Ob wichtig oder unwichtig, sie übermittelt genauestens jede Nuance.

«Galina schlägt vor, Tee zu trinken.»

In die aufgeräumte Wohnküche scheint die Sonne durch frischgeputzte Fenster. Allerhand weiblicher Krimskrams, farbige Tücher, hoch oben in einer Ecke thront die Heilige Jungfrau Maria, im barocken Plastikrahmen.

«Normalno», antwortet Galina auf unsere Frage, wie es ihr geht. «Normal», das kann in Russland so ziemlich alles heißen, gut oder nicht so gut, wie das Leben eben spielt. Offiziell ist sie Rentnerin, laut Gesetz durfte sie als Frau schon mit fünfundfünfzig Jahren in Pension gehen.

«9000 Rubel Rente im Monat, das ist nicht gerade viel. Das Geld rinnt weg wie Wasser. Aber die Bienen bringen was ein, und das Haus gehört mir.»

9000 Rubel, also ungefähr 130 Euro, rechnet Olga, plus Zubrot. Für Jasnaja Poljana eine ziemlich solide Existenz. Unterdessen stellt Galina ein Schälchen Honig auf den Tisch, «Löwenzahnblüte vom letzten Jahr», und drückt Olga und mir einen Löffel in die Hand. «Und? Bei euch alles normal, Mädels?»

Ich kann meine Ungeduld nicht mehr zügeln: «Erzähle, wie bist du zu den Bienen gekommen?»

«Ich wurde dazu verdonnert!» Sie lacht verschmitzt. «Das

war so: Wir hatten hundertdreißig Bienenfamilien im Sowchos, und der Imker war schon alt. Der Genosse Vorsitzende wollte, dass ich das übernehme. Aber ich war Melkerin! Wie sollte das gehen? Mein Mann hat mir zugeraten und war bereit, die Kinder zu versorgen, wenn ich zur Schulung nach Kaliningrad gehe. Das hab ich gemacht, im Winter 1987. Danach hab ich noch zwei Jahre dem alten Imker bei der Arbeit zugesehen.»

Sie war also eine Anfängerin, als wir sie 1991 trafen. Wer hätte das gedacht. «Und was hat dich an den Bienen interessiert?»

«Nichts. Nur die Arbeit mit ihnen, die mochte ich. Die Ruhe, das Alleinsein, nichts Böses ringsherum.»

Genau das hat sie ausgestrahlt, damals im Mai. Während sie an den Bienenkästen arbeitete, schien sie sich in einer anderen Sphäre zu bewegen, fernab vom traurigen Jasnaja Poljana und der brodelnden Sowjetunion. Unmittelbar vor deren Ende also war ihr diese Aufgabe zugefallen, und wider Erwarten erfüllte sie diese mit Freude. Seitdem war Galina nicht mehr eine von vielen Melkerinnen, sondern *die* Imkerin des Sowchos.

Und plötzlich, im August, existierte diese Kollektivwirtschaft nicht mehr. Das Land und die Tiere, Maschinen und Inventar, alles wurde privatisiert, dabei ging es wüst zu. Wie hat es Galina geschafft, die Imkerei in ihren Besitz zu bringen?

«Bienen verbinden mich mit der Natur.» Sie ist mitten im Reden, ich werde sie nicht unterbrechen. «Früher, in meiner Kindheit, war sie sehr schön, viel angenehmer als heute. Meine große Schwester und ich haben draußen Ball gespielt. Oder Schneeballschlacht mit den Nachbarjungen. Wir hatten früher sehr starke Winter. Im Sommer waren im Garten viele bunte Blumen.» Anscheinend hat sie eine enge Bindung an ihren Geburtsort.

«Manchmal haben wir in der Erde Geschirr oder Löffel und Gabeln aus Silber gefunden. Die Deutschen hatten so schöne

Sachen! Meine Mutter kannte noch Deutsche, denn sie war schon im Krieg in Ostpreußen.»

«Als Zwangsarbeiterin?»

«Ja. Sie hat sogar noch die Pferde gesehen. Und die weißen Zäune und die sauberen Straßen. Sie hat sehr oft davon gesprochen.»

Solche Familiengeschichten habe ich im Kaliningrader Gebiet oft gehört. Galinas Mutter wurde als Vierzehnjährige aus der Gegend von Smolensk zur Feldarbeit nach Ostpreußen verschleppt. Nachdem die Deutschen geflohen waren und die Rote Armee gesiegt hatte, blieb sie. Galinas Vater, ein Weißrusse, geboren 1925 bei Brest, war einer der jungen Leute, die die Staatsmacht anwarb, um das eroberte Territorium zu besiedeln. Er hatte im Radio gehört, dort gebe es Arbeit und Zehntausende herrenlose Häuser. Sein Elternhaus und sein Dorf hatte die deutsche Wehrmacht verbrannt, nur mit einem Bündel auf dem Rücken kam er 1948 nach Jasnaja Poljana. Es konnte nur besser werden, wenigstens für die Kinder und Kindeskinder.

Galina wurde die Aufgabe in die Wiege gelegt, die Hoffnungen ihrer Eltern nicht zu enttäuschen. «Ich war brav. Sehr gehorsam.» So schildert sie sich. Keine besonders gute Schülerin, aber fleißig. Da ihr Vater nur eine Klasse besucht hatte und ihre Mutter Analphabetin war, wusste sie, was für ein Privileg das Lernen ist.

«Ich war eine gute Melkerin. Und dann eine gute Imkerin.»

Auch privat verlief ihr Leben in vorgeschriebenen Bahnen: Heirat mit achtzehn, ein Jahr später das erste Kind. Zweifel am Kommunismus hatte sie nie, sie nahm ihn als gegeben hin, sie kannte ja nichts anderes. Bis heute ist sie stolz auf den zweiten Preis, den sie 1991 im Wettbewerb um die größte Honigernte für ihren Sowchos gewann.

«Warst du traurig, dass es die Sowjetunion nicht mehr gab?»

«Natürlich war ich traurig. Gorbatschow hat alles kaputtgemacht. Jeder war traurig. Wir wussten nicht, was aus uns wird.»

«Warst du nicht gerade frisch geschieden?» Ich erinnere mich, dass sie uns damals davon erzählt hatte – mit einer gewissen Erleichterung.

«Ja, mein Mann war Trinker. Besser die Kinder alleine großziehen, dachte ich.»

«Und worauf hast du gehofft?»

«Ich wollte mit den Bienen weitermachen. Ich war doch für sie verantwortlich! Und plötzlich …», sie hält mitten im Satz inne. «Plötzlich, frühmorgens, kam dieser fremde Kerl daher.» Zornesröte steht ihr im Gesicht.

Olga und ich halten den Atem an. «Was für ein Kerl?»

«Er fragte mich nach dem Weg. Und dabei erfuhr ich ganz zufällig: Der wollte meine Imkerei kaufen! Ich bin sofort in die Verwaltung zu Nikolai Dimitrijewitsch. Wenn du die Bienen willst, sagte er, musst du bis morgen Mittag 40 000 Rubel auf den Tisch legen!»

Eine Riesensumme! In meiner Phantasie hatte ich es mir ähnlich dramatisch vorgestellt. Solche Geschichten passierten damals tausendfach und überall. Für die Privatisierung gab es zwar Gesetze, in der Praxis jedoch nutzten die alten Eliten ihre Machtpositionen und das Chaos, um sich zu bereichern und Freunden etwas zuzuschanzen. Zum Beispiel bekam jeder Sowchos-Arbeiter neuneinhalb Hektar Land, ob Traktorist oder Melkerin, Veterinär oder Kuhhirte. Mancher verkaufte es gleich weiter an eben diese Mächtigen, so tat es auch Galina. Der Nächste versoff es. Der Dritte versuchte als Kleinbauer sein Glück, was angesichts der Umstände nicht sehr erfolgversprechend war, und so verkaufte er schließlich auch. Den Erlös fraß oft die galoppierende Inflation. Und damit war das Drama noch lange nicht zu Ende.

Im Fall Galina hatte es ein Happy End: Buchstäblich in letzter Sekunde konnte sie die Imkerei kaufen. Einzelheiten gebe ich hier nicht wieder, denn einige der Beteiligten leben noch. Gesagt sei nur, dass Galinas Eltern ihre gesamten Lebensersparnisse opferten. Und wohl auch höhere Mächte ihre Hand im Spiel hatten. «Gott und die Engel haben mich beschützt», glaubt sie bis heute, felsenfest.

Mir scheint, das noch größere Wunder war ihre Verwandlung in eine Unternehmerin. Wenige Jahre zuvor waren die Bienen in ihre Hände gelangt, weil sie gehorchte. Um sie zu behalten, musste sie das Gegenteil tun, nämlich ihren eigenen Kopf durchsetzen. Ab sofort musste sie selbst entscheiden, planen, managen, Risiken tragen.

«Wie hast du das alles gelernt?»

«Die Bienen waren auf meiner Seite! Das waren goldene Jahre. Viel Honig! Zur Erntezeit war jeder Kasten so schwer, vier Männer konnten ihn kaum tragen.»

Jeder Imker kennt solche Ausnahmejahre. Aber Galina spricht von einem Jahrzehnt – in den neunziger Jahren sei die Natur förmlich explodiert: «Es blühte wie verrückt.»

Dies hing mit dem Verfall der Landwirtschaft zusammen. Bereits 1991 war er im Gange, auch für Olga und mich auf unseren Fußwanderungen durchs Gebiet deutlich sichtbar. Weniger Kühe, weniger Dung, für Kunstdünger wiederum war kein Geld da, also wurden die Böden magerer. Auf den ungenutzten Wiesen und unbebauten Feldern breitete sich artenreiche Wildnis aus. Da es in den Läden nichts zu kaufen gab, pflanzten viele wieder Obst und Gemüse an, sogar Städterinnen wie Olga. So viel Bienenweide war nie.

Noch etwas kam hinzu. Galinas Kundschaft vermehrte sich, und zwar schlagartig.

«Die Invasion der Deutschen», wie es damals allgemein hieß.

«Am Anfang hatten wir nur Angst vor ihnen. Was wollten die hier?»

Jährlich reisten Zehntausende ehemalige Ostpreußen ins Kaliningrader Gebiet. Jeder suchte seinen Heimatort und sein Elternhaus, und fast alle wollten im berühmten Trakehnen Station machen. An Sommertagen standen vier, fünf Busse vor dem Landstallmeisterhaus.

«Sie brachten Geschenke mit. Manchmal habe ich vor meinem Haus ein Paket mit Süßigkeiten und Kleidern gefunden.»

Offenbar hat Galina ziemlich schnell verstanden, dass diese Deutschen trauerten und in aller Regel nichts Böses im Sinn hatten. Mit der Zeit entwickelten sich Geschäftsbeziehungen zu ihnen. Honig war ein ideales Mitbringsel aus der verlorenen Heimat und sie als Person eine Hoffnungsträgerin. Galina dürfte viele bezaubert haben, nicht nur mich. Damals wohl entstand bei ihr der Wunsch, im reichen Deutschland zu leben.

Zumal ihr Jasnaja Poljana von Jahr zu Jahr fremder wurde. Es war nicht mehr das Dorf, in dem sie aufwuchs und das sie als ihre Heimat ansah. Das Hauen und Stechen nach 1991 hatte seine Spuren hinterlassen und das Zusammenleben nachhaltig vergiftet. Viele gingen fort in die Stadt, neue Leute kamen: Russlanddeutsche aus Kasachstan, in großer Zahl strömten sie nach Jasnaja Poljana.

Auf die Neusiedler ist Galina nicht gut zu sprechen. «Das sind keine Hiesigen. Keine Russen wie wir. Und das sind auch keine Deutschen.» Diejenigen, die noch etwas deutsch waren, seien nach Deutschland ausgesiedelt, die anderen, die keine Papiere bekamen, seien in Jasnaja Poljana geblieben. «Sie haben von Asien Cannabis mitgebracht. Das wächst überall in den Gärten.»

Galina gibt den Russlanddeutschen die Schuld am Unglück

ihres Sohnes: «Er hat immer nur Alkohol getrunken. Sie haben ihm Drogen gegeben und ihn in ihre schmutzigen Geschäfte hineingezogen.» Wieder packt sie der Zorn. Ihre grünbraun gesprenkelten Augen füllen sich mit Tränen. «Man hat ihn zu sechs Jahren verurteilt. Das ist viel zu viel.»

Ihr Sohn im Kaliningrader Gefängnis, ihre Tochter «weit weg, in Astrachan». In der Familie reißt der Kummer nicht ab.

Olga hält solche Geschichten nicht aus. «Können wir nicht die Bienen besuchen?»

Galinas Insel

Im Hinausgehen treffen wir Nikolai, einen von Galinas Helfern. «Alles ruhig bei den Bienen», berichtet er. «Sie schwärmen noch nicht.»

«Besuch aus Deutschland?», ruft eine Nachbarin über den Zaun. Anscheinend hat sie auf uns gewartet. «Das ist ja schlimm bei euch. Warum seid ihr Deutschen so dumm und lasst diese Araber ins Land?» Galina stimmt ihr zu und zieht uns energisch weiter.

Der Trampelpfad windet sich zwischen kleinen Äckern. Auf einigen Parzellen setzen Frauen und Kinder Kartoffeln. Barfuß hocken sie in den Furchen, genießen allem Anschein nach den Kontakt zur sonnenwarmen Erde. Niemand grüßt. Auf einer Brücke hält Galina kurz an und schimpft:

«Die schmeißen alles in die Pissa!»

Pissa – der alte ostpreußische Name. Seltsam, dass die sowjetische Administration bei der Umbenennung der Orte die Wasserläufe verschont hat. Schon 1991 war das Flüsschen zugemüllt, jetzt ist es nur noch ein Rinnsal.

Hinter der Uferböschung beginnt Galinas Reich. Es ist

gelb von Löwenzahn, genau wie damals, hübsch möbliert mit pastellfarbenen, außergewöhnlich großen Bienenkästen. Am rechten Rand der Wiese drei geräumige Bretterbuden, Werkstatt, Depot, Sommerküche – das Quartier der Imkerin, für ein längeres Verweilen eingerichtet. Sogar eine Schlafkammer gibt es, mit weißen Vorhängen und einem Kanonenofen. «Jetzt im Mai brauche ich einen Wächter in der Nacht. Wenn die Kästen voll Honig sind, kommen die Diebe.»

Minuten später ist Galina in Imkerbluse und Schleierhut. «Mädels, und was ist mit euch?» Olga schüttelt den Kopf, sie fürchtet sich. Schließlich geht Galina alleine zu den Bienen.

Wir dösen in der Sonne, Rücken an Rücken, atmen die Wohlgerüche des Bienengartens und schweigen. Ich denke darüber nach, wie es Olga mit Galinas Geschichten gehen mag. Die beiden sind dieselbe Generation, mit Mitte dreißig haben sie den Untergang der UdSSR erlebt. Danach mussten sie sich völlig neu orientieren. Aus Olgas Andeutungen schließe ich, dass sie Galinas Courage und Selbständigkeit bewundert. Vielleicht wird ihr bewusst, wie wohlsituiert sie selbst ist. Seit Jahren schon hat sie zwei Wohnsitze, einen in Kaliningrad, einen in Klaipėda, am Standort der Reederei ihres Mannes. Als sich die Möglichkeit ergab, einen litauischen Pass zu bekommen, haben sie gemeinsam überlegt, und schließlich nüchtern und pragmatisch entschieden: Pawel wird Litauer, Olga bleibt Russin. Falls wieder etwas Furchtbares passieren sollte, sind zwei Optionen besser als eine. Zumal wenn man in einer geopolitisch heiklen Zone lebt, auf der Grenze zwischen Russland und der NATO. Seit in der Ost-Ukraine Krieg ist und Putin im Kaliningrader Gebiet nuklearfähige Kurzstreckenraketen stationiert hat, sind die Ängste noch größer geworden.

«Oi, oi, oi, oi, oi», hören wir Galina rufen. Kleine, singende Laute der Zufriedenheit. Mal klappert oder raschelt etwas, dann stapft sie weiter, fegt mit einem Handfeger Pollen vom nächsten Flugbrett. Vor fünfundzwanzig Jahren benutzte sie dafür einen Gänseflügel. Ansonsten ist alles gleich geblieben, dieselbe Konzentriertheit, sie und die Bienen und nichts anderes.

Bei ihrer Rückkehr strahlt sie. «Wollt ihr ein bisschen Pollen probieren?»

Randvoll ist die Schüssel: eine Farborgie aus Gelb und Orange, in den verschiedensten Schattierungen. Die Körnchen schmecken süß, fast lieblich.

«Wisst ihr, wie die Bienen das machen? Sie holen die winzigen Blütenstäube aus der Blume und heften sie an ihre Hinterbeine. Dort haben sie ein Täschchen, wo sie alles reinstopfen. Damit es schön zusammenhält, mischen sie etwas Nektar dazu.»

«Pollenhöschen sagen wir auf Deutsch.»

«Euer Wort ist netter als unseres», lacht Olga. «Wir sagen ‹Obnoshka›, das heißt wörtlich: ‹um das Beinchen herum›. Ziemlich sachlich, rein geographisch.»

«Jetzt ist die beste Zeit für Pollen und Nektar!» schwärmt Galina. «In drei Wochen blüht der Raps, dann wird es für die Bienen schwierig.»

«Warum?»

«Gift! Sie spritzen die Felder. 1999 hat das angefangen. Das weiß ich noch ganz genau, und danach ging es mit der Imkerei bergab.»

«Das Jahr, als Putin Präsident wurde.»

«Wirklich?», fragt sie erstaunt. Politik ist nicht ihr Ressort.

Ihren Beobachtungen zufolge war die Jahrtausendwende eine ökologische Zäsur. Seitdem veränderte sich die Natur in und um Jasnaja Poljana. Es fing an mit dem Rapsanbau und dem Gift. «Die meisten haben das nicht so bemerkt. Aber ich konnte an den Bienen sehen, dass es ihnen nicht gutging.» Ihres Erachtens sind die großen Landbesitzer daran schuld.

Seit Beginn der Ära Putin machte die Agroindustrie im Kaliningrader Gebiet Fortschritte. Auf meinen Reisen, die mich alle paar Jahre hierherführten, habe ich das mitverfolgen können. Es ging nicht gerade mit Siebenmeilenstiefeln voran, sondern eher wie die Echternacher Springprozession, drei Schritte vor, zwei zurück. Das größte Problem dabei war und ist die Bodenspekulation. Schon frühzeitig hatten Oligarchen aus Moskau und Sankt Petersburg in Land investiert, es lag häufig brach, wechselte den Besitzer, ging zum Beispiel an einen Strohmann, der es für einen niedersächsischen oder holländischen Landwirt kaufte. Je nachdem, wie die Weltmarktpreise waren, wurde Raps angebaut, mal Weizen, mal Mais und dann wieder nichts, weil der Unternehmer das Handtuch warf. Wenn nicht gleich ein neuer kam, fiel das Land wieder brach, und das ganze Spiel ging von vorne los – Drainagen warten, Buschwerk roden, Unkraut ausrotten. Rücksichtslos wurden Pestizide eingesetzt, weitgehend unkontrolliert von den Behörden, wie überhaupt vieles im Verborgenen stattfand. Immer größer wurden die Agrarbetriebe, fünftausend Hektar in einer Hand, auch mal zehntausend oder mehr, regelrechte Latifundien. In Jasnaja Poljana hielt eine GmbH den Löwenanteil der Agrarflächen.

Von Galina erfahre ich jetzt, sie wurde kürzlich an einen Dänen verkauft. «Man sagt das nicht so offen. Aber ich hab diesen Mann mit eigenen Augen gesehen. Die machen, was sie wollen. Denen sind wir völlig egal.»

«In Deutschland würde so was in der Zeitung stehen. Die Bürger würden auf die Straße gehen und demonstrieren.»

«Skaska! Du erzählst Märchen!» Ihr ist völlig unvorstellbar, dass ein Einzelner oder ein Dorf sich wehren könnte.

«Es gibt keine Arbeit hier. Auf den Feldern siehst du nur noch Maschinen. Für die Menschen ist nichts mehr zu tun.»

In diesem vorerst letzten Akt des ländlichen Dramas sind offenbar die meisten Bewohner von Jasnaja Poljana endgültig abgehängt worden.

«Wenn einer keine Arbeit hat, wird er böse», konstatiert Galina – in sachlichem Ton, als ginge sie das alles schon nichts mehr an. «Die Menschen sind heute wie die Wölfe. Ich halte mich fern von ihnen.»

Manchmal sei sie in Kaliningrad. Entweder wegen des Sohnes oder geschäftlich, ein Teil ihrer Honigernte geht in den dortigen Großhandel. «In Kaliningrad ist das große Geld, dort fließt alles hin.»

Olga ist derselben Meinung: «Sogar die orthodoxe Kirche wird vom Geld regiert.» So meinungsfreudig ist sie selten.

Mittlerweile ist es schwül geworden, wir haben Schuhe und Strümpfe ausgezogen. Über dem stetigen geschäftigen Gesumme der Bienen sind jetzt kleine Melodien zu hören, die Nachtigallen in der Uferböschung der Pissa haben angefangen zu singen.

«Ich bin lieber hier bei den Bienen als in der Kirche.» Anfangs, als die Kirche wieder zugelassen wurde, war es wunderschön, erzählt Galina. Da ist sie jede Weihnachten und Ostern zum Gottesdienst nach Nesterow gefahren und natürlich am 10. August, wenn die Honigernte gesegnet wird. «Das Kerzenwachs duftet, und der Honig duftet. Du denkst, du bist im Paradies. Heute ist alles nur kommerziell. Fünfzig Rubel verlangt man von uns für eine Opferkerze!»

«Und die ist oft nicht mal aus Bienenwachs!» Olga stimmt in das Klagelied ein. «Diese Kerzen, die riechen nach nichts!»

Wie Galina ist sie Atheistin gewesen. Wie Galina und viele andere hat sie in den traumatischen Jahren nach 1991 in der Kirche Trost gesucht und sich von der orthodoxen Liturgie bezaubern lassen. Zum ersten Mal las sie in der Bibel, beschäftigte sich mit den unendlich vielen Riten und versuchte, ihren Sinn zu verstehen. Unter anderem lernte sie, warum eine Opferkerze aus reinem Bienenwachs sein muss.

Ein scheinbar kleines Detail, doch für die Gebetsatmosphäre von großer Bedeutung, ein Symbol für Christus und seine Gegenwart. Damit verbunden sind uralte Traditionen: In grauer Vorzeit waren die Bienenwachskerzen in russischen Frauenklöstern hergestellt worden, jedes dieser Klöster hatte Bienen, und diese Bienen waren hochgeehrt, denn ohne Wachs hätte es kein Licht gegeben … Deswegen, meint Olga, ist die Verlängerung von Bienenwachs mit billigen Fetten mehr als nur ein Betrug, es ist Sünde.

Nicht die einzige Enttäuschung über die orthodoxe Kirche. Vor allem ihre Allianz mit der Staatsmacht ist Olga und Galina suspekt, und was da verkündet wird, widerspricht oft ihren eigenen Werten.

«Ostermontag war ich das letzte Mal da», echauffiert sich Galina. «Dieser Pope hat nur Blödsinn geredet: ‹Ihr seid arme Schafe, ihr müsst nicht arbeiten, geht lieber zur Kirche.› Dieser Mann ist ein Ex-Militär. Und ganz bestimmt ein großer Sünder.»

Noch ein Verlust. Zuerst ist es die große Heimat UdSSR, dann Galinas Heimatdorf, später die Hoffnung auf neue, verlässliche soziale Beziehungen. Und jetzt erweist sich, auch die orthodoxe Kirche ist kein Ort der Geborgenheit.

«Heute glaube ich: Mein Gott ist die Arbeit.»

Je mehr Galina Bichterevas Welt in diesen fünfundzwanzig Jahren zusammenschrumpfte, umso wichtiger ist ihr der Bienengarten geworden. Er ist eine kleine Insel der Ruhe und Freiheit, an manchen Tagen wohl auch Einsiedelei. Auf den dreitausend Quadratmetern kann sie wirtschaften, wie sie will. Im April hat sie für ihre Bienen Phacelie und andere nektarreiche

Pflanzen gesät, um unabhängiger zu werden von den vergifteten Habitaten.

Auf Galinas Territorium gelten *ihre* Gesetze. Erstes Gebot: Kein Alkohol! Wer es missachtet, fliegt raus, ihre beiden Helfer wissen, da gibt es kein Pardon. In der Bienenhaltung hat sie eigene Regeln. Zuerst die Bienen, dann die Imkerin! Für den Winter lässt sie zwanzig Kilo Honig im Stock, vergleichsweise viel, und füttert nie Zuckersirup. Keine Neuerungen, wenn es sich irgend vermeiden lässt! Was braucht sie modernere Bienenkästen, wenn die alten, soliden aus dem Sowchos noch taugen. Gegen die Varroamilbe setzt sie Ameisensäure ein, wie schon zu Sowjetzeiten, und auch den Gerüchten, die Amerikaner hätten diese Parasiten eingeschleust, bleibt sie treu. Anscheinend hat sie sich nach 1991 von sämtlichen höheren Instanzen – Bienenwissenschaft, Zuchtanstalten, Imkerorganisationen – abgekoppelt. Für teures Geld zertifizierte Königinnen kaufen? Ihrer Erfahrung nach wird die genetische Optimierung maßlos überschätzt.

«Und was hast du für eine Bienenrasse?», frage ich.

«Kaukasisch und mittelrussisch», genau weiß es Galina nicht, «alles bunt gemischt.»

«Vielleicht ein paar ostpreußische Gene?», witzele ich.

«Warum nicht», antwortet Galina belustigt, «kann sein. Kann nicht sein.»

Olga wirft ein: «Jemand hat mal erzählt, die Katzen von Kaliningrad hätten einen Königsberger Einschlag.»

«Könnte was dran sein. Die haben in den schlimmen Zeiten auf der Straße gelebt …»

Warum bin nie darauf gekommen? Bis zu diesem Augenblick habe ich mich nie gefragt, was nach dem Sieg der Roten Armee aus den Bienen geworden ist, die die Flüchtenden zurückließen.

In Ostpreußen hatte man damals noch die schwarze Biene, die *Mellifera.* Manche Völker dürften den Winter und die Kämpfe überlebt haben. Weil Hungersnot herrschte, haben Rotarmisten und die nach und nach eintreffenden russischen Zivilisten sie in Besitz genommen. Vermutlich haben die Neusiedler viele Jahre lang mit den Bienen der ostpreußischen Imker gewirtschaftet, bevor aus dem Mutterland andere Rassen eingeführt wurden. Noch länger wird es gedauert haben, bis eine systematische Zucht, etwa mit der von Galina erwähnten *Caucasica,* begann. Doch wer konnte schon wissen, mit wem sich die graue kaukasische Königin auf ihrem Hochzeitsflug einließ? Ob nicht unter den fünfzehn oder zwanzig Drohnen, mit denen sie sich paarte, ein schwarzer Vagabund dabei war? Bei allen anderen Haustieren, Kühen, Schweinen, Schafen, Hühnern, Gänsen kann der Mensch die Paarung kontrollieren, in der Sowjetunion hat er dies besonders exzessiv getan. Nur «der Bien» schafft es immer wieder, sich ihm zu entziehen. Vielleicht ist dies die faszinierendste Erkenntnis meiner Europareise.

Im Kaliningrader Gebiet müssten nach dreißig oder siebzig und mehr Generationen von Bienenköniginnen noch genetische Spuren der einheimischen schwarzen Biene vorhanden sein. Auf geheimnisvolle, subversive Weise setzt sich etwas fort, das die untergangene Welt Ostpreußens mit der sowjetischen und postsowjetischen verbindet.

Jetzt muss ich doch Galinas Bienen sehen! Ich postiere mich am nächstgelegenen Bienenhaus und beobachte eine Weile die heimkehrenden, mit Löwenzahnpollen beladenen Arbeiterinnen. Ihre Hinterleibsringe sind bleigrau, soweit ich das mit bloßem Auge und Laienverstand erkennen kann, typisch für die *Caucasica*, die aus den Tieflagen des Kaukasus stammt. Für mich sehen sie alle gleich aus, kein verdächtiges schwarzes Fräulein dabei.

Demnächst werden die ersten Schwärme abgehen. Dann wird Galina den ganzen Tag über Wache halten und sie einfangen. «Meist geht das schon nach meinem Geburtstag los, in der zweiten Maiwoche», sagt sie. «Bis Ende Juni bin ich Sklavin meiner Bienen.»

«Wann ist dein Geburtstag?»

«Morgen, am 8. Mai. Ich werde sechzig!» Kaum zu glauben. So vital und schön, wie sie dasitzt. «Und am 9. Mai ist Feiertag!»

«Gehst du zur Kundgebung?», will Olga wissen.

«Ja, schon. Bei uns ist ja sonst nichts mehr los. Und wegen meiner Mutter.»

Am «Den' pobedy», dem großen «Tag des Sieges», kommt das geplagte, zerstrittene, mutlose Dorf für zwei Stunden zusammen. Der 9. Mai ist nicht nur der höchste russische Feiertag, sondern auch der Geburtstag des Kaliningrader Gebiets, für die ersten Siedler wie Galinas Mutter ein ganz persönliches Fest.

Über Nacht bleiben Olga und ich in Jasnaja Poljana. Am nächsten Morgen sind wir, nach kurzem Zwischenstopp bei dem Geburtstagskind, schon vor acht auf der Landstraße. Während der zwei Stunden Fahrt begleitet uns die «Stimme Russlands», Olga lauscht den Reportagen aus Moskau über die Vorbereitungen zur Siegesparade auf dem Roten Platz. Immer wieder die altbekannten Kriegslieder, manchmal singt Olga leise mit: «Steh auf, steh auf, du Riesenvolk! Heraus zur großen Schlacht! Den Nazihorden Widerstand.»

Einmal blickt sie mich kurz von der Seite an: «Schade, dass ich bei der Parade in Kaliningrad nicht dabei sein kann. Das ist einfach ein schönes Volksfest, Ulotschka!»

«Ya ponimayu», «ich verstehe», murmele ich. In Gedanken bin ich ganz woanders, bei Galina auf der Löwenzahnwiese. Was wäre aus ihr geworden ohne die Bienen? Als Melkerin wäre sie nach 1991 wahrscheinlich untergegangen.

Für sie war die Imkerei Rettung in immer neuen Nöten. Ihr Bienengarten ist das Gravitationszentrum, um das ihr Leben kreist.

«Zufrieden, Ulotschka?»

«Ja, Oletschka!»

Nach kurzer Grenzkontrolle überqueren wir die Memel und sind in Litauen. Wohlbestellte Äcker, frisch asphaltierte Straßen, alles ist anders, ohne dass wir es genau benennen könnten.

«Wir sind in Europa!» Olga sagt es zuerst. Ihre Wehmut ist verflogen.

«Europa!» So feierlich spreche ich das Wort zu Hause nie aus.

Olga wird mich noch zu den Freunden nach Bitėnai bringen. Kein weiter Umweg, das Memeldorf liegt nur zwölf Kilometer stromauf.

Bienendorf mit Kühen

Das letzte Stück bis zu Mindaugas und Enida lege ich zu Fuß zurück, auf einem staubigen, unbefestigten Weg, der zwischen Äckern verläuft, parallel zur «Bitt», einem Bächlein, dem das Dorf seinen Namen verdankt. Vor lauter Landmaschinen sieht man das alte Grigoleit'sche Bauernhaus kaum. «Kostas?» Hinter einem Riesentraktor taucht ein blonder Junge auf, winkt kurz zu mir herüber.

Natürlich hat am späten Vormittag niemand Zeit. Mindaugas' Melkroboter ist defekt, Enida hat einen Termin in der Bank – Alltag der Bauern in der EU.

Schnell einen Kaffee im Stehen, und los. «Fühl dich zu Hause», sagt Enida. «Wenn du Bienen suchst, geh zu Kazys, der hat noch zwanzig Völker.»

Wie immer spaziere ich zur Memel. Auf dem litauischen

Ufer schwingt das Land in anmutigen Wellen, man kann weit ins Kaliningrader Gebiet schauen. Wer nicht weiß, dass in der Strommitte eine Grenze verläuft, könnte meinen, an einem der friedlichsten Plätze Europas zu sein. Störche landen in den Auen und kehren zu ihren Nestern in den Wipfeln der alten Kiefern zurück. Eine ganze Kolonie lebt dort, von März bis August. Bei meinen ersten Besuchen in Bitėnai habe ich tagelang hier gesessen und sie beobachtet. Im Laufe der Zeit ist die Storchenkolonie für mich zum Indikator geworden, wie es dem Dorf geht. Zwei Dutzend Brutnester gab es in den 1990er Jahren, zur Jahrtausendwende noch etwa zwanzig, danach schwankten die Zahlen, es ging sogar wieder leicht aufwärts. Dieses Mal notiere ich sechzehn.

Angeblich haben sich die großen Vögel erst nach dem letzten Krieg am Memelufer angesiedelt. Vor 1945, zu deutscher Zeit, hätten sie in der Nähe der Menschen gewohnt, auf den Dächern der Häuser. Damals hatte Bittehnen gut siebenhundert Einwohner, das litauische Bitėnai hat inzwischen keine sechzig mehr. Bei meinem Rundgang empfinde ich wieder die große Leere. Das Dorf hat sich nach der Vertreibung der ostpreußischen Bewohner nie wieder richtig erholt. Zwar wurden – anders als in Jasnaja Poljana – Ruinen und leerstehende Häuser nach und nach beseitigt und die Flächen als Feld, Acker oder Garten genutzt, dennoch bemerkt man die Lücken, dass da einmal etwas war. Die noch vorhandenen Häuser liegen meist weit voneinander entfernt, von Nachbarschaft kann man kaum sprechen. Alle in Bitėnai sind nach 1945 zugezogene Litauer und ihre Nachkommen. Nur Mindaugas Karklelis hat familiäre Wurzeln, er ist der Einzige im Dorf, der im Haus seiner Vorfahren lebt – der Enkel einer Bäuerin namens Lena Grigoleit, die nach Kriegsende mit ihrem Mann und zwei Töchtern hier ausgeharrt hat.

Das Schönste hier ist Barfußlaufen. Noch sind nicht alle Sandwege asphaltiert. Was hat sich verändert? Das braune Holzhaus der verstorbenen Eugenia Steponaitienė ist weiterhin unbewohnt. Dafür ist «bei Fabians» (zu deutscher Zeit ein Gasthaus, das einer jüdischen Familie gehörte) eine kleine Milchwirtschaft entstanden. Rückgang und Zuwachs scheinen sich momentan die Waage zu halten. Stillstand also, bestenfalls. Darüber können auch Verschönerungsmaßnahmen nicht hinwegtäuschen, die die EU spendiert hat, wie die luxuriösen Wegweiser zur Storchenkolonie, zum Friedhof, ins nächste und übernächste verlorene Dorf, weiß der Himmel, wofür – völlig absurd, kaum ein Fremder verirrt sich hierher.

Einer der liebenswürdigsten Orte ist der Garten von Kazys Žemgulis und seiner Frau Birutė. Gemüsebeete und Blumenrabatten wie in alter Zeit, dazwischen gelbe, braune und blaue Bienenhäuser. Jedes hat seinen festen Standort, meist unter einem der alten, bizarr beschnittenen Obstbäume. Es hat einige Jahre gebraucht, bis ich verstanden habe, dass Kazys die Schwärme einfing, indem er kurzerhand den Ast absägte, an dem sie hingen. Seit den 1960er Jahren haben er und seine Frau die Dorfschule von Bitėnai geführt. Bis zu fünfzig Schüler hatte sie, es heißt, sie sei der gesellschaftliche Mittelpunkt der sozialistischen Kollektivwirtschaft gewesen. Kazys habe auf den Festen Akkordeon gespielt, bis eines Tages die Schule geschlossen wurde.

«Kazys! Birutė!» Ich rufe vergeblich, sie sind nicht zu Hause. Bei den Bienen scheint alles beim Alten – und auch sonst, die Sense hängt nach wie vor griffbereit im Birnbaum, am Gartenwaschbecken ein frisches Handtuch. Wie lange werden die zwei das noch schaffen? An die neunzig dürften sie jetzt sein.

Auf dem Weg zurück zum Hof nehme ich die Abkürzung über die Bitt. Ich muss durchs Wasser waten. Die Holzbretter, die früher über den Bach führten, fehlen.

«Komm mit!» Mindaugas ist auf dem Sprung zu den Kühen. «Du hast den neuen Stall noch nicht gesehen.» Und los geht es, mit Affenzahn vom Hof.

Der Kuhstall am Ortsrand ist riesig, weitgehend selbstgebaut, mit recyceltem Material. Das große Geld ist in die Anschaffung des Melkroboters geflossen. Echt Mindaugas!

«Aus Holland! Vierhunderttausend Euro, der beste!»

«Das heißt Schulden?»

«Klar! So ist das in der EU.» Er wirft einen kurzen Blick auf die Computeranzeige. Keine Unregelmäßigkeiten, die Tagesleistung der hundertfünfzig Milchkühe erwartungsgemäß gut. «Im Jahr kommen wir auf zehn- bis elftausend Liter pro Kuh. Holsteiner Rasse, gutes Futter, Technik. Wir sind in Litauen so ziemlich an der Spitze.»

Soeben scannt der Roboter das Euter einer jungen Kuh, dann bewegen sich Düsen heran, duschen sanft die Zitzen … «Ist das nicht toll? Ich habe noch einen zweiten gekauft.» Diesen Ton und den dazugehörigen Gesichtsausdruck kenne ich schon von ihm, als er noch ein Jugendlicher war – eine Mischung aus Kühnheit und Trotz, es der Welt zu zeigen.

In den neunziger Jahren, während ich bei seiner Großmutter Lena Grigoleit wohnte und sie über ihr Leben befragte, steckte er manchmal den Kopf zur Tür herein. Vom Temperament her schien er der tapferen alten Frau ziemlich ähnlich. Nur ganz knapp war er dem sowjetischen Militärdienst entgangen – wäre die Freiheit nicht gekommen, hätte man ihn wie seinen älteren Bruder an den Polarkreis geschickt und drei Jahre lang grün und blau geschlagen. Damals war er ein ungestümer litauischer Patriot, der Polizist werden wollte und dann erst mal das Nächstliegende tat und mit Autos handelte. Dass er nach dem Tod der Großmutter, 1995, mit seiner Jugendliebe Enida in das heruntergekommene, vorsintflutliche Haus zog, hat alle überrascht. Zweiundzwanzig waren sie, was sie vorhatten, war ihnen vermutlich selbst nicht klar, ob sie wirklich Bauern werden wollten oder einfach nicht wussten, wohin. Über die Jahre habe ich mitverfolgt, wie sie nach und nach die Dinge in die Hand nahmen: Renovierung, landwirtschaftliche Versuche, von denen viele missglückten, dann kam die Tochter Eva zur Welt, dann ein Sohn, Kostas. Trotz tausenderlei Schwierigkeiten ging es immer weiter, mit dem EU-Beitritt Litauens 2004 fiel die Entscheidung für Milchwirtschaft. Jedes Mal, wenn ich da war, stand eine modernere Melkmaschine im Stall. Ich bewunderte Mindaugas und Enida für ihre Tatkraft und ihren Wagemut. Landkäufe und immer neue Technik, Schuldenmachen, Lernen und nochmals Lernen. Am schwierigsten war, sich im europäischen Agrarsystem zurechtzufinden, die ganze Bürokratie, das ständige Hü und Hott. Da wurden zum Beispiel die überflüssigen Bullenkälber von der Memel ins heiße Andalusien exportiert, im nächsten Jahr in die Türkei oder nach Israel. Inzwischen ist wenigstens dies nicht mehr nötig, mit «gesextem» Sperma lässt sich das Geschlecht der Nachkommen steuern.

Während das Dorf vor sich hin vegetiert, greift Mindaugas nach den Sternen. Lange hat er sich gegen die ältere sowjetisch geprägte Generation durchsetzen müssen, gegen seine Mutter Irena und seine Tante Birutė und deren Ängste. Mir ist nie ganz klargeworden, was ihn antreibt. Ehrgeiz? Neugier? Verantwortungsgefühl? Jetzt ist er Anfang vierzig und will weiter vorwärts.

«Dieser Roboter ist besser als jeder Melker. Die haben die Kühe getreten. Du weißt, diese Männer waren schon morgens besoffen.»

Das ist leider wahr. Auf dem Land sind schon lange keine fähigen Arbeitskräfte mehr zu haben, sie sind nach Großbritannien oder Skandinavien abgewandert.

Vor Einbruch der Dunkelheit führt mich Mindaugas noch ums Wohnhaus herum.

«Was? Ihr habt noch Bienen?» Sechs Kästen stehen unter den Haselnussbüschen, die alten türkisfarbenen von seiner Tante Birutė. Mit allem habe ich gerechnet, aber nicht damit.

«Zwei Völker leben noch.»

«Imkerst du etwa?»

«Mal sehen. Hab erst mal ein Büdchen für den Imkerkram gekauft.»

Drinnen wartet das Abendbrot. Mir zuliebe gibt es Kugelis, Kartoffelkuchen mit Speck. «Na, Ullachen? Wie viel willste?», fragt Enida und häuft mir den Teller voll.

Memelländische Honiggurken

Anfang Mai ist es noch zu früh für Honiggurken, die richtige Zeit ist Juni oder Juli. Das Rezept stammt aus Enidas Familie:

Zwei Esslöffel Salz in einen Liter lauwarmes Wasser geben, eine Handvoll Schwarze-Johannisbeer-Blätter und ein Thymianzweiglein hinzufügen.

Geschälte Gurken darin einlegen, ca. 10 Zentimeter lang, keinesfalls größer, drei Tage bei Zimmertemperatur stehen lassen.

Vor dem Servieren schneidet man die Gurken längs in Stifte und tunkt diese in ein Schälchen mit flüssigem Honig.

Alle Zutaten sollten frisch und jung sein, Gurken wie Blätter, der Honig gerade geschleudert. Er stammt von Wiesenblumen der Memelauen, ersatzweise nehme man Frühlingshonig aus der eigenen Region. Ein Gericht zur Mittsommerzeit – süß-salzig-bitter-gewürzig.

Honig in Verbindung mit frischen Gurken kenne ich schon von Mindaugas' Großmutter, Lena Grigoleit. Während unserer Gespräche standen sie meist auf dem Tisch, dazu «Spirgel», geräucherter fetter Speck, und dunkles Brot.

Auch in ihren Erzählungen kamen diese elementaren Genüsse immer wieder vor. Zu ihrer Kinderzeit aß man sie, damals regierte noch der letzte deutsche Kaiser. Ebenso in ihrer Jugend, als ihre Heimat unter litauischer Besatzung stand. Und später unter Hitler, wie unter Stalin. Bei der Deportation nach Sibirien, 1951, hatte die Familie einen Eimer Honig im Gepäck. Solange es Honig und Speck, Brot und Gurken gab, konnte man überleben. Wenn nicht, war die Angst groß.

Bei Lena lernte ich, diese vier Lebensmittel zu schätzen, vor allem nach der Feldarbeit. Nachdem Sowjet-Litauen 1991 Republik geworden war, hatte sie ihr elterliches Land zurückbekommen und wollte mit ihren achtzig Jahren noch einmal Bäuerin sein. Und so war ich nicht nur Interviewerin, sondern auch Arbeitskraft. Ein Pferd führen, Kartoffeln setzen, Einsäen mit der Hand, all das hätte sie allein nicht geschafft. Zum Vesper aßen wir Brot, Speck,

Honig und Gurken. Wochenlang. Hintereinander. Miteinander. Übereinander. Mir schmeckte am besten «Spirgel» mit reichlich Honig obendrauf.

Manchmal glaube ich, dass Essensgewohnheiten für Menschen wie Lena Grigoleit, die das ganze 20. Jahrhundert durchlebt haben, ein Halt waren. Eine Methode, Kontinuität zu bewahren und nicht verrückt zu werden.

Beim Essen erzähle ich von Galinas Bienen-Business. «Was soll sie in Jasnaja Poljana auch anderes machen?», meint Mindaugas. «Sehr klug», fügt Enida hinzu, «wie ein kleiner Bauernhof.» Irgendwie scheint sie das Thema zu interessieren, es erinnert sie an ihre Kindheit in den späten siebziger und frühen achtziger Jahren. Bienenhaltung war noch gang und gäbe, bei Mindaugas war es der Großvater in Bitėnai, der imkerte.

«Opa Konstantin hatte die Bienen unter sich. Aber er war schon krank, meistens hat Tante Birutė die Bienen versorgt.» Eine der letzten Erinnerungen an seinen Großvater, der 1979 starb. Als kleiner Junge hat er zugesehen, später habe ihn nur noch der Honig interessiert.

Aus Lena Grigoleits Erzählungen weiß ich, dass ihr Mann Konstantin die Bienenhaltung in der Familie begründet hat. Ihr elterlicher Hof in Bittehnen hatte keine Bienen. Alles fing damit an, dass Konstantin einen Schwarm fing. Abgesehen von der Tatsache, dass er keinerlei Ahnung von Bienen hatte und bei seiner Jagd übel zugerichtet wurde, eine ziemlich banale

Geschichte, so könnte man meinen. Ihre Bedeutung liegt im Zeitpunkt: Sie hat sich im Mai 1945 zugetragen, und deswegen wurde sie im Familiengedächtnis bewahrt. Wie viele tausend Memelländer war die Familie im Herbst 1944 vor der Roten Armee geflüchtet und im kommenden Frühling in ihr Dorf zurückgekehrt, in der Hoffnung, das Leben würde sich wieder normalisieren. Zum Glück stand das Haus noch, aber es war leer. Möbel, Hausrat, landwirtschaftliche Geräte waren zerstört oder von Plünderern mitgenommen worden, es gab weder Kuh noch Schwein, weder Schafe noch Hühner mehr. Bis zum Sommer waren die Heimkehrer ständig auf der Suche nach Essbarem. Das eroberte Bienenvolk war ein Zeichen des Himmels: Alles würde gut werden. Es machte den Hausherrn zum Imker, seitdem hatte die Familie Bienen, die ganze sowjetische Zeit hindurch, ausgenommen fünf Jahre, von 1951 bis 1956, die sie in der sibirischen Verbannung verbrachte.

«Mit Honig konnte man viel anfangen. Meine Großmutter hat damit die Leute bestochen.» Mindaugas hat das häufig mitbekommen, wenn er an Wochenenden in Bitėnai war. «Du brauchst einen Arzt, du brauchst einen Klempner oder Baumaterial. Offiziell kriegte man nichts. Also bietest du Wodka oder Honig. Für Männer natürlich Wodka. Die Frauen wollten lieber Honig. Der Mann sagt nein, ich repariere dein Fenster nicht, dann hängst du dich an seine Frau und lockst sie mit Honig, und die macht dem Mann die Hölle heiß.»

Die letzten Jahre vor 1991 waren arme Jahre, und die ersten in Freiheit auch. Ich sehe noch Lena Grigoleit in ihrer verrußten Küche vor mir, wie sie mit einem Spatel Honig auf ein Stück Pergamentpapier klatscht. Für ein halbes Kilo bekam sie Rattengift, für ein Kilo pflügte jemand ihr Kartoffelland.

Einmal wurde ich verdonnert, beim Schleudern zu helfen. Für alle Imkerdinge musste Birutė, die ältere der beiden

Töchter, aus dem zwei Stunden entfernten Klaipėda anreisen. Meist sprang sie nach der Nachtschicht im Hafen, wo sie als Tallymann arbeitete, sofort in den Schnellbus. Ein ziemlicher Aufwand; sie betrieb ihn weiter nach Lenas Tod und immer weiter, als man Honig als Tauschmittel schon längst nicht mehr brauchte. Ich wunderte mich bei jedem Besuch, dass die Bienenvölker noch da waren. Während Mindaugas und Enida den Hof ins moderne Zeitalter führten, blieben die Bienen unter Birutės Regie, ein Relikt der Vergangenheit, so wenigstens schien es, von außen betrachtet. Milchkühe und Bienen – zwei Parallelwelten, sie entfernten sich immer weiter voneinander. Sobald Birutė es nicht mehr schafft, wird die Imkerei sterben, dachte ich.

«Wann hast du die Bienen übernommen?»

«Vor zwei, drei Jahren ungefähr. Im Frühjahr hab ich im Internet eine *Carnica*-Queen gekauft. Mal sehen, was passiert. Das andere Volk lass ich mit der eigenen Königin weitermachen.»

So ist Mindaugas! Von experimenteller Neugier getrieben, tastet er sich an die fremde Materie heran. Wie er Sperma von preisgekrönten Holstein-Bullen bestellt, lässt er sich die Hochleistungskönigin aus Österreich schicken.

«Und wie weiter?»

«Mhmmm. Wirtschaftlich lohnen wird sich das natürlich nicht.» Er wirkt seltsam unentschlossen, als gebe es da noch viel zu bedenken.

«Und Zeit habt ihr auch nicht.»

Enida greift ein: «Weißt du, dass Bittehnen Bienendorf heißt?»

«Nee. Wieso sagt ihr mir das jetzt erst?»

«Biene ist auf Litauisch und Altpreußisch ‹Bitė›. Wenn das Dorf so heißt, muss es hier schon sehr lange Bienen geben.» Mindestens fünfhundert Jahre, schätzt sie, oder länger.

«Kazys ist der letzte Imker», sagt Mindaugas. «Wenn er stirbt, gibt es hier keine Bienen mehr.»

Worum geht es? Um Familientradition und Heimatgeschichte? Ist es deswegen, aus Pietätsgründen gewissermaßen, schwierig, die Bienen loszuwerden? Oder gärt da womöglich eine Idee, ihnen in der Gegenwart einen Platz zu geben? So lange zumindest, bis klar ist, dass man ihrer wirklich nicht mehr bedarf. Unser Gespräch endet im Nichts. Noch einmal streift Mindaugas kurz das Thema, schwärmt von litauischem Buchweizenhonig.

Wir trinken roten Wein aus Spanien, wechseln zwanglos die Themen. Wie geht es den Müttern, und noch mal der Melkroboter, die letzten Ferien. «Ostern waren wir mit Eva und Kostas in Tel Aviv und am Roten Meer», erzählt Mindaugas. «Last minute. Wir wollten mal einen Kibbuz sehen.» Ein ganz normaler Abend in Europa. «Na, Kinder, haben wir es nicht gut?», sagt Enida.

Unter der Oberfläche, in winzigen Andeutungen, spüre ich die Angst, es könnte wieder anders kommen. Ihr Haus ist keine zweihundert Meter von der russischen Grenze entfernt. Und sie kennen die Sowjetzeit noch aus eigener Erfahrung – die Zeit, als man Bienen brauchte.

Nachwort

Bienen sind in aller Munde. Wer hätte das vor zwanzig oder dreißig Jahren gedacht? Damals waren Bienen, genauer gesagt Honigbienen, ein Thema für Sonderlinge – für alte Männer, die sich der Imkerei verschrieben hatten, und für nicht minder wunderliche Insektenkundler. So recht wollte niemand etwas von ihnen wissen.

Die Nachrichten über das Bienensterben haben viele schockiert und weltweit ein Nachdenken ausgelöst. Inzwischen ist klar: Das geht uns alle an! Heute kann kein Landwirtschaftsminister mehr die Honigbiene, das «drittwichtigste Nutztier», ignorieren. Jede Drogeriezeitung sorgt sich um sie, man kann mit wildfremden Leuten darüber ins Gespräch kommen. Das kleine geringelte Wesen mit dem hübschen Pelz begegnet uns ständig und überall in Großaufnahme. Plötzlich, so scheint es, ist eine Beziehung zu ihm entstanden.

Und so hat sich keiner über meine Buchpläne gewundert. Überall standen die Türen weit offen, das kannte ich als Journalistin nicht. Irgendwann begann ich, dies ein wenig verdächtig zu finden. War die allgemeine Sympathie für Bienen nur eine Mode? Andererseits hatte ich den Eindruck, dass in dieses Interesse elementare und sehr häufig biographische Dinge einflossen.

Eines der schönsten Erlebnisse hatte ich im polnischen Sejny, bei einer Lesung des litauischen Dichters Tomas Venclova. Ungefähr dreißig Zuhörer aus verschiedenen Ländern waren anwesend. Es ging um Krieg und Exil, um die Frage, wie können wir neue Brücken bauen. In der freundschaftlichen Atmosphäre dieses Nachmittags, der sich in der ehemaligen Jeshiwa zutrug, fragte Venclova ins Publikum, womit wir uns denn gerade beschäftigen. Als die Reihe an mich kam und ich von Bienen sprach, wurde es turbulent, jeder wollte unbedingt etwas erzählen. Ein Amerikaner, ein Serbe und eine Israelin redeten von ihren Kindheitserlebnissen mit Bienen. Weil dauernd übersetzt wurde, kamen wir darauf, das Wort «Imker» in unseren Sprachen zu vergleichen. Jemand fragte, ob die Juden, die früher in Sejny gelebt haben, Bienen hatten. An diesem Nachmittag bekam ich eine leise Ahnung von den Tiefendimensionen des Themas.

Meine eigene, persönliche Neugier richtete sich nicht in erster Linie auf die Bienen, mich interessierten vor allem die Menschen, in deren Obhut sie leben: die Imker. In den Diskussionen standen sie oft im Schatten, waren Statisten in dem großen Drama, das sich um «die Biene» drehte. Ich wollte den Scheinwerfer auf den Menschen richten. Ein Vergleich macht es deutlich: Wer sich um das Wohl von Kühen oder Schweinen Gedanken macht, fragt nach dem Bauern. Was ist das für einer? Wie wirtschaftet er? In welchen Zwängen, welchen regionalen und globalen Systemen, bewegt er sich? Was hat er für Werte? Welches Verhältnis hat er zu seinen Tieren? Wie sieht sein Alltag aus? Und genau dies wollte ich von den Imkern wissen. Am Anfang meiner Entdeckungsreise stellte ich mir den Imker als einen Kleinbauern vor.

Die Besonderheit dieser Nutztierhaltung ist, dass man sie ohne eigenes Land betreiben kann, mit sehr wenig Kapital oder sogar völlig ohne. Deswegen eignet sie sich so gut als Nebenerwerb und für junge Existenzgründer. In Notzeiten, und dafür gibt es in der Geschichte viele Beispiele, kann man mit Hilfe der Imkerei überleben. Es ist viel leichter für einen Imker, sein eigenes Ding zu machen, als für einen Bauern. Selbst in EU-Ländern, wo alles und jedes reglementiert wird, bleibt ihm ein Stück Autonomie. Oder sagen wir mal, er hat gute Chancen, dem Zugriff von Behörden zu entgehen. Darüber hinaus ist er dem Innovationsdruck weniger ausgeliefert, oft recycelt er, anstatt neu zu kaufen, und das geht in diesem Metier problemlos. Bevormundung von oben hält er nicht zuletzt deswegen für unangemessen, weil er sein Tier, das Bienenvolk, nur begrenzt kontrollieren kann. «Die Bienen machen, was *sie* wollen», lautet eine der häufigsten Klagen des Imkers. Sie ist zugleich eine Hommage an ihren Eigensinn, unter anderem deswegen imkert er, weil sie so vital sind und trotz aller Versuche, sie zu verstehen, geheimnisvoll bleiben. Das größte Wunder ist ihre ungeheure Vermehrungsfreudigkeit. Der Imker kann die Zahl seiner Völker alle Jahre aus eigenem Bestand verdoppeln, sogar verfünffachen, wenn er will. Wo sonst ist das möglich?

Nachdem ich zum ersten Mal einer Imkerin am offenen Bienenkasten zugesehen hatte, dachte ich: Das Wesentliche dieser Arbeit ist Ruhe und Konzentration. Man muss gut fokussiert sein, ganz gegenwärtig und nur den Bienen zugewandt. Ein geübter Imker wäre eine Art Zen-Meister – auf dem Weg der Erleuchtung. So ganz falsch waren meine Beobachtungen nicht, falsch war jedoch die Schlussfolgerung, die ich daraus zog: Imker sind gute Menschen oder wenigstens ein klein wenig besser als der Durchschnitt. Das ist natürlich blühender Unsinn! «Imker sind die besten Kameraden und die größten Schurken unter der Sonne», sagte mir einer, der es wissen muss.

Die berufsbedingte Achtsamkeit des Imkers ist für unsere Gesellschaft äußerst nützlich. Denn sie bezieht sich nicht nur auf die Bienenvölker und -häuser, sondern auf die Natur ringsum. Niemand kennt sie so gut wie er. Geh mit einem Imker durchs Stadtviertel, durchs Dorf und die Landschaft, er wird dir sagen, wo seine Bienen Nahrung finden und wo nicht. Er ist ein Chronist der Veränderungen, die Bienen und andere Insekten, Würmer und Vögel, Kleintiere und Großtiere und den Menschen betreffen. Während früher auf einem Feld etwa 70 Prozent Korn wuchs und 30 Prozent blühendes Unkraut, sind es heute 99,9 Prozent Korn. Vor allem die industrielle Landwirtschaft hat die Lebensräume – nicht nur der Bienen – vernichtet. Momentan scheint es, dass Slowenien das einzige Land in Europa ist, das den Imker seiner Bedeutung entsprechend würdigt.

Der Imker ist der natürliche Verbündete der Naturschützer. Andererseits ist er denselben ethischen Fragen und Zielkonflikten ausgesetzt, vor denen auch der Bauer steht. Setze ich Chemie ein gegen Krankheiten? Will ich maximalen Ertrag, wie viel Honig und Pollen lasse ich den Bienen? Inwieweit mische ich mich in das Eigenleben der Bienenvölker ein? Eine der heute üblichen Manipulationen zum Beispiel ist das Zusetzen einer fremden Königin. Zu meiner Überraschung musste ich feststellen, dass viele Imker leidenschaftliche Genetiker sind, fasziniert von den Möglichkeiten, in die Fortpflanzung einzugreifen. Eine Herausforderung! Denn nichts ist komplizierter als die Paarungsbiologie der Biene. Schon vor zweihundert Jahren haben Imker die kühnsten (und grausamsten) Experimente unternommen, um dem Geschehen auf die Spur zu kommen. Solchen Tüftlern, im Hauptberuf Pfarrer, Lehrer oder Uhrmacher, verdanken wir die grundlegenden wissenschaftlichen Erkenntnisse, auf denen die moderne Imkerei basiert. Aus diesem Grund vielleicht ist der heutige Imker für Wissenschaft eher aufgeschlossen, kein Feind des Fortschritts, wie manche vermuten, wenn sie ihm in seinem seltsamen Arbeitskostüm begegnen, mit Smoker und Stockmeißel und dem ganzen altmodischen Kram. Dennoch gibt es sie, die Hinterwäldler und notorisch

Konservativen, die sich auf das einmal Gelernte und ihre eigene Erfahrung verlassen. Ihnen habe ich besonders gern zugehört und zugesehen.

Ein großes Rätsel für mich war die Beziehung zwischen Imker und Biene. Meine Erfahrungen beschränkten sich auf die großen Haustiere, Hunde und Katzen, Pferde, Kühe und Schweine, aus meiner Kindheit kenne ich: Blicke, Berührungen, Interaktion im Spiel und in der Arbeit. Und all das geht mit Bienen nicht, deswegen glaubte ich, dass es zwischen ihnen und dem Menschen weder Verwandtschaft noch Nähe geben kann. Aber das ist ein Irrtum! Da die Bienen inzwischen durch Züchtung friedfertiger geworden sind und Imker oft ohne Schutzkleidung arbeiten können, findet eine permanente Begegnung statt. Nicht mit der einzelnen Biene, sondern dem «Bien», das Gegenüber ist ein Gesamtorganismus. Mit seinen Händen, manchmal auch mit dem ganzen Körper, bewegt sich der Imker im Gewusel und Gesumme, in den Gerüchen und der Wärme dieses tanzenden, pulsierenden Tiers. Ein schönes Gefühl! An mutigen Tagen habe ich mich darauf eingelassen, und ich habe erlebt, dass Bienen auf Fremde anders reagieren als auf ihren Imker.

Übrigens war die Imkerei eine der letzten männlichen Domänen, die zu erobern waren. Involviert waren die Frauen schon lange – Assistenz beim Honigschleudern, Etikettenkleben, Schleierflicken, der Klassiker geschlechtsspezifischer Arbeitsteilung.

So weit die allgemeine, ziemlich grobe Charakteristik der Spezies. Noch viel interessanter ist ihre Verschiedenheit als Mensch, ihre Prägung durch Region und Zeit. Deswegen bin ich durch Europa gereist und habe Imker nach ihrer Lebensgeschichte gefragt. Acht Länder waren es, Deutschland eingeschlossen. Manche der Schauplätze kannte ich schon, einige – im Schwarzwald, im russischen Ostpreußen oder im tschechischen Isergebirge – sogar ziemlich gut. Aber als Standorte für Bienen und aus der Sicht der Imker waren sie ganz anders.

Plötzlich entpuppte sich ein unscheinbares, entlegenes Schwarzwaldtal als rebellisch und weltläufig – ein paar Imker hatten sich zusammengetan und das größte Bienenmuseum Europas errichtet. Durch die Imkerin Galina in Jasnaja Poljana verstand ich das gesellschaftliche Drama, das sich nach dem Zusammenbruch der Sowjetunion ereignet hatte. Jahrelang hatte ich mich mit der Vertreibung der Deutschen beschäftigt, jetzt kam die Frage auf: Was wurde eigentlich aus ihren Bienen? Bei dem letzten deutschen Imker im böhmischen Morchenstern fand ich eine Antwort.

Nicht immer, aber oft waren die Imker, die ich traf, Außenseiter. Leute, die vom Rande her schauen und andere Dinge bemerken als die meisten Zeitgenossen. Mit einem Stadtimker durch Stuttgart-West zu spazieren war eine Offenbarung, seitdem achte ich auf die Brachen zwischen den Steinwüsten. Jede Begegnung veränderte mein Bild. Inseln sind wichtig für Bienenzüchter, lernte ich. Leider wurde im Zuge meiner Forschungen auch eines meiner Ferienparadiese entzaubert, im Pyrenäenvorland sterben seit Jahren die Bienen.

Meine Reisen führten mich auch in die Geschichte, bis in ihre dunkelsten Ecken hinein. Verwundert hat mich die braune Vergangenheit der deutschen Imkerschaft nicht, bislang hatte nur noch niemand die Nase reingesteckt. In diesem Fall war sie besonders nachhaltig, denn in nationalsozialistischer Zeit wurden die Weichen dafür gestellt, dass unsere einheimische schwarze Biene von der österreichischen grauen Biene, der *Carnica*, verdrängt wurde. Völlig unbekannt hingegen war mir die DDR-Geschichte – ein Staat, der Imker privilegiert, weil er Devisen braucht, davon hatte ich noch nie gehört. Entsprechend frustriert waren die Imker nach 1989, sie gehörten zu den Verlierern der Wende. Im sozialistischen Ljubljana war der Imkerverein ein Dissidentenclub, wo sich die katholische Intelligenz traf. Die große Tradition der Bienenhaltung in Slowenien hat viel dazu beigetragen, dass dieses kleine Land so gut durch die Stürme der Zeit gekommen ist.

Was war Europa? Was ist Europa? In den Imkerbiographien spiegelt sich seine ungeheure Heterogenität, und ich spürte, wohin ich auch kam, die sich wieder verschärfenden Spannungen, am deutlichsten in der Flüchtlingsfrage. Was macht ihr Deutschen da, hieß es, meistens verständnislos, manchmal neugierig, ganz selten bewundernd. Ja, was machen wir da? Niemand hat auf diese Frage derzeit ultimative Antworten, aber manchmal lassen sich kleine finden. Und so suchte und fand ich einen syrischen Imker und fragte ihn und seine Familie nach ihrer Geschichte. Er hatte vor dem Krieg eine große, moderne Imkerei in einem bei Dorf bei Homs, die er zusammen mit seinen älteren Söhnen betrieb. Was ich von dort erfuhr, war erstaunlich und stärkte meinen Optimismus.

Viel Neuland für mich. Ebenso abenteuerlich wie das Reisen waren die fachlichen Dinge: die Welt der Bienen zu verstehen. Der Zufall bescherte mir einen vielseitig interessierten Imker, den ich alles fragen konnte, mit den verrücktesten und abwegigsten Vermutungen behelligen, und der seinerseits Lust hatte, sich auf meine Entdeckungen einzulassen. Während der Zeit des Schreibens war die Mail-Korrespondenz mit Gilbert Brockmann eine fast tägliche Freude. Wie funktioniert die künstliche Befruchtung einer Bienenkönigin? Gibt es Daten über die Belastung des Honigs nach dem Super-Gau von Tschernobyl? Wissen Sie, ob der berühmte Züchter H. P. ein Nazi war? Immer antwortete er prompt, zauberte einen Artikel aus seinem

Archiv, schickte Fotos oder einen Link zu einer Website, fragte zurück. «Ich überlege immer, was Ihnen noch nützen könnte, liebe Frau Lachauer. Schon länger wollte ich Ihnen erzählen, dass Bienen bei dichtem Flug häufig zusammenstoßen.» – «Lieber Herr Brockmann, ich habe läuten hören, dass die Varroamilbe über russische Offiziere in die DDR gelangt ist. Wissen Sie Näheres?» – «Liebe Frau Lachauer, das könnte durchaus sein. Hier ein Fundstückchen aus …» – «Danke, Sie sind ein Engel! Ihnen und Ihrer Frau für heute gute Nacht!» Manchmal legte er eine Expertise bei, die er von einer Koryphäe aus der Bienenwissenschaft erbeten hatte. Kurzum, ich lebte wie die Made im Speck.

Mein Korrespondent ist auch ein Honigkenner. Wir tauschten uns über Sorten und Lagen aus, allmählich konnte ich Unterschiede herausschmecken. Ich lernte, wie unglaublich vielfältig Honig sein kann, je nachdem in welchem Habitat die Arbeitsbienen unterwegs sind. Entweder in ganz bestimmten Blüten, die dem Honig seine besondere Note geben – Kastanie, Kornblume, Klee oder Buchweizen, Thymian, Rosmarin, Löwenzahn. Oder in Weißtannen, wo sie Honigtau saugen (sprich: Läuse melken), eine besondere Delikatesse. Oder sie treiben sich auf blühenden Bergwiesen herum, was einen Vielblütenhonig ergibt, mit vielen geschmacklichen Facetten. Im Grunde ist jede Ernte einzigartig, nach Erfahrung von Gilbert Brockmann sogar die Ausbeute von jedem Volk: «Wenn man Honig schleudert, unterscheiden sich schon die einzelnen Völker, obwohl sie nebeneinander im Garten stehen. Das ist schon ein kleines Wunder.»

An diesem Buch haben viele Menschen mitgewirkt. Zuallererst danke ich denen, die mir ihre Geschichte erzählt haben, für ihr Vertrauen und ihre Geduld, und ich hoffe, niemanden mit meinen Worten verletzt zu haben. Ich danke den Bienen, die mich gelehrt haben, was ein Giftstachel ist, es war eine wichtige Erfahrung.

Für Anregungen und Unterstützung seien bedankt: Blaž Ambrožič, Stefan Bauta, Battista Bruna, Hans Demes, Detlef Dürrbaum, Rudi Hable, Franz Hartl, Herbert Hoebling, Irena Karklelienė, Krzysztof Kaufmann, Claudia Kutzick, Christian Maletz, Maria Möller, Piotr Pilasiewicz, Andreas Platzer, Birutė Ramanauskienė, Carsten Schult, Ludwig Schwab, Pavel Slavianskov und Jalik, Aleš Šteger, Tatjana Suloeva, Karl und Maja Vogrinčič, Eden Volochonsky und seine Familie, Kazys Žemgulis und Birutė Žemgulienė. Für Fachberatung: Kaspar Bienefeld, Hans-Joachim Flügel, Institut für Bienenkunde Celle, Dorothea Kauhausen-Keller, Tanja Arih Korošec, Thomas Kustermann, Karin Toben, Hans-Joachim Totzek, Mohammed Khaled Zakour. Für Honigrezepte: Sabine Glinka, Hanna Podczaska-Tomal, Ina Sakowski. Für sprachliche Hilfe: Xenia Marger, Rita Pauls, Zita Vollmer-Vaišvilienė, Markus Zimmermann.

Einige Freunde haben mich begleitet und inspiriert: Justus Cobet, Krzysztof Czyżewski und Małgorzata Sporek-Czyżewska, Christoph und Elisabeth Dembowski, Barbara Duden, Elisabeth Esslinger, Brigitte Hooper, Lena Khuen-Belasi, Annelen Kranefuss, Gunhild Pörksen, Nadja Odeh, Dagmar Schreiber, Edith Seilacher, Barbara von Tschirnhaus, Franz und Irmgard Tutzer, Irena Veisaitė, Christoph Weber.

Der Robert Bosch Stiftung danke ich für die großzügige Unterstützung meiner Reisen in den europäischen Osten im Rahmen des «Grenzgänger»-Programms. Für anregende, ermutigende Gespräche besonders Maja Pflüger, Joachim Rogall und Elisabeth von Gelder.

In allen Phasen der Arbeit stand ich im Austausch mit meiner Mutter Marianne Demes. Danke für alles!

Diesmal hatte ich gleich drei starke Männer an meiner Seite: den Imker Gilbert Brockmann, meinen langjährigen Lektor Uwe Naumann und Winfried Lachauer, Gefährte seit Urzeiten. Tausend Dank!

Glossar

Abschwefeln

Die sicherste Methode, ein Bienenvolk zu töten. Vor allem im Krankheitsfall wird sie angewendet, wenn keine Rettung mehr möglich ist. Dazu werden Schwefelstreifen in Brand gesetzt, die entstehenden giftigen Gase wirken rasch auf die Bienen und auch auf die Brut in den Zellen.

Ambrosius

Schutzpatron der Bienen, Imker und Wachszieher. Geboren im 4. Jahrhundert nach Christus in Trier. Der Legende zufolge hat sich nach seiner Geburt ein Schwarm von Bienen auf sein Gesicht gesetzt, ohne ihn zu verletzen, sie hätten ihm Honig in den Mund geträufelt, ihm so eine honigsüße Sprache verliehen. Namenstag des Heiligen ist der 7. Dezember.

Apis

Lateinisch für die Gattung Honigbiene. *Apis mellifera* ist die westliche Honigbiene.

Apimondia

Weltorganisation der Imker, gegründet 1893, mit dem Ziel, Fragen der Bienenhaltung zu diskutieren und gemeinsam Probleme zu lösen. Imker dachten früh in globalen Zusammenhängen.

Api-Therapie

Medizinische Verwendung von Honig, → **Propolis**, Bienenwachs und Bienengift. Schon vor 2500 Jahren benutzte sie Hippokrates, der berühmte griechische Arzt. Als Hausmittel fanden sie in allen Kulturen Verwendung. Heute entdeckt die Wissenschaft sie neu, z. B. wird Honig bei schwer heilenden Wunden getestet.

Api-Tourismus

Eine neue Form des Tourismus, der Besuche in Imkereien, Bienen-Museen und die Verkostung von Bienenprodukten anbietet. Vorreiter ist Slowenien, das Land in Europa, das Bienen so wichtig nimmt wie Kühe und Schweine.

Arbeiterin

Die meisten Angehörigen eines Bienenvolks sind Arbeiterinnen. Sie sind weiblich, aber unfruchtbar. Zuständig für alle Alltagsarbeiten. Im Laufe ihres drei- bis sechswöchigen Sommerlebens üben sie verschiedene Tätigkeiten aus: Sie reinigen die Zellen, versorgen die Brut und die → **Königin,** bauen Waben. Erst in der letzten Phase verlassen sie den Stock, sammeln Nektar, Pollen und Wasser – und werden für uns sichtbar.

Belegstelle

Ein Ort, an den junge, unbegattete → **Königinnen** gebracht werden, damit sie sich mit ausgewählten → **Drohnen** derselben → **Bienenrasse** paaren. Damit keine unerwünschten Drohnen zum Zuge kommen, wählt man dafür isolierte Orte aus, vorzugsweise Hochgebirgstäler oder Inseln.

Betriebsweise

Die Art und Weise, wie man Bienen hält. Eine hochumstrittene, sehr komplexe Frage. Es geht um artgerechte bzw. für den Imker bequeme Bienenwohnungen, um Bienenrassen und züchterisches Eingreifen, Wirtschaftlichkeit, Kontrolle, Fütterung, Umgang mit Krankheiten. Was ist richtig? Ethisch vertretbar?

Beute

Oberbegriff für die Behausungen, die der Mensch im Laufe der Domestizierung des wilden → **Bien** geschaffen hat. Ausgehöhlte Baumstämme, Strohkörbe, Lehmröhren, die historischen und regionalen Formen sind zahlreich. Heute wird vor allem die → **Magazinbeute** verwendet, ein modulares, wandelbares System.

Bien

Bezeichnung für den Superorganismus des Bienenvolkes, die Gemeinschaft von → **Königin**, → **Arbeiterinnen** und → **Drohnen** und ihr Zusammenwirken. Entdeckt hat dies der Bienenhalter Johann Mehring (1815–1878), den Begriff «der Bien» prägte der Imker Ferdinand Gerstung (1860–1925). Trotz vieler wissenschaftlicher Studien ist er immer noch nicht vollends erforscht.

Bienenrassen

In der Wissenschaft spricht man auch von «Unterarten» der Gattung → **Apis.** Bienenrassen sind geographische Rassen, die sich in vielen Merkmalen unterscheiden. Im Europa nördlich der Alpen war die *Apis mellifera mellifera*, die dunkle oder schwarze Biene, zu Hause. Seit dem 19. Jahrhundert wurden fremde Bienenrassen eingeführt, die *Apis mellifera ligustica*, die «Italienerbiene», und die *Apis mellifera carnica* aus Österreich und Slowenien, die großen Einfluss gewannen. Ebenso die Kunstrasse «Buckfast», die durch Kreuzungszucht entstanden ist.

Bienentanz

Kommunikation der Bienen untereinander zur Mitteilung einer ergiebigen Trachtquelle oder einer neuen Behausung mit Hilfe von Tanzformationen. Der Zoologe Karl von Frisch hat sie in den 1920er Jahre als Erster entschlüsselt.

Blütenstetigkeit

Eine Verhaltensweise der Honigbiene: Die Sammlerinnen halten sich, wenn genügend Nahrung vorhanden ist, an ein und dieselbe Pflanzenart. Dadurch gibt es Sortenhonige, z. B. vom Raps oder Thymian oder Löwenzahn. Blütenstetigkeit garantiert eine sichere Befruchtung der Blüten, etwa in Apfelplantagen.

Carnica

Kurzform für *Apis mellifera carnica*, auch «Krainer Biene» genannt, die ursprünglich aus den Alpen stammt. Diese graue Biene hat sich als besonders geeignet für die moderne Imkerei erwiesen und sich in Europa und vielen Teilen der Welt durchgesetzt.

Deutscher Imkerbund

Gegründet 1907. Seit Ziel ist, die Bienenhaltung zu fördern und zu verbreiten sowie für eine artenreiche Natur zu sorgen. Die Kreisverbände bieten Kurse an, unterstützen ihre Mitglieder in vielfältiger Weise. Zu Hochzeiten, nach dem Ersten Weltkrieg, hatte der D.I.B. 238 000 Mitglieder, heute 114 000, Tendenz seit einigen Jahren wieder steigend.

Drohn

Das männliche Geschlecht im Bienenstock. Etwa 500 bis 1500 Drohnen hat ein Volk. Sie entstehen aus unbefruchteten Eiern der Königin, durch → **Jungfernzeugung**. Der Drohn hat keinen Stachel. Seine Aufgabe ist, die Königin zu begatten, und auch dies ist nur den schnellsten und stärksten Drohnen vergönnt. Dieses Bienenwesen, das nur von Frühjahr bis Sommer existiert, ist das am wenigsten erforschte.

Drohnensammelplatz

Ein Ort hoch in der Luft, an dem sich Drohnen der Umgebung versammeln, den die Jungköniginnen auf ihrem → **Hochzeitsflug** ansteuern.

Flugkreis

Radius von etwa 3 Kilometern, in dem die Arbeiterinnen Nektar und Pollen sammeln. Im Extremfall können sie bis zu 12 Kilometer zurücklegen.

Gelée royale

Futtersaft mit besonders hohem Nährwert, mit dem die Arbeiterinnen ihre Königinnen aufziehen. Auch die Larve der Arbeiterbiene erhält in den ersten Entwicklungsstadien davon.

Hochzeitsflug

Ein bis zwei Wochen nachdem die Bienenkönigin geschlüpft ist, begibt sie sich auf ihren Hochzeitsflug. Mittels Pheromonen lockt sie → **Drohnen** an. Im Flug paart sie sich 10- bis 15-mal oder öfter, sammelt in ihrer Samenblase Millionen Spermien an – Vorrat für ihr ganzes Leben, für drei, längstens fünf Jahre.

Honigtau

Süße Flüssigkeit, die von Blattläusen ausgeschieden wird. Die Bienen suchen ihn in Laub- und Nadelbäumen und saugen ihn auf, so entsteht Waldhonig.

Jungfernzeugung

Oder lateinisch: Parthenogenese. Die Königin legt befruchtete Eier, aus ihnen entstehen die → **Arbeiterinnen**. Und unbefruchtete, aus ihnen schlüpfen die → **Drohnen**, Bienenwesen, die keinen genetischen Vater haben, daher der Ausdruck Jungfernzeugung. Herausgefunden hat dies der schlesische Pfarrer Jan Dzierzon, Mitte des 19. Jahrhunderts.

Königin

Auch Stockmutter genannt. Das einzige geschlechtsreife weibliche Tier im Volk der Honigbienen. An ihrem langen Hinterleib auch für Laien deutlich zu erkennen. Ihre Funktion ist es, Eier zu legen (bis zu 2000 am Tag) und über Pheromone das Leben im Stock zu steuern. Sie ist das langlebigste Bienenwesen, kann bis zu fünf Jahre alt werden.

Magazinbeute

Die moderne Form der Bienenbehausung. Sie besteht aus Holz- oder Kunststoffkisten, in die Wabenrähmchen eingehängt werden. Ein modulares, mobiles System. Es gibt verschiedene Typen und Maße: Dadant, Zander, Deutschnormalmaß etc. Die Urform des Magazins geht auf den amerikanischen Imker Lorenzo Langstroth (1810–1895) zurück.

Mittelwand

Eine Bienenwachstafel mit Zellmuster, die der Imker in → **Rähmchen** in den Kasten hängt. Er normiert damit die Größe der Wabenzellen und nimmt den Bienen das Bauen, die Wachserzeugung, ab. Heute allgemein üblich, aber nicht unumstritten – der Bautrieb gehört zum Wesen der Biene.

Naturwabenbau

Der → **Bien** in der Natur baut seine Waben selbst, schafft sich gewissermaßen das Skelett des Volkes. Es lebt darin, zieht die Brut auf, lagert Honig und Pollen ein. Der Imker kann diesen natürlichen Vorgang ermöglichen, indem er keine vorgefertigten → **Mittelwände** einhängt, sondern leere → **Rähmchen**. Bio-Imker tun dies, es soll den Völkern helfen, besser mit Krankheiten fertigzuwerden.

Nektar

Eine wässrige Lösung, die hauptsächlich aus Zucker (Glukose und Fruktose) besteht. Bienen finden sie in den Kelchen bestimmter Blüten. Welche Pflanzen und Bäume nektarreich, also gute Bienenweiden sind, kann man aus Blühkalendern der Naturschutzorganisationen erfahren.

Neonicotinoide

Eine Gruppe von hochwirksamen Insektiziden, sie wirken auf die Nervenzellen von Insekten. Im Jahr 2008 hat es am Oberrhein das erste große Bienensterben gegeben, seitdem kämpfen die Imker immer wieder für ihr Verbot.

Pollen

Blütenstaub, den die Arbeiterinnen beim Besuch der Blüten sammeln und im Stock einlagern. Eine Art Superfood für die Aufzucht der Brut (Eiweiß, Vitamine und Mineralien, Antibiotika etc.). Für die Landwirtschaft von größtem Nutzen, weil die Bienen bei ihren Sammelflügen den Blütenstaub weitertragen. In der Bestäubungsleistung der Bienen liegt der größte Nutzen für den Menschen.

Propolis

Kittharz, das die Bienen von klebrigen Baumknospen sammeln und als Baumaterial benutzen. Zum Beispiel zum Ausfüllen von Ritzen und Spalten, zum Verkleinern des Flugloches im Winter, auch zur Desinfektion.

Rähmchen

Auch als Wabenrähmchen bezeichnet. Ein Rahmen aus Holz, den der Imker, meist mit einer → **Mittelwand** versehen, in den Bienenkasten einhängt. Eine der wichtigen Neuerungen der modernen Imkerei, 1853 von August von Berlepsch erfunden: Die Waben wurden mobil, das Innere des Bienenstocks für den Imker zugänglich.

Schwarm

Im Frühsommer, wenn die Königin täglich ein- bis zweitausend Eier legt und das Volk stark wächst, es also im Kasten eng wird, zieht die alte → **Königin** mit einem Großteil des Volkes aus – so wird ein neues Bienenvolk geboren. Es setzt sich als Traube an einen Ast und sucht ein neues Zuhause. Früher fing der Imker es mühevoll ein. Heute versuchen die meisten, diesen natürlichen Vorgang des Schwärmens zu verhindern, z. B. indem sie die → **Beute** durch weitere Elemente vergrößern oder das Volk rechtzeitig teilen.

Smoker
Eines der wichtigsten Arbeitsgeräte des Imkers. Eine Brennkammer mit Tülle und einem Blasebalg zur Erzeugung von Rauch. Er löst bei den Bienen Alarm aus. Wie in Urzeiten, bei Waldbrand, füllen sie ihre Mägen mit Honig und bereiten ihre Flucht vor. So kann der Imker ruhig am geöffneten Bienenstock arbeiten.

Sommerbienen
Die Arbeiterinnen, die zwischen Frühjahr und Spätsommer erbrütet werden. Ihre Lebensdauer beträgt drei bis sechs Wochen. Sie leisten die Arbeit im Stock, tragen Nektar und Pollen ein. Im Sommer sind es etwa dreißig- bis fünfzigtausend im Bienenstock.

Stockmeißel
Das Universalwerkzeug des Imkers. Anders als der normale Meißel ist er an einer Seite um 90 Grad gebogen und beiderseits scharf geschliffen. Man kann damit Wachs und → **Propolis** abkratzen, → **Rähmchen** rangieren etc.

Tracht
Angebot an Bienenweide – an Nektar, Pollen und Honigtau. Je nach Jahreszeit verschieden, je nach Biotop (Obst, Wiese, Feld, Wald) und speziellen Pflanzen (Raps, Rotklee, Linde, Heide). Fehlende Nahrung ist heute eines der größten Probleme der Honigbiene, vor allem im Sommer.

Umlarven
Eine wichtige Technik der Königinnenzucht. Arbeiterinnenlarven aus leistungsstarken Völkern werden in Königinnenzellen umgesetzt. Durch Füttern mit → **Gelée royale** – eine biologische Eigenart der

Honigbiene – werden daraus Königinnen der gewünschten Rasse oder Zuchtlinie.

Wintertraube

Im Winter verlassen die Bienen ihren Stock nicht. Das Volk hat nur noch zehn- bis fünfzehntausend Arbeiterinnen, diese «Winterbienen» leben bis zum Frühjahr. Sie bilden eine Traube, in deren Mitte sich die → **Königin** befindet. Den Großteil ihrer Honigvorräte (ersatzweise Zucker) brauchen sie zur Energiegewinnung. Ihre Fähigkeit, mit Hilfe der Flugmuskulatur Wärme zu produzieren, ermöglicht es, auch bei zweistelligen Minusgraden zu überleben.

Varroamilbe

Lateinisch *Varroa destructor*, der bedeutendste Bienenschädling weltweit. Eine Milbe, die als Parasit an Honigbienen lebt. Sie ist aus Ostasien zu uns gekommen, durch Import von Bienenköniginnen und -völkern. In Deutschland wurde sie 1977 das erste Mal gesichtet. Man bekämpft sie mit organischen Säuren und chemischen Mitteln, eine Lösung ist noch nicht in Sicht.

Verbrausen

Bei geschlossenem Flugloch (z. B. während eines Transportes) können die Bienen in Panik geraten und so große Wärme erzeugen, dass die Waben schmelzen. Das Volk stirbt in einem Brei von Wachs und Honig.

Weisel

Die frühere Bezeichnung für die Bienenkönigin. Aus dem Mittelhochdeutschen «Wisel», d. h. Anführer, einer, der den Weg weist. Damals glaubte man noch, an der Spitze des Bienenvolkes stehe ein Mann. In zusammengesetzten Wörtern wird der alte Name noch benutzt. «Weiselnäpfchen» nennt der Imker die markanten Wachsbecher, in denen die → **Königin** heranwächst. «Umweiseln» bedeutet, eine Königin auszutauschen.

Weitere Titel von Ulla Lachauer

Als der Osten noch Heimat war

Als die Deutschen weg waren

Der Akazienkavalier

Die blinde Gärtnerin

Die Brücke von Tilsit

Ostpreußische Lebensläufe

Paradiesstraße

Ritas Leute

Von Bienen und Menschen

MIX
Papier aus verantwortungsvollen Quellen
FSC® C083411

Das für dieses Buch verwendete Papier ist FSC®-zertifiziert.

NORWEGEN
N
W
O
S
DÄNEMARK
SCHWE
Kopenhagen
Nordsee
Sylt
GROSSBRITANNIEN
Lüneburg
Elsfleth
(Wesermarsch)
Amt Neuhaus
NIEDERLANDE
Amsterdam
Celle
Berlin
Themse
London
DEUTSCHLAND
Elbe
Rhein
Brüssel
Der Kanal
BELGIEN
Prag
Luxemburg
Seine
Paris
LUXEM-BURG
Donau
Stuttgart
Münstertal
(Schwarzwald)
LIECHTEN-STEIN
ÖSTERREIC
Loire
Bern
SCHWEIZ
Sankt Vei
FRANKREICH
SLOWENI
Šempas
Po
Garonne
Rhône
ANDORRA
MONACO
Céret
ITALIEN
SPANIEN
Rom
Mittelmeer
0
100
200 km